Die Katastrophen von Tschernobyl, Fukushima Daiichi und der Deepwater Horizon aus natur- und geisteswissenschaftlicher Sicht

Volker Hoensch

Die Katastrophen von Tschernobyl, Fukushima Daiichi und der Deepwater Horizon aus natur- und geisteswissenschaftlicher Sicht

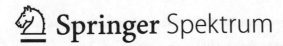

Springer Spektrum

Volker Hoensch
Penzberg, Bayern, Deutschland

ISBN 978-3-662-59447-6   ISBN 978-3-662-59448-3   (eBook)
https://doi.org/10.1007/978-3-662-59448-3

Die Deutsche Nationalbibliothek verzeichnet diese Publikation in der Deutschen Nationalbibliografie;
detaillierte bibliografische Daten sind im Internet über http://dnb.d-nb.de abrufbar.

Springer Spektrum

Planung: Rainer Münz

Springer Spektrum ist ein Imprint der eingetragenen Gesellschaft Springer-Verlag GmbH, DE und ist
ein Teil von Springer Nature.
Die Anschrift der Gesellschaft ist: Heidelberger Platz 3, 14197 Berlin, Germany

*Technische Katastrophen sind
gesellschaftlich zu verantworten.
Naturbedingte Ereignisse, gegen die keine
oder unzureichende Vorsorge getroffen
wurde, sind nicht als Schicksal hinzunehmen.*

Für meine Frau Elisabeth

Vorwort

Man könnte durchaus den Eindruck gewinnen, dass wir in einer Zeit leben in der die katastrophalen Ereignisse unser gesellschaftliches Zusammenleben zunehmend belasten.

Wir haben uns entschieden, dass wir uns auf vier Einzelereignisse im Hinblick auf diesen Eindruck konzentrieren.

An den Anfang stellen wir die Ballade „Der Zauberlehrling" von Johann Wolfgang von Goethe. Der Zauberlehrling ist allein und probiert einen Zauberspruch seines Meisters, um ein Bad für sich selbst herzurichten. Mit seiner Handlung setzt der Zauberlehrling sich selbst und die Gemeinschaft einem, aus der Sicht des Zauberlehrlings, überschaubaren Risiko aus. Eine Auseinandersetzung mit dem Begriff des Risikos ist daher unumgänglich. Mit dem Erscheinen des Hexenmeisters wird das „Ersaufen" des Gebäudes abgewendet. Das Risiko, durch den Zauberlehrling initiiert, wurde durch den Hexenmeister abgewendet, es wurde beherrscht. Die Ballade „Der Zauberlehrling" ist geprägt durch die Struktur der Handlungsfolge.

Ist die durch die Handlung gebildete Struktur auch bei den drei katastrophalen Einzelereignissen von

- Tschernobyl (26. April 1986, Explosion des Reaktors 4),
- Fukushima Daiichi (11. März 2011, Zerstörung mehrerer Kraftwerksblöcke durch eine Tsunamiwelle) und
- Explosion der Bohrinsel Deepwater Horizon im Golf von Mexiko (20. April 2010)

vorhanden?

Diese drei vorgestellten Einzelereignisse und die Ballade „Der Zauberlehrling" werden hinsichtlich ihrer Handlungsmerkmale analysiert.

Bei der Ballade „Der Zauberlehrling" und Tschernobyl sowie Deepwater Horizon sind menschliche Handlungen als auslösend für das Unfallgeschehen evident. Es gibt aber auch Meinungen, insbesondere im Fall von Tschernobyl, die von einem technischen Versagen ausgehen. Diesen Widerspruch werden wir auslösen. Auch die Katastrophe von Fukushima Daiichi wird bei oberflächlicher Betrachtung als ein Naturereignis angesehen. Sie geht dagegen auf menschliche Entscheidungen zurück; herbeigeführt durch die Auswahl des Standortes für die Kraftwerksanlage und einen unzureichenden Schutzzustand gegen äußere und innere Störfälle.

Diese Beurteilung wird klar, wenn man die vier Unfallabläufe mit dem sogenannten Schweizer-Käse-Modell vergleicht.

Im zweiten Kapitel suchen wir für die vier Einzelereignisse eine Antwort auf die Frage nach der Regieführung.

Dass auf eine Ursache mit zeitlichem und räumlichem Abstand eine Wirkung folgt, ist eine Alltagserfahrung, die das Problem der Kausalität beschreibt. Der Natur scheint ein Zeitpfeil innezuwohnen, den die physikalischen Grundgesetze nicht kennen. In der Wissenschaft wird eine Vielzahl verschiedener Zeitpfeile diskutiert. Wir wollen uns, wie Stephen W. Hawking im Kap. 2, Hawking (1994), auf den thermodynamischen, den psychologischen und den kosmologischen Zeitpfeil konzentrieren und die besondere Rolle des thermodynamischen Zeitpfeils unterstreichen, der für das Anwachsen der Unordnung oder der Entropie steht. Dadurch können wir Vergangenheit und Zukunft unterscheiden; der Zeit wird eine Richtung gegeben. Dieses Phänomen kann soziologisch betrachtet als Gesetz zunehmend rationaler Handlungsorientierung gelesen werden. Die menschliche Kognition, d. h. das Wahrnehmen, Erkennen und Verarbeiten von Informationen, schafft die Grundlagen der intentionalen Struktur, die notwendig ist, damit eine Aufgabe durch eine zielgerichtete Handlung erfüllt werden kann. Handlungsabsichten, also Gründe und Zwecke sind keine Ursachen, wie sie mit der Anwendung der Ursache-Wirkungsstruktur herausgestellt werden.

Jens Rasmussen hat ein Modell für die kognitive Inanspruchnahme des Menschen durch die Prozesse der Informationsverarbeitung entwickelt. Er unterscheidet drei Ebenen: die fähigkeitsbasierte, die regelbasierte und die wissensbasierte. Bei ihren Entscheidungen in Situationen des alltäglichen Lebens können die Menschen Abkürzungen zwischen diesen Ebenen wählen. Rasmussen hat für solche Abkürzungen ein sogenanntes Trittleitermodell entwickelt. Dieses Trittleitermodell lässt assoziative Sprünge zwischen allen Entscheidungsstufen, und damit Handlungsfreiheit, zu. Für eine so ausgeformte intentionale Struktur wird eine Heuristik vorgestellt, die allgemein als Rubikon-Modell bezeichnet wird. Mit der Überschreitung des Rubikons gibt es in der intentionalen Struktur des Handelns kein Zurück mehr. Die Heuristik des Rubikon-Modells wird in die Ursache-Wirkungsstruktur projiziert. Unter dem Aspekt des Kausalprinzips wird die Metapher des Schießens mit Pfeil und Bogen vorgestellt.

Die Kausalkette beim Bogenschuss besteht aus folgenden Gliedern:

- Vorlaufphase,
- Ursache, Erzeugung eines inneren Zustandes,
- Hinzutreten eines äußeren Systems,
- Point of no Return,
- Auslösendes Ereignis, Kausalprinzip,
- Probabilistische Einflussfaktoren,
- Wirkung.

Der Bogenschütze führt den Bogenschuss gemäß seiner Intention, dem Treffer „ins Schwarze", durch.

Auch für die Ballade „Der Zauberlehrling" werden die Kausalkette und die intentionale Struktur erläutert. In gleicher Weise werden die beiden nuklearen Katastrophen von Tschernobyl und Fukushima Daiichi beschrieben. Auch für die Explosion der Bohrinsel im Golf von Mexiko, Deepwater Horizon, werden die beiden Strukturen herausgearbeitet. Alle vier Einzelereignisse werden durch die „konsequentialen Handlungsgründe" (Nida-Rümelin) verdichtet.

Konsequentiale Handlungsgründe sind darauf gerichtet, kausal in die Welt einzugreifen und einen Zustand zu generieren, der sich von alternativen Zuständen unterscheidet. Der Konsequentialismus verwendet nicht den naturwissenschaftlichen Kausalbegriff und wendet ihn auf das Handeln an, sondern er verfährt umgekehrt. Dem menschlichen Handeln wird Kausalität zugeordnet. Oder anders gewendet: Die intentionale Struktur wird durch Entscheidungen bestimmt.

In allen vier Einzelereignissen besteht zwischen dem konsequentialen Handlungsgrund und dem intentionalen Handlungsziel keine Konvergenz. Die Entscheidungsträger haben den Doppelcharakter der Handlung aufgespreizt.

Bei seinen Entscheidungen ist der Mensch den Naturabläufen unterworfen, dabei spielt es keine Rolle ob er sie kennt oder nicht. Er muss ihnen gehorchen. Bei den drei katastrophalen Einzelereignissen hat die Natur obsiegt und die Gesellschaft wurde mit den Konsequenzen belastet.

Unsere Entscheidungen bewegen sich in dem raum-zeitlichen Beziehungsrahmen der Physik und unseres Bewusstseins. Die erlebte Zeit verbindet Bewusstsein und Intentionalität. Die erlebte Zeit ist die subjektive Zeit, ist Bewusstsein von Gegenwärtigem, Vergangenem und Zukünftigem. Dabei wissen wir, dass nur der Augenblick real ist, die Vergangenheit schon vorbei und die Zukunft noch nicht eingetreten ist. Damit erhebt sich die Frage, ob es auch für den Unterschied zwischen Vergangenheit und Zukunft eine Basis im Naturumlauf gibt. Dieser Unterschied geht über die Differenzierung zwischen „früher" und „später" hinaus. Er kann nur mit einem dynamischen Ansatz für die Prozesse von Sein und Werden erfasst werden. Diese Prozesse werden in den Kognitionswissenschaften als Aufnahme von Informationen aus der Umwelt und der dadurch ausgelösten Verhaltensdynamik angesehen. Wir reden von Intentionalität.

Die drei katastrophalen Einzelereignisse werden in einem raum-zeitlichen Beziehungsrahmen gestellt. Der raum-zeitliche Beziehungsrahmen wird durch die physikalischen Variablen gebildet, um damit Entscheidungen und das daraus folgende Handeln beschreiben zu können.

Jetzt wird der Bogen von Tschernobyl, Fukushima Daiichi und der Bohrplattform Deepwater Horizon erweitert. Einbezogen wird der US-Airways-Flight 1549 von New York. Der Flugkapitän steuerte die Maschine auf den Hudson River und vermied so eine Katastrophe. Damit wird das Spannungsverhältnis dargestellt, das unser Weltbild im Hinblick auf menschliche Entscheidungen formt. Unser Weltbild prägt der Mensch durch seine Bewusstseinsfähigkeit, er gewinnt eine Schöpfungskraft, mit der er verantwortlich umgehen muss.

Im vierten und letzten Kapitel greifen wir den Widerstreit von Natur- und Geisteswissenschaften auf. Die naturwissenschaftliche Seite fragt: Wie kann es in einer

Welt der Ursachen vernünftige Gründe geben? Die geisteswissenschaftliche Seite fragt: Wie kann es in einer Welt der vernünftigen Gründe Ursachen geben?

Diese beiden Fragen werden durch Erklärungen der Ursache-Wirkungsstruktur und der intentionalen Struktur beantwortet. Prozesse, durch die die physikalische Außenwelt in die dem Bewusstsein vertraute Welt des täglichen Lebens übergehen, liegen außerhalb des Bereichs der physikalischen Gesetze. Als physikalisches System unterliegt das Gehirn auch probabilistischen Gesetzen, neben physikalischen Gesetzen.

Entscheidungen setzen vorangegangene Ereignisse voraus und greifen der unbekannten Zukunft vor. Entscheidungen für eine Handlungsalternative, diese alltägliche Herausforderung, gehören zum Allerkleinsten. Die Struktur des Allerkleinsten wird durch die Kultur eines betrieblichen Unternehmens, kurz Unternehmenskultur, die Entscheidungsprämissen und die Entscheidungsprozesse gebildet. Unternehmenskultur und Entscheidungen, geformt durch Entscheidungsprämissen und -prozesse, sind die zwei Seiten derselben Medaille „Betriebliche Organisation". Bei Entscheidungen in betrieblichen Organisationen kommt auch der Doppelcharakter von Handlungen zum Tragen. Wie wir ihn schon kennen. Jede Entscheidung hat einen begünstigenden und einen belastenden Charakter.

Das Allerkleinste ist in das Allergrößte eingebettet.

Das Allergrößte sind die vier Elementarkräfte, die aus der ursprünglichen Urkraft entstanden sind: Die Gravitation, die Königin unter den Elementarkräften, die Elektromagnetische Kraft, die Schwache und die Starke Kernkraft. Alle vier steuern bis heute die Prozesse im Universum. Damit stehen wir unmittelbar vor einer Antwort auf die Frage der Regieführung.

Konsequentiale Handlungsgründe sind das Mittel der Regieführung. Die Bühne, auf der wir Menschen agieren, wird naturwissenschaftlich durch Zeit, Raum und Kausalität und sozialwissenschaftlich durch die Gemeinschaft – wir haben uns auf das betriebliche Unternehmen beschränkt – bestimmt. Das Drehbuch wird durch die Naturgesetze geschrieben. Die Entropie und den daraus abgeleiteten thermodynamischen Zeitpfeil haben wir als „Drehbuchautor" vorgestellt. Der Zeitpfeil bestimmt die Entwicklung, die der Mensch versucht mit seinen Entscheidungen zu beeinflussen. Das sind die Komponenten, die unser Weltbild formen. Raum, Zeit und Kausalität sind keine Gegenstände. Gegenstände aller Art sind begrenzt, endlich und bedingt. Für Raum, Zeit und Kausalität gilt das nicht. Raum, Zeit und Kausalität sind vielmehr die drei „Vektoren", die unsere Wirklichkeit aufspannen, die Grundlage aller Erkenntnisse, die Voraussetzung aller Gegenständlichkeit. Und weil die Wirklichkeit so groß und unerschöpflich ist, kann sie sich nur auf einem ebensolchem Fundament gründen, das durch eine ganzheitliche Sicherheitsforschung zu stabilisieren ist.

Es ist das Anliegen des Verfassers mit dieser Abhandlung aufzuzeigen, wie ganzheitliche Sicherheitsforschung zielstrebig gegen die immer noch vorhandenen Widerstände eingesetzt und angewendet werden kann.

Penzberg   Volker Hoensch
Weihnachten 2018

Inhaltsverzeichnis

Abbildungsverzeichnis

Tabellenverzeichnis

Vier ausgewählte Unfallereignisse

1.1 Der Begriff des Risikos

Beginnen möchten wir mit einem Zitat des ehemaligen Bundesumweltministers, Herrn Prof. Dr. Klaus Töpfer:

> Die Erweiterung der menschlichen Möglichkeiten durch die Nutzung technischer Hilfsmittel, seien es Flugzeuge, Kraftwerke, Bohrtürme oder ähnliches ermöglichte die Schaffung von Wohlstand. Technik muss ein Hilfsmittel zur Verbesserung der menschlichen Lebensbedingungen bleiben. Sie muss kalkulierbar und beherrschbar sein, damit nicht Kräfte entfesselt werden, die auch das Ende menschlicher Zivilisation bewirken können. Bereits die griechische Mythologie lehrt uns, dass Segen und Fluch eng beieinander liegen, wenn der Mensch über seine natürlichen Kräfte hinausstrebt. Prometheus straften die Götter, weil er den Menschen das Feuer brachte, ihr Leben erleichterte, ihnen andererseits damit zugleich göttergleiche Kräfte verlieh. Diese uralte Botschaft ist aktueller denn je. Es gilt die gewaltigen Möglichkeiten des technischen Fortschritts zum Wohle des Menschen zu nutzen, ohne zugleich zum Frevler an der göttlichen Schöpfungsordnung zu werden.

> Zum technischen Fortschritt gibt es keine Alternative. Nur mit Hilfe der Technik können wir den Wohlstand in den Industrieländern erhalten, die Lebensbedingungen der Menschen in der Dritten Welt verbessern und auch die Umweltprobleme bewältigen. Wir wissen aber heute, dass mit der Erweiterung der technischen Möglichkeiten auch die Risiken anwachsen. (Hauptmanns et al. 1987)

Beispielhaft sei auf die Störfälle in den Kernkraftwerken von Tschernobyl und Fukushima Daiichi sowie die Explosion der Bohrinsel „Deepwater Horizon" hingewiesen, auf die noch näher einzugehen ist.

Weiter im Geleitwort von Prof. Töpfer:

> Moderne Technologien wirken sich tiefgreifender und langfristiger denn je auf unsere menschliche Gesellschaft und auf die natürliche Umwelt aus. Viele befürchten eine nicht mehr kontrollierbare Eigendynamik. Unreflektiertes Wachstumsdenken und blinde

© Springer-Verlag GmbH Deutschland, ein Teil von Springer Nature 2019
V. Hoensch, *Die Katastrophen von Tschernobyl, Fukushima Daiichi und der Deepwater Horizon aus natur- und geisteswissenschaftlicher Sicht*,
https://doi.org/10.1007/978-3-662-59448-3_1

Fortschrittsgläubigkeit sind deshalb nicht mehr verantwortbar. Technischer Fortschritt muss vielmehr immer wieder auf unangemessene Risiken und zweifelhaften Nutzen geprüft werden. (Hauptmanns et al. 1987)

Damit kommen wir nicht umhin zu definieren, welches Verständnis zum Begriff „Risiko" vorherrscht. Den Begriff „Risiko" verbindet man in der Umgangssprache mit Wagnis oder Gefahr, also der Möglichkeit, einen Schaden zu erleiden. Im Englischen wird differenziert zwischen „danger" (Gefahr) und „hazard" (Gefährdung) unterschieden. Gefahr ist die mögliche Schadenswirkung oder der Zustand einer Bedrohung durch eine Gefahrenquelle. Gefährdung ist eine Gefahrenquelle, ein Risiko. Diese Differenzierung hilft uns zwar begrifflich weiter, aber wir müssen zur Kenntnis nehmen, dass zum Begriff des Risikos in den verschiedenen wissenschaftlichen Disziplinen – Ingenieurwissenschaften, Sozialwissenschaft und Sozialphilosophie, Betriebswirtschaftslehre und Rechtswissenschaft – unterschiedliche Auffassungen bestehen.

1.2   Der Zauberlehrling

Wegen dieses Mankos möchten wir auf die Ballade „Der Zauberlehrling" von Johann Wolfgang von Goethe zurückgreifen, die 1797 im sogenannten Balladenjahr entstanden ist (Der Zauberlehrling 2018).

Der Zauberlehrling ist alleine und probiert einen Zauberspruch seines Meisters aus. Er verwandelt mittels Zauberspruch einen Besen in einen Knecht, der Wasser schleppen muss, um ein Bad herzurichten. Die Ballade beginnt mit den folgenden Versen:

Hat der alte Hexenmeister
Sich doch einmal weggebegeben!
Und nun sollen seine Geister
Auch nach meinem Willen leben.

Seine Wort und Werke
Merkt ich und den Brauch
Und mit Geistesstärke
Tu ich Wunder auch!

Mit diesem Zitat und dem weiteren Text der Ballade kommt man dem wissenschaftlichen Risikobegriff, wie er vor allem in der Versicherungsbranche üblich ist, näher. Dort bemisst sich das Risiko wesentlich nach dem objektiven Schadensausmaß und dessen – wie immer im Einzelnen ermittelter – Eintrittswahrscheinlichkeit.

Für die Eintrittswahrscheinlichkeit im Zauberlehrling steht: „Hat der alte Hexenmeister sich doch einmal weggebegeben!".

Der Meister ist abwesend, somit kann der Zauberlehrling aktiv werden.

Das Schadensausmaß beschreiben die Worte: „Wie das Becken schwillt! Wie sich jede Schale voll mit Wasser füllt! Stehe! stehe! denn wir haben deiner Gaben vollgemessen!"

Später: „O du Ausgeburt der Hölle! Soll das ganze Haus ersaufen?"

Soweit die Ballade „Der Zauberlehrling".

Die Ballade „Der Zauberlehrling" legt aber noch eine weitere Betrachtung nahe. Verfügt der Zauberlehrling über die notwendige Handlungskompetenz? Handelt der Zauberlehrling vernünftig?

Offensichtlich überschätzt der Zauberlehrling seine Handlungskompetenz und damit sein Wissen. Dazu wiederholen wir aus dem ersten Zitat:

Seine Wort und Werke
Merkt ich und den Brauch
Und mit Geistesstärke
Tu ich Wunder auch!

Zweites Zitat:

Seht da kommt er schleppend wieder!
Wie ich mich nur auf dich werfe,
gleich, o Kobold, liegst Du nieder,
krachend trifft die glatte Schärfe.
Wahrlich, brav getroffen!
Seht, er ist entzwei!
Und nun kann ich hoffen,
und ich atme frei!

Wehe! Wehe!
Beide Teile
stehn in Eile
schon als Knechte
völlig fertig in die Höhe!
Helft mir, ach! Ihr hohen Mächte!

Der Zauberlehrling verfügt nicht über das Wissen, seine ursprüngliche Handlungsabsicht mit einem positiven Ergebnis abzuschließen, ihm fehlen auch das notwendige Wissen und damit die Handlungskompetenz zur Schadensbegrenzung.

Mit der Quantifizierung von „Eintrittswahrscheinlichkeit" und „Schadensausmaß" kann das Risiko abgeschätzt werden.

Als Maß für das Risiko wird in der allgemeinsten Form das Produkt aus Schadenswahrscheinlichkeit, bezogen auf eine Zeiteinheit, und der Schadensauswirkung der Konsequenz verstanden:

$$\text{Risikowert} = \text{Schadenswahrscheinlichkeit} \times \text{Schadensauswirkung}$$

Weiter zeigt uns die Ballade auf, zwischen beherrschbarem Risiko und unbeherrschbarem Risiko zu unterscheiden. Der Zauberlehrling erkennt, dass er das von ihm herbeigerufene Risiko nicht beherrscht und ruft in seiner Verzweiflung um Hilfe:

Herr, die Not ist groß!
Die ich rief, die Geister
werd' ich nun nicht los.

Der Meister dagegen beherrscht durch sein Wissen die Szene und zeigt Handlungskompetenz:

In die Ecke,
Besen, Besen!
Seids gewesen.
Denn als Geister
Ruft euch nur zu diesem Zwecke,
erst hervor der alte Meister.

Der Zauberlehrling verfügt nicht über dieses Wissen und ist verzweifelt:

Ach, ich merke es! Wehe! wehe!
Hab ich doch das Wort vergessen!

Ach, das Wort, worauf am Ende
er das wird was er gewesen.

Wir fassen die Handlungssequenz der Ballade stichwortartig zusammen:

- Selbstüberschätzung, vermeintliches Können unter Beweis stellen, bewusste Überschreitung seiner Kompetenz,
- Ignoranz eigener Zweifel,
- Machtrausch, persönlichen Erfolg haben,
- Angst vor den Konsequenzen,
- Verzweiflungstat zur Beherrschung,
- Rettung durch den Zaubermeister.

Transformiert auf den Produktansatz für den Risikowert:

- Schadenswahrscheinlichkeit: zur Bestätigung der eigenen Kompetenz bewusst herbeigeführtes Ereignis.
- Schadensauswirkung: überschaubar und eingrenzbar.
- Risiko: Durch das Eingreifen des Meisters wird die vom Zauberlehrling bewusst herbeigeführte Herausforderung neutralisiert.

Die Einschätzungen für die Abfolge der Handlungen und des Produktansatzes für den Risikowert, die hier für den Zauberlehrling vorgenommen wurden, sollen auch bei den drei folgend dargestellten Katastrophen jeweils aufgegriffen und als Bewertungsmaßstab herangezogen werden.

Die Einschätzungen der Handlungssequenzen für die insgesamt vier betrachteten Ereignisse sind zusammengefasst in Tab. 1.1 dargestellt.

Soweit der Rückgriff auf Goethes Ballade „Der Zauberlehrling".

1.3   Umgang mit Wissen

Jetzt können wir uns der Frage zuwenden, was Wissen (engl. „knowledge") ist und wie es entsteht. Diese Frage gehört zu den grundlegenden Fragestellungen der Philosophie.

Die Definition von Wissen und damit Handlungskompetenz ist wichtig, nach dem Motto „define your terms", um zu vermeiden, dass unterschiedliche Sachverhalte unter dem gleichen Begriff verstanden werden.

Die Frage, was genau das „Wesen" des Wissens ist, wie Wissen eigentlich entsteht und letztlich in Entscheidungen und in Handeln umgesetzt wird, ist bis heute ohne verbindliche Antwort geblieben: Handelt es sich beim Wissen doch eher um den Erkenntnisprozess selbst in Form einer kontinuierlichen Konstruktion von Menschen und sozialen Systemen? Wie wird letztlich Wissen zum Handeln? Welche Rolle spielen dabei Emotionen, Motivationen, Wille, Einstellungen und Werte einerseits sowie soziale Beziehungen, Kultur andererseits?

Vor dem Hintergrund solcher auf Klärung drängender Fragen ist Wissen keine Domäne einer Disziplin allein.

Der intelligente, effiziente und verantwortungsbewusste Umgang mit Wissen ist eine große gesellschaftliche Herausforderung und damit letztlich auch eine individuelle Kompetenz. Ist die individuelle Kompetenz in der Lage, zwischen beherrschbarem und nicht beherrschbarem Risiko zu unterscheiden? Wo liegt die Grenze der Gefahrenschwelle?

Die gleichzeitige Wahrnehmung von Schaden, Kosten und Nutzen der Technik ist in der Gesellschaft nicht einheitlich. Meist ist keine Vorstellung für die Bewertung von Eintrittswahrscheinlichkeiten vorhanden (sonst würde niemand Lotto spielen, weil die Wahrscheinlichkeit für 6 Richtige bei knapp 1:14 Mio. liegt). Die individuellen Voraussetzungen, die vom natürlichen und sozialen Umfeld, von der Erziehung und erworbenen ethischen und politischen Grundlagen geprägt sind, bestimmen gefühlsmäßige Einschätzungen von einem sehr unterschiedlichen individuellen Wissens- und Informationsstand aus.

Mit Sicherheit lässt sich sagen, dass die Gefahrenschwelle bei den drei folgenden Ereignissen überschritten wurde:

- der Störfall in dem Kernkraftwerk Tschernobyl,
- der Störfall in dem Kernkraftwerk Fukushima Daiichi sowie
- die Explosion der Bohrinsel „Deepwater Horizon",

auf die wir nun näher eingehen möchten.

1.4   Tschernobyl (26. April 1986; Explosion des Reaktors 4)

Zu diesem Störfall existiert eine Vielzahl von Literatur. Wir stützen uns hauptsächlich auf (Reason 1994) ab, weil dort die technische Störfallabfolge um die menschliche Komponente erweitert wurde.

Das Inbetriebnahmeprogramm eines Reaktors umfasst auch die experimentelle Absicherung des Störfallkonzepts. Zum Störfallkonzept gehört der Nachweis, dass die Leerlaufkapazität eines Turbinengenerators bei Vorhandensein eines brauchbaren Spannungsgenerators ausreicht, um das Notkühlsystem für den Reaktorkern einige Minuten lang mit Strom zu versorgen. Das würde die Zeit überbrücken, bis die dieselbetriebenen Ersatzgeneratoren einsatzbereit sind.

Ein Spannungsgenerator wurde bei zwei früheren Gelegenheiten getestet, hatte aber wegen eines schnellen Spannungsabfalls versagt. Bei dem Versuch am 26. April 1986 bestand das Ziel darin, den Test zu wiederholen, bevor der Reaktor zur jährlichen Überprüfung abgefahren werden sollte, was unmittelbar bevorstand.

Der Versuch ist durch die folgende Ereigniskette gekennzeichnet:

Am 25. April 1986 um 13:00 Uhr beginnt die Reduzierung der Reaktorleistung mit dem Ziel, die Versuchsbedingungen herzustellen. Der Versuch sollte bei etwa 25 % der nominalen Reaktorleistung (in der Größenordnung von etwa 700 MW) im Block 4 durchgeführt werden. Um 14:00 Uhr wird das Notkühlsystem vom Primärkreis getrennt. Um 14:05 Uhr ordnet der Dispatcher von Kiew aus (Aufsicht für das Stromnetz) an, die Stromerzeugung des Reaktors 4 fortzuführen. Das vorher abgeschaltete Notkühlsystem wird nicht wieder zugeschaltet. Um 23:10 Uhr wird der Reaktor 4 vom Stromnetz getrennt. Um 00:28 Uhr wird der Versuch vom Bedienungspersonal des Reaktors fortgesetzt. Dabei wird versäumt, die Reaktorleistung beizubehalten, was zu einer sehr geringen Leistung führt. An dieser Stelle hätte der Versuch angesichts der sehr niedrigen Leistung abgebrochen werden müssen. Das Bedienungspersonal versucht weiterhin, den Reaktor in einem unbekannten und instabilen Bereich zu steuern, um den geplanten Test fortführen zu können, dabei überschreitet der Reaktor den kritischen Punkt. Die Überschreitung ist irreversibel. Die Kettenreaktion gerät außer Kontrolle, um 01:24 Uhr explodiert der Reaktor.

Das Chaos im Innern des havarierten Reaktors unter dem Sarkophag und die Belastung der gesamten Umwelt sind unvorstellbar.

Als Hauptursache für die Katastrophe gelten die bauartbedingten Eigenschaften des Graphit-moderierten Kernreaktors (Typ RBMK-1000; transkribiert Reaktor Bolschoi Moschtschnosti Kanalny, zu Deutsch etwa Hochleistungsreaktor), der Betrieb in einem unzulässig niedrigen Leistungsbereich und schwerwiegende Verstöße der Operatoren gegen geltende Sicherheitsvorschriften während des Versuches. Der Minimalwert der Abschaltreaktivität (Reaktivität ist das Maß für die Abweichung eines Kernreaktors vom kritischen Zustand. Der Neutronenvermehrungsfaktor k ist der Quotient aus der Zahl der erzeugten Neutronen dividiert durch die Zahl der absorbierten und ausfließenden Neutronen. Anstelle von k benutzt man oft die „Reaktivität", ϱ; $\varrho = k - 1$ dividiert durch k. Die Reaktivität misst die Abweichung des Vermehrungsfaktors von 1 und geht daher in die Beschreibung der nichtstationären Vorgänge ein. Für den stationären Reaktor ist die Reaktivität $\varrho = 0$, die Neutronenbilanz ist ausgeglichen. Abschaltreaktivität steht für die nachhaltige Beendigung der Kettenreaktion im Reaktorkern, das langfristige Halten im unterkritischen Zustand) war bereits vor Beginn des Versuches unterschritten – der Reaktor hätte abgeschaltet werden müssen. Außerdem hat die Betriebsmannschaft Sicherheitssysteme abgeschaltet. Allein die Vermeidung dieses Fehlers hätte den Eintritt einer Katastrophe verhindert.

Die explosionsartige Leistungsexkursion ist auf einen Konstruktionsfehler in der Reaktorschnellabschaltung zurückzuführen.

Dass Betriebsvorschriften verletzt wurden, ist eine Tatsache. In welchem Umfang sie dem Personal bekannt waren, ist fraglich. Unerfahrenheit und unzureichende Kenntnisse sind wohl bestimmend gewesen. Wesentlich für das Zustandekommen des Unfalls beigetragen hat die Verschiebung des Versuchs um rund einen halben Tag, dadurch wurde das neutronenphysikalische Verhalten des Reaktors erheblich komplexer und unübersichtlicher.

Es sind ähnliche Handlungsschritte wie im Zauberlehrling zu beobachten:

- Überheblichkeit gepaart von Unwissenheit (Hinwegsetzen über Sicherheitsvorschriften),
- Machtrausch (erwartete Auszeichnung zum 1. Mai als Helden),
- Verzweiflungstat (weitermachen, obwohl der Versuchsablauf unterbrochen werden musste, damit wurde die Möglichkeit der Vermeidung der Katastrophe nicht genutzt),
- zur langfristigen Schadensbegrenzung wird ein Sarkophag errichtet.

Transformiert auf den Produktansatz für den Risikowert:

Schadenswahrscheinlichkeit Gründe für Planung und Durchführung des bewusst herbeigeführten Versuchs sind nicht erkennbar.

Schadensauswirkung Zur Schadensbegrenzung wird ein Sarkophag mit einer Höhe von 108 m, größer als die Freiheitsstatue in New York, errichtet. Das Schadensausmaß selbst ist nicht absehbar, da noch mit Spätschäden zu rechnen ist.

Risiko Ein Eingriff in den Ablauf der Katastrophe war nicht möglich, selbst die Aufräumarbeiten wurden ohne ausreichenden Schutz des Personals durchgeführt.

Die Einschätzungen für die Abfolge der Handlungen und des Produktansatzes für den Risikowert, die hier für den Unfall von Tschernobyl vorgenommen wurden, werden bei den insgesamt vier dargestellten Katastrophen jeweils aufgegriffen und als Bewertungsmaßstab herangezogen werden.

Die Einschätzungen der Handlungssequenzen für alle vier betrachteten Ereignisse sind zusammengefasst in Tab. 1.1 dargestellt.

1.5 Fukushima Daiichi (11. März 2011, Zerstörung mehrerer Kraftwerksblöcke)

Am 11. März 2011 fand um 14:46 Uhr Ortszeit vor der Küste von Honshu ein Erdbeben der Stärke 9,0 statt. Der Herd lag etwa 130 km südlich von Sendai und 372 km nordöstlich von Tokio. Das Erdbeben und die dadurch ausgelöste Tsunami-Flutwelle richteten im östlichen Japan schwerste Verwüstungen an, die den Schadensablauf und die erforderlichen Gegenmaßnahmen in bisher nicht dagewesenem Maße erschwerten (Mohrbach 2012). Im Vergleich zu den Ereignissen in Tschernobyl waren die Randbedingungen ungleich schwieriger, da dort eine „Selbstzerstörung" an einer intakten Anlage und Umgebung stattgefunden hatte.

Etwa 40 min nach dem Beben erreichte die erste von mehreren Flutwellen das Kraftwerk. Die etwa 30 m hohen Wasserwände haben das gesamte Gelände kurz und klein geschlagen. Zurück blieb eine Trümmerlandschaft wie nach einem Bombenangriff.

Die Brennstäbe waren ohne Kühlung, und es kam zur Wasserstoffexplosion im Sicherheitsbehälter und Reaktorgebäude (Mohrbach 2012).

Zwei Konsequenzen aus dem Harrisburg-Störfall (Three Miles Island) von 1979 wurden nicht berücksichtigt:

Kein Wasserstoffabbausystem und kein Inertisierungssystem zur Vermeidung von Explosionen und kein Entlastungsventil für den Sicherheitsbehälter waren nachträglich eingebaut worden, obwohl Kenntnisse über deren Wirkung zur Schadensminderung vorlagen.

Ursprünglich hat ein 35 m hoher natürlicher „Hügel" das Kraftwerk vor Tsunami geschützt. Dieser wurde 1967 um 25 m abgetragen, um günstigere Verkehrswege zu haben. Dadurch lag das Kraftwerk Fukushima Daiichi nun ca. 5 m unterhalb der aus der Vergangenheit registrierten Tsunamiwellen von ca. 30 m (Mohrbach 2012). Beweggründe für das Fehlen der beiden Sicherheitssysteme und der Gelände-abtragung sind in der kostengünstigeren Wirtschaftlichkeit, im Shareholder-System zu suchen. Auch die von der Betriebsmannschaft ergriffenen Maßnahmen lassen einen deutlichen Mangel an Sicherheitsbewusstsein erkennen, das möglicherweise von entsprechenden Entscheidungen des Managements geprägt wurde.

Es sind ähnliche Handlungsschritte wie im Zauberlehrling zu beobachten:

- Überheblichkeit gegenüber der dringlichen Empfehlung, nachträglich zusätzliche Sicherheitssysteme einzubauen,
- Machtrausch (konsequente Umsetzung wirtschaftlicher Interessen),
- Verzweiflungstat (Maßnahmen zur Stabilität der Anlage hatten eine höhere Priorität als der Schutz der Bevölkerung),
- keine Hilferufe (Angebote ausländischer Hilfe werden abgelehnt),
- sehr aufwendige und einige Jahrzehnte dauernde Sanierungsmaßnahmen sind erforderlich.

Transformiert auf den Produktansatz für den Risikowert:

Schadenswahrscheinlichkeit Tektonisch ausgelöstes Erdbeben mit Tsunami.

Schadensauswirkung Es wurde versucht, das persönliche und wirtschaftliche Schadensausmaß zu begrenzen, insbesondere wurden die Regeln zum Schutz der Personen vor Radioaktivität konsequent befolgt.

Risiko Die Katastrophe wurde durch ein Naturereignis ausgelöst. Bei der Begrenzung des Schadensausmaßes wurde nicht konsequent nach sicherheitstechnischen Gesichtspunkten gehandelt.

Die Einschätzungen für die Abfolge der Handlungen und des Produktansatzes für den Risikowert, die hier für den Unfall in Fukushima Daiichi vorgenommen wurden, werden für die vier dargestellten Katastrophen jeweils aufgegriffen und als Bewertungsmaßstab herangezogen werden.

Die Einschätzungen der Handlungssequenzen für die insgesamt vier betrachteten Ereignisse sind zusammengefasst in Tab. 1.1 dargestellt.

1.6 Explosion der Bohrinsel Deepwater Horizon (20. April 2010)

Am 20. April 2010 trat um 20:52 Uhr Gas aus einem Bohrloch der Firma BP im Golf von Mexiko aus. Augenzeugen berichteten später, dass das Gas unter starkem Zischen und Sprudeln an der Meeresoberfläche austrat und einen smogartigen Sprühnebel bildete, welcher die 30 m über dem Meer befindliche Bohrinsel gänzlich einhüllte. Wenige Minuten später entzündete ein Funke, wahrscheinlich ausgelöst von einem Fischerboot unterhalb der schwimmenden Plattform, das Gas, wodurch es zu einer gewaltigen Explosion kam. Durch sie wurde die Bohrinsel schwer beschädigt und brannte vollständig aus, bis sie am 22. April 2010 im Meer versank. Bei der Explosion wurden 11 Mitglieder der Bohrmannschaft getötet, hinzu kam ein gewaltiger Umweltschaden durch große Mengen an ausgetretenem Öl. Erst Ende August 2010 gelang es, das unkontrollierte Sprudeln der Ölquelle mit Hilfe eines Auffangbehälters in den Griff zu bekommen (Plank et al. 2012).

Wie konnte es zu diesem Desaster kommen?

Eine wesentliche Ursache für das Unglück auf der BP-Bohrung war der Zeitdruck, unter dem die Bohrmannschaft stand. Die Bohrung lag am 20. April 2010, dem Tag des Unglücks, 43 Tage hinter dem Zeitplan, mit geschätzten Mehrkosten bis dahin von ca. 30 Mio. US$. Die Bohrmannschaft versuchte deshalb, die Bohrung so rasch wie möglich zu Ende zu bringen. Man entschied sich deshalb für eine unübliche Vorgehensweise. Pikant ist, dass diese riskante Vorgehensweise am 15. April 2010 von der US-Aufsichtsbehörde „Minerals Management Service" (MMS) ohne Zögern genehmigt wurde. Der Behörde fiel nicht einmal auf, dass der Zementierungsplan von BP die gesetzlich vorgeschriebene Mindestzementierungsstrecke von 150 m über der Lagerstätte nicht einhielt. Offenkundig hat bei dieser Bohrung nicht nur BP, sondern auch die Aufsichtsbehörde weitgehend versagt (Plank et al. 2012).

Zu allem Überfluss wurde später festgestellt, dass der Blowout-Preventer (Bohrlochverschluss am Kopf des Bohrlochs), der zum Schutz vor unkontrolliertem Ausbruch von Öl und Gas sichern soll, nicht gewartet wurde und die Batterien leer waren und somit die Bohrung nicht vollständig verschlossen hat. Diese Fahrlässigkeiten sind gänzlich unverständlich, bedenkt man, dass der Blowout-Preventer die wichtigste Sicherheitseinrichtung einer Bohrung ist. Zum Austausch der Bohrspülung öffnete der Bohrtrupp quasi eine Sprudelflasche (Faszination Forschung 2012): Gas schoss durch den flüssigen Zement (der Schaumzement hatte die falsche Dichte, und ein Schaumstabilisator kam nicht zum Einsatz (Plank et al. 2012)) nach oben, durchbrach die unzureichende Drucksicherung am Meeresboden (Blowout-Preventer) und explodierte mit der Bohrinsel. Öl und Gas konnten über Monate ungehindert aus dem Bohrloch ausströmen und die Umwelt verschmutzen. Erst im August 2010, also vier Monate später, gelang es, mit Hilfe eines sogenannten „static kill" den Ölzufluss zu stoppen und zwei Wochen später über einen „bottom kill" die Lagerstätte endgültig und dauerhaft zuzuzementieren (Faszination Forschung 2012).

Es sind ähnliche Handlungsschritte wie im Zauberlehrling zu beobachten:

- Überheblichkeit gepaart durch fehlendes Wissen („lack of competencies") (Hopkins 2012), die ihre Unterstützung in der Unkenntnis der Aufsichtsbehörde fand.
- Machtrausch, prioritäre Umsetzung wirtschaftlicher Interessen, das Vorhaben wurde konsequent umgesetzt (wegen des Kosten- und Termindrucks wurden alle vorgeschlagenen Maßnahmen zur Schadensbegrenzung, die sich aus Computersimulationen ergaben, in den Wind geschlagen).
- Verzweiflungstat, selbst der Einbau eines nicht funktionsfähigen Blowout-Preventers wurde in Kauf genommen.
- Erst über eine teure Hilfsbohrung von der Seite wurde das Bohrloch erfolgreich aufgefüllt und auf Dauer verstopft.

Transformiert auf den Produktansatz für den Risikowert.

Schadenswahrscheinlichkeit Mangelndes Fachwissen und Termin- und Kostendruck sind sicher als auslösende Faktoren anzusehen.

Schadensauswirkung Unterstützt durch eine unerfahrene Aufsichtsbehörde und Fehlentscheidungen des Bohrteams entsteht die bisher größte Ölkatastrophe mit bis zu 90 Mrd. US$.

Risiko Risikogeneigtes und den Regeln der Sicherheit widersprechendes Handeln wird durch die Aufsichtsbehörde nicht verhindert, sondern geduldet (Plank et al. 2012).

Die Einschätzungen für die Abfolge der Handlungen und des Produktansatzes für den Risikowert, die hier für das Desaster auf der Bohrinsel Deepwater Horizon vorgenommen wurden, werden für die vier dargestellten Katastrophen jeweils aufgegriffen und als Bewertungsmaßstab herangezogen werden.

1.7 Zusammenfassung der vier Ereignisse

Die Einschätzungen der Handlungssequenzen für die insgesamt vier betrachteten Ereignisse sind zusammengefasst in Tab. 1.1 dargestellt. Sie zeigt die gemeinsamen Handlungsmerkmale der drei beschriebenen Katastrophen und des Zauberlehrlings.

Bei den Ereignissen in Fukushima Daiichi und Deepwater Horizon trugen neben den in Tab. 1.1 dargestellten Handlungsmerkmalen zusätzlich zwei weitere Faktoren wesentlich zum Unfallgeschehen bei, die bei den Handlungsschritten im Zauberlehrling nicht erkennbar sind.

In Fukushima waren es spezifische Ausformungen der japanischen Kultur, Ignorieren der dringenden internationalen Empfehlung zum Einbau notwendiger Sicherheitseinrichtungen und in Deepwater Horizon, dass das Vertrauen in die Tätigkeit der Aufsichtsbehörde nicht gerechtfertigt war.

Beim Zauberlehrling, Tschernobyl und Deepwater Horizon können menschliche Handlungen als auslösend für das Unfallgeschehen angesehen werden. In Fukushima Daiichi löste die Katastrophe ein Naturereignis aus, auf das der Mensch wegen seiner Entscheidungen, die er zeitlich vorlaufend davon unabhängig getroffen hat, nur unzureichend für eine mögliche Abwehr vorbereitet war.

Menschliche Fehlhandlungen waren auch für die weiteren katastrophalen Unfälle kausal:

Seveso (10. Juli 1976, Austritt von einer unbekannten Menge hochgiftigen Dioxins oder Seveso-Gift genannt).

Bhopal (03. Dezember 1984, schlimmste Chemiekatastrophe und eine der dominantesten Umweltkatastrophen).

Sandoz (01. November 1986, Brand in der Schweizerhalle, der Rhein färbte sich rot, die Deponie gefährdet heute noch die benachbarten Trinkwasserbrunnen).

Zeebrügge (06. März 1987, Untergang der Ro-Ro-Fähre Herald of Free Enterprise).

Überlingen (01. Juli 2002, Kollision von zwei Flugzeugen mit insgesamt 71 Menschen, von denen niemand überlebte).

Tab. 1.1 Zusammenstellung der Handlungssequenzen vom Zauberlehrling und der drei vorstehend behandelten technischen Katastrophen

Ereignis	Handlungsmerkmale		
Zauberlehrling	Selbstüberschätzung	Ignoranz eigener Zweifel	Verzweiflungstat, mit der Axt
Tschernobyl	Hinwegsetzen über Sicherheitsvorschriften	Machtrausch, wegen erwarteter Auszeichnung	Weitermachen, obwohl der Versuch unterbrochen werden musste
Fukushima Daiichi	Dringend empfohlene sicherheitstechnische Nachrüstungen blieben unberücksichtigt	Konsequente Umsetzung wirtschaftlicher Interessen	Angebote ausländischer Hilfe wurden abgelehnt
Deepwater Horizon	Fehlendes Wissen, wird unterstützt durch eine unerfahrene Aufsichtsbehörde	Konsequente Umsetzung wirtschaftlicher Interessen	Selbst die Maßnahmen zur Schadenseindämmung offenbarten fehlendes Wissen

Bis auf den Zauberlehrling sind alle diese Unfälle aufgrund unbekannter Schwach-
stellen im technischen System und einer unglücklichen Verkettung nicht vorher-
sehbarer Umstände aufgetreten, die durch die Interaktion Mensch und technisches
System ausgelöst bzw. verstärkt worden.

Die vier Unfallabläufe sind eine Bestätigung für das von dem englischen
Psychologen James Reason entwickelte Schweizer-Käse-Modell (engl. „swiss
cheese model"); eine bildhafte Darstellung (ÄZQ 1990) von latenten und aktiven
menschlichen Versagen als Beitrag zum Zusammenbruch von komplexen Systemen,
die die Verkettung von Unfallursachen beschreibt (Reason 1994).

Die Abb. 1.1 zeigt indirekt, dass die Bediener ein während des Unfallablaufes
absolut vernünftiges Ziel verfolgten und dabei auch vorsätzlich eingebaute
Sicherungsbarrieren abschalteten (Tschernobyl) oder nicht funktionsfähige
Sicherungselemente einbauten (Deepwater Horizon) bzw. deren Einbau unterlassen haben (Fukushima Daiichi).

Wird der „Der Zauberlehrling" miteinbezogen, sind in allen vier Unfallabläufen
Wissenslücken seitens der Bediener bzw. der Systementwickler festzustellen.
Die Wissenslücken der Bediener (latentes und/oder aktives Versagen) sind auf
vorhandene oder zufällige ungünstige Systemkonstellationen getroffen.

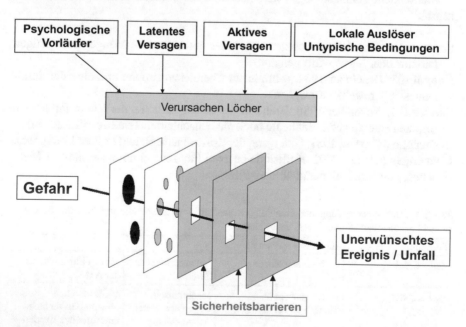

Abb. 1.1 Versucht, einige der stochastischen Merkmale einzufangen, die an der unwahrschein-
lichen Koinzidenz einer unsicheren Handlung und einem Durchbruch der Abwehrmechanismen
des Systems beteiligt sind. Sie zeigt eine Bahn der Unfallgelegenheit, deren Ursprung in den höheren Ebenen des Systems (latente Fehler auf der Ebene des Managements) liegt, die die Ebenen der
Voraussetzungen und der unsicheren Handlungen durchläuft und schließlich die drei nachfolgenden
Sicherheitsbarrieren durchstößt. Die Abbildung hebt hervor, wie unwahrscheinlich es ist, dass
irgendeine Menge von Kausalfaktoren eine passende Durchschussbahn findet. (ÄZQ 1990)

Diese Unfälle zeigen aber auch, dass dem Steuerungspotential menschlichen Handelns bei der Minimierung von nachteiligen oder verheerenden Folgen von Katastrophen eine eminente Bedeutung zukommt („accident management").

Das ist vielleicht das Interessanteste an der Risikothematik: Hätte man gesichertes Wissen über Entscheidungen, müsste man nicht entscheiden. Man müsste sich nur über gemeinsame Ziele verständigen. In den meisten Risikosituationen fehlt gesichertes Wissen – genau das macht Risiken aus.

Deshalb sind wissenschaftliche Risikoberechnungen so wichtig. Sie bedienen sich des erwähnten Produktansatzes. Sie liefern nur Durchschnittswerte über (theoretisch unendlich) lange Zeiträume. Wann und wo sich ein Risiko als Schadenseintritt manifestiert, bleibt im Nebel der Wahrscheinlichkeitsberechnungen verborgen.

Vorrangiges Ziel unserer Bestrebungen muss es daher sein, die durch Risikoberechnung identifizierten Schäden zu verhindern, zumindest zu begrenzen. Nur unter der Anwendung eines durch gesellschaftlichen Konsens festgelegten Maßstabes macht Risikoabschätzung einen Sinn. Dieser Referenzmaßstab kann sehr unterschiedlich in verschiedenen Bereichen sein. Geht es um den Schutz des Individuums, um die Wiederherstellungsfähigkeit der Menschheit, um die Erhaltung der biologischen Vielfalt, um Beiträge für eine nachhaltige Entwicklung, um die Bewahrung von Biotopen?

Bei der Beantwortung dieser Fragen muss sowohl die Antwort nach dem Schutzziel (z. B: schadstofffreies Wasser $\neq$ schadstoffarmes Wasser) als auch nach dem Bezugspunkt (etwa Gesundheit, Umwelt, Wohlstand) herangezogen werden.

Beim Abwägen der Vor- und Nachteile von verschiedenen Handlungsmöglichkeiten in einer als risikogeneigt erkannten Situation werden entscheidungsanalytische Verfahren eingesetzt. Durch sie werden Risiken und Nutzen systematisch und explizit bewertet. Diese Verfahren – sogenanntes schutzzielorientiertes Vorgehen – zeichnen sich durch vorbedachte Vorgehensweise aus, die für eine nachvollziehbare Entscheidung notwendig ist. Bei dieser Vorgehensweise legt man sich nicht im Vorhinein auf eine bestimmte Risikohöhe fest. Erst wenn der Risikowert durch analytische Schritte ermittelt ist, wird aufgrund des im gesellschaftlichen Konsens ermittelten Referenzmaßstabes entschieden, ob die mit dem Projekt verbundenen Risiken akzeptabel oder unakzeptabel sind.

Bei dieser Entscheidung wird auf Grundannahmen, „mentale Muster", zurückgegriffen. „Mentale Muster" beschreiben, wie über Dinge gedacht wird, welche Bedeutung wir den Dingen zumessen, wie wir uns verhalten und wie wir die uns umgebende Welt sehen. „Mentale Muster" bedeuten die Reduktion der Komplexität durch Einschränkung auf leicht überschaubare Felder und der Rückgriff auf bekannte Sachverhalte mittels Analogiebildung. „Mentale Muster" sind nicht Gegenstand von Diskussionen. Wir benutzen sie unbewusst in allen Lebensbereichen, und sie gehen so schnell vonstatten, dass das Bewusstsein diese Wahrnehmung gar nicht registriert. Die „mentalen Muster" steuern unser soziales Verhalten, insbesondere unsere Empathie. Schon vor über hundert Jahren hat Charles Darwin vermutet, dass Empathie als Vorstufe zu tätigem Mitgefühl ein wichtiges Überlebenswerkzeug im Repertoire der Natur darstellt. Empathie ist ein Bindemittel des sozialen Zusammenhalts, und der Mensch ist das soziale Tier par excellence.

In der Physik würde man sagen, es ist Resonanz, das sogenannte Mitschwingen. Die Psychologie hat für die Synchronisation dieser Abläufe den Begriff soziale Intelligenz geprägt. Die Synchronisation zwischenmenschlichen Verhaltens wird durch die Ordnung der Lebensinhalte – Kultur – erreicht. Kultur wirkt in verschiedenen Sachbereichen. Im Bereich des Umganges mit risikogeneigter Technik spricht man von Sicherheitskultur. Eine risikoorientierte Wissensverbesserung durch Sicherheitskultur dient der Verringerung der im System verbleibenden Unsicherheiten und damit der Reduzierung des unausweichlichen Risikos. Sicherheitskultur kann zum Beispiel durch Verkehrserziehung gelebt werden.

Im Zusammenhang mit den vier Einzelereignissen stellt sich die Frage: Wie gehen wir Menschen mit unserer Verantwortung um?

Die Vorstellung der persönlichen Verantwortung ist in der westlichen Kultur stark verwurzelt, doch sollte bedacht werden, dass Menschen, die an schlimmen Unfällen beteiligt sind, weder unzuverlässig noch leichtsinnig waren, auch wenn sie vielleicht im Hinblick auf die Konsequenzen ihres Handeln Wissenslücken zeigten. Wir dürfen auch nicht dem fundamentalen Attributionsfehler anheimfallen, d. h., Menschen zu beschuldigen und Situationsfaktoren außer Acht zu lassen.

Unbeabsichtigte Folgen technischer Systeme, neuer Erfindungen, sind eine unvermeidliche Begleiterscheinung. Jede neue Generation technischer Geräte überflutet die Gesellschaft, bevor wir wirklich wissen, zu welchen Veränderungen das führt. Damit ist jede Neuerung auch immer ein laufendes gesellschaftliches Experiment. Eine einseitige Betrachtung gesellschaftlicher Ziele, wie sie derzeit in der Finanzbranche erfolgt, ignoriert die emotionalen Bindungen der Menschen, die unsere Fähigkeiten fördern, uns wohlzufühlen und unser Bestes zu geben.

Ebenso wie die dargestellte Technik eine Ausdifferenzierung der Evolution zeigt, ist der Zauberlehrling ein Meilenstein geistiger Kultur und dient auch als ein die Menschengemeinschaft ordnender Wert.

Was haben Sie vermisst?

Eine Antwort auf die Frage, welche Rolle spielt der Hexenmeister und liegt, wenn überhaupt, bei den Ereignissen von Tschernobyl, Fukushima Daiichi und Deepwater Horizon Regieführung vor oder sind diese Ereignisse eine Frage des Umgangs mit der Verantwortung bzw. der Zuverlässigkeit?

Darauf eine Antwort zu geben, wird im Kap. 2 versucht.

Literatur

ÄZQ (1990) www.patientensicherheit-online.de (Übersetzt aus: Reason J (1990) Human error. Cambridge University Press, Cambridge). Zugegriffen: 1. Dez. 2018
Der Zauberlehrling (2018) http://www.unix-ag.uni-kl.de/~conrad/lyrics/zauber.html. Zugegriffen: 2. Dez. 2018

Faszination Forschung (2012) Das Wissenschaftsmagazin der Technischen Universität München, Ausgabe 11, S 52–65

Hauptmanns U, Herttrich M, Werner W (1987) Technische Risiken. Springer, Berlin (Geleitwort von Prof. Dr. Klaus Töpfer)

Hopkins A (2012) Disastrous decisions: the human and organisational causes of the Gulf of Mexico Blowout. Oxford University Press, Oxford

Mohrbach L (2012) Seebeben und Tsunami in Japan am 11. März 2011. VGB PowerTech, Essen

Plank J, Bülichen D, Tiemeyer C (2012) Der Unfall auf der Ölbohrung von BP – Welche Rolle spielte die Zementierung? TUM, Lehrstuhl für Bauchemie, Garching, Deutschland

Reason J (1994) Menschliches Versagen. Spektrum, Heidelberg

Ursache-Wirkungsstruktur und intentionale Struktur

2

2.1 Hinleitung zur Frage der Regieführung

Das vorangegangene Kapitel schloss mit der Frage; wer führte eigentlich Regie bei den vier dargestellten Ereignissen?

Diese Fragestellung beschäftigt die Menschheit von Anbeginn.

Dschung Dsi schrieb vor 2000 Jahren (Prigogine und Stengers 1990): „Des Himmels Kreislauf, der Erde Beharren, die Art, wie Sonne und Mond einander in ihren Bahnen folgen: Wer ist's, der sie beherrscht? Wer ist's der sie zusammenbindet? Wer ist es, der weit ohne Mühe und alles das in Gang erhält? Manche denken, es sei eine Triebkraft die Ursache, dass sie nicht anders können …".

Die Frage nach der Ursache zielt auf das grundlegende Modell der Welt, das nach Thomas Bartelborth aus den vier folgenden Komponenten besteht (Bartelborth 2007):

a) Gegenstände,
b) ihren (intrinsischen) Eigenschaften,
c) der Raum-Zeit-Struktur,
d) der Ursache-Wirkungsstruktur.

Wir wollen versuchen, über die Ursache-Wirkungsstruktur und die Raum-Zeit-Struktur, beides naturwissenschaftliche Erkenntnisse, sowie über die intentionale Struktur, stellvertretend für den sozialwissenschaftlichen Bereich, die Frage von Dschung Dsi zu beantworten.

Die in Kap. 1 beschriebenen vier Einzelereignisse haben für verschiedene Menschen jeweils andere Bedeutungen.

Für Naturwissenschaftler bieten sie aufschlussreiche Zugänge zu den dahinterliegenden, möglicherweise noch verborgenen Steuerungsprozessen, die durch die Ursache-Wirkungsstruktur und die Raum-Zeit-Struktur erschlossen werden können.

© Springer-Verlag GmbH Deutschland, ein Teil von Springer Nature 2019
V. Hoensch, *Die Katastrophen von Tschernobyl, Fukushima Daiichi und der Deepwater Horizon aus natur- und geisteswissenschaftlicher Sicht*,
https://doi.org/10.1007/978-3-662-59448-3_2

Für den Sozialwissenschaftler sind die gleichen Ereignisse die größte Bedrohung, die der Menschheit durch den Umgang mit riskanter Technologie aufgebürdet werden. Sie versuchen, mit der intentionalen Struktur Fehler und Irrtümer beim menschlichen Handeln aufzuzeigen. Dabei erkennen auch sie an, dass die Entwicklung der menschlichen Gesellschaft durch die kognitive Nutzung der Kräfte der Natur entstanden ist und das soziale Zusammenleben durch die Entwicklung und Nutzung der damit verbundenen Werkzeuge wesentlich bestimmt ist, Bubb (2016), private Mitteilung.

In diesem Kapitel wird die Auffassung vertreten, dass mit der Ursache-Wirkungsstruktur und der intentionalen Struktur, also deduktiv (den Einzelfall aus dem Allgemeinen ableitend), die vier Einzelereignisse verbunden werden können, die auf den ersten Blick ausschauen als stünden sie beziehungslos nebeneinander (Hume: „the cement of the universe") (Mackie 1975) und somit die Frage der Regieführung und die damit einhergehende Frage der Zuverlässigkeit beantwortet werden kann.

In Kap. 3 soll untersucht werden, ob die Raum-Zeit-Struktur auch zu einer Antwort auf die von Dschung Dsi gestellte Frage beitragen kann und eventuell eine zeitliche Ordnung liefert und somit die Unterschiede der beiden unterschiedlichen Herangehensweisen miteinander „versöhnen" könnte.

Doch zuvor beschreiben wir unser Verständnis für die Ursache-Wirkungsstruktur und die intentionale Struktur. Daran anschließend werden wir uns bemühen, für beide Strukturen Heuristiken aufzustellen.

2.2   Grundlagen der Ursache-Wirkungsstruktur

Wir verwenden aus dem Spektrum der naturwissenschaftlichen Ansätze, wie bereits gesagt, in diesem Kapitel die Ursache-Wirkungsstruktur.

In Kap. 3 behalten wir den naturwissenschaftlichen Ansatz bei, beziehen ihn aber auf die Raum-Zeit-Struktur.

Das Problem zur Beschreibung der Ursache-Wirkungsstruktur liegt darin, dass es weder in der Philosophie noch in den Naturwissenschaften bis heute einen einheitlichen, hinreichend starken Ursachenbegriff gibt, nach dem kausale Prozesse zugleich notwendig (deterministisch – reversibel) und zeitlich gerichtet (probabilistisch – irreversibel) sind.

„Das Kausalgesetz besagt, dass jede Veränderung eine Ursache habe, das jedes Ereignis an eine Summe von Umständen geknüpft sei, bei deren Abwesenheit es nicht eintreten kann und bei deren Vorhandensein es mit Notwendigkeit eintritt" (Kausalgesetze; Meyers Lexikon, 6. Band, 1927). „Determinismus, philosophische Lehre, nach der die gesamte Natur einschließlich des Menschen und seiner Handlungen dem ausnahmslos geltenden Kausalgesetz unterworfen ist; im engeren Sinne heißt jede Philosophie oder Religion, die behauptet, dass der Mensch keine Willensfreiheit besitze, deterministisch. (Determinismus; Meyers Lexikon, 3. Band 1925)"

Auf die durch die beiden Definitionen angesprochenen Aspekte, wie beispielsweise die Willensfreiheit, werden wir noch vertiefend eingehen. Vorerst konzentrieren wir uns auf die physikalischen Aspekte.

Von der physikalischen Signalübertragung bis zu den neuronalen Mechanismen sind nur kausale Prozesse bekannt, die abwechselnd das eine oder das andere sind, aber nicht beides zugleich (Falkenburg 2012). Nach dem Kausalprinzip hat jede Wirkung eine natürliche Ursache. Das Kausalprinzip liegt jeder naturwissenschaftlichen Forschung zugrunde. Für die Physik ist es seit Galilei und Newton typisch, für die Chemie seit dem Ende der Suche nach dem Stein der Weisen und für die Biologie seit Darwin. „Natur" heißt nun einmal physis, und die Naturwissenschaft beschränkt ihre Erklärungsgründe auf die physische Welt. Apropos Stein der Weisen: Das Kausalprinzip ist kein Stein der Weisen, aber auch kein Mythos; es ist eine allgemeine Hypothese, die unter das universelle Prinzip der Determination subsumiert ist; in dem ihm zugehörigen Bereich besitzt es jedoch eine approximative (angenäherte) Gültigkeit (Bunge 1959).

Die Debatte über Ursache und Wirkung sowie deren gegenseitiger Verknüpfung, das Kausalprinzip, lässt sich bis Aristoteles zurückverfolgen, obwohl dieser schon vier Arten von Ursachen unterschieden hat. Diese Vier-Ursachen-Theorie ist offenbar primär am menschlichen Handeln orientiert – an dem, was wir durch Technik („techne") zustande bringen, nicht an dem, was in der Natur (physis) von selbst geschieht (Falkenburg 2012).

Auf die Unterschiede zwischen Technik und Natur treffen wir in der klassischen Thermodynamik mit der Irreversibilität der Energieumwandlung bei allen physikalischen Prozessen und den biologischen Wissenschaften mit Darwins Theorien über die Entstehung der Arten, die auf kumulativen Veränderungen in der Welt des Lebendigen beruhen.

Darauf aufbauend entwickelten sich bis heute sehr unterschiedliche Strömungen in der Wissenschaft zur Formulierung der Ursache-Wirkungsstruktur. Die Ursache-Wirkungsstruktur ist eine Beziehung zwischen Ereignissen – nicht zwischen Eigenschaften oder Zuständen, geschweige denn zwischen Vorstellungen (Bunge 1959). Jede Wirkung ist irgendwie durch ihre Ursachen erzeugt. Anders ausgedrückt: Verursachung ist eine Art Ereigniserzeugung oder wiederum anders formuliert, des Energietransfers. Die kausale Erzeugung von Ereignissen ist gesetzesartig, und die Kausalgesetze lassen sich in Differentialgleichungen darstellen. Ereignisse können im Besonderen Wahrscheinlichkeiten modifizieren: Die Welt ist nicht streng kausal, obwohl sie determiniert ist: Nicht alle untereinander verbundenen Ereignisse stehen zueinander in kausaler Beziehung, und nicht alle Regularitäten sind kausaler Natur. Kausalität, die Wahrnehmung von Ursache und Wirkung, scheint eher eine Struktur des Prozesses menschlichen Verstehens zu sein, als dass sie die Realität beschreibt. Für Mario Bunge ist die Ursache-Wirkungsstruktur somit daher nur eine Variante des Determinismus (Bunge 1959).

Bis heute gibt es mindestens vier Kausalbegriffe, wir zitieren Brigitte Falkenburg (2012):

1. Das traditionelle Kausalprinzip; eine gegebene Wirkung geht aus der gesuchten Ursache hervor.
2. Das deterministische Geschehen nach einem strikten Gesetz z. B. Newtons Gravitationsgesetz, Maxwells Elektrodynamik, der Stoßansatz von Boltzmann oder die Entwicklung der quantenmechanischen Wellenfunktion Ψ nach der Schrödinger-Gleichung.

3. Irreversible Vorgänge, die nur probabilistisch determiniert sind. Dazu gehören thermodynamische Vorgänge, die mit einem Anstieg der Entropie verbunden sind, ihre statistische Erklärung nach der kinetischen Theorie und Boltzmanns H-Funktion sowie der Messprozess und die probabilistische Deutung der Quantenmechanik. Hier ist das Geschehen im Einzelfall regellos. Es gibt zwar die zeitliche Ordnung von Ursache und Wirkung wieder, aber nicht ihre gesetzmäßige Verknüpfung.
4. Einsteins Kausalität (spezielle Relativitätstheorie).

Deshalb bestehen auch Zweifel an der universellen Gültigkeit der Ursache-Wirkungsstruktur: Angesichts der Universalität von Zufall und Spontanität bestehen Einschränkungen. Auf solche Einschränkungen können und wollen wir hier nicht eingehen; beispielhaft seien die Chaos-Theorie, die probabilistischen Ansätze, die Zustandsraum-Ansätze und das TCP-Theorem (auch CPT-theorem, steht für engl. „charge, parity, time" ≡ Ladung, Parität, Zeit und ist ein fundamentales physikalisches Gesetz) erwähnt.

Dennoch benutzen wir hier die Kategorien von Ursache und Wirkung und ebenso die kausalen und nicht kausalen Beziehungen zwischen Ursache und Wirkung. Wir können häufig die Wahrscheinlichkeit mathematisch abschätzen, mit der ein bestimmtes Ereignis auftreten wird, aber wir dürfen Wahrscheinlichkeiten nicht mit Kausalitäten verwechseln.

Fast alle in der Natur beobachteten Phänomene verhalten sich irreversibel. Das Erstaunliche daran ist die Tatsache, dass die zugrundeliegenden Naturgesetze keine Zeitrichtung auszeichnet – sie würden es zulassen, dass sich die Scherben eines auf den Boden gefallenen Glases wieder zusammenfügen. Ein solcher Prozess ist aber noch nie beobachtet worden.

An dieser Stelle sei eine Abschweifung gestattet.

Untersucht man dieses Problem näher, so stellt man fest, dass von den mit dem Zweiten Hauptsatz der Thermodynamik als irreversibel dargestellten Prozessen keiner wirklich unumkehrbar ist, sondern dass lediglich die Wahrscheinlichkeit für reversible Abläufe so extrem gering ist, dass sie faktisch nicht vorkommen. Er erklärt, warum sich der Zucker im Kaffee auflöst, dieser Vorgang aber nie umgekehrt abläuft. Wir können den Zucker in der Kaffeetasse nicht „entrühren", wenn er sich erst einmal aufgelöst hat. Es ist durchaus mit den physikalischen Gesetzen zu vereinbaren, dass ein aufgelöstes Stück Zucker sich durch Rühren „entlöst" und in einen Würfel zurückverwandelt. Die Wahrscheinlichkeit, dass so etwas vorkommt, ist so gering, dass man sie üblicherweise vernachlässigen kann. Der Zweite Hauptsatz erklärt auch, dass sich alle Dinge abnutzen und abkühlen, dass sie erschlaffen, einem Alterungs- und Verfallprozess unterliegen. Nur durch steten energetischen Aufwand ist das System in dem gewollten Zustand zu halten und dem Informationsverfall sowie der Verantwortungsdiffusion – beide Begriffe werden wir noch behandeln – entgegenzuwirken.

Diese Abschweifung bedarf hinsichtlich des Begriffs Zweiter Hauptsatz der Thermodynamik und der damit im unmittelbaren Zusammenhang stehenden Entropie einer Weiterung:

Thermodynamik ist ein Teilgebiet der Physik, das ausgehend von der Untersuchung der Wärmeerscheinungen (i. e. S. der Wärmelehre) alle mit Energieumsetzung unterschiedlichster Art verbundene Vorgänge und deren Anwendung untersucht. Die Hauptsätze der Thermodynamik werden als Postulate formuliert, die jedoch von allen experimentellen Erfahrungen gestützt werden. Der Zweite Hauptsatz der Thermodynamik (Entropiesatz) gibt die Richtung thermodynamischer Zustandsänderungen an. Die Entropie ist eine fundamentale thermodynamische Zustandsgröße mit der SI-Einheit Joule pro Kelvin, also $J \cdot K^{-1}$. Der Entropiebegriff wird häufig umgangssprachlich umschrieben, dass er ein „Maß für Unordnung" sei. Allerdings ist Unordnung kein physikalisches Maß. Besser ist es, die Entropie als ein „Maß für die Unkenntnis des atomaren Zustands" zu begreifen, obwohl auch Unkenntnis kein physikalisch definierter Begriff ist. Die Entropie ist also im Wesentlichen eine statistisch definierte Größe und kann so in vielen Kontexten sinnvoll verwendet werden. Unbeschadet dessen können Definitionen in den Einzeldisziplinen unterschiedlich sein.

Zurück zu den in der Natur beobachteten Phänomenen.

Der Natur scheint ein Zeitpfeil innezuwohnen, den die physikalischen Grundgesetze nicht kennen. Diese Grundgesetze haben, wie wir festgestellt haben, die Form von Differentialgleichungen. Ihre Zeitumkehrinvarianz bedeutet, dass es zu jeder Lösung der Gleichungen eine zeitumgekehrte Version gibt, die auch Lösung ist.

Die Naturvorgänge sind entweder reversibel und deterministisch oder irreversibel und indeterministisch, aber nie beides zugleich. Nach der üblichen Auffassung der Naturgesetze lassen sich die deterministischen, reversiblen Gesetze der Physik nur durch Tricks widerspruchsfrei auf irreversible nicht strikt determinierte Vorgänge anwenden: durch die Wahl der korrekten Anfangsbedingungen, die Beschränkung auf „physikalische" Lösungen und mittels der Wahrscheinlichkeitsrechnung, die so gestrickt ist, dass sie den Zeitpfeil respektiert (Falkenburg 2012).

Thermodynamische Prozesse – das sind alle Wärme- und Diffusionsprozesse sowie alle Strahlungsphänomene – sind irreversibel. Kein Zuckerkaffee entmischt sich von selbst in Zucker und Kaffee und entzieht dabei der Luft Wärme. Dies wäre ein Prozess, wie ihn die oben genannten „unphysikalischen" Lösungen der Maxwell-Gleichungen beschreiben (Falkenburg 2012). Anders ausgedrückt sind Prozesse wie der mit dem geborstenen Glas oder mit dem Zucker im Kaffee zwar nicht komplett ausgeschlossen, aber so extrem unwahrscheinlich, dass sie praktisch nicht vorkommen und wir sie ausschließen.

Wahrscheinlichkeit sagt objektiv etwas über Faktischwerden von Möglichkeiten aus und subjektiv etwas über das Eintreten von Erwartungen (Falkenburg 2012).

Welche Zeitpfeile beobachtet man in der Natur?

Das Anwachsen der Unordnung oder der Entropie mit der Zeit ist ein bevorzugtes Beispiel für das Phänomen, das wir Zeitpfeil nennen, für etwas, das die Vergangenheit von der Zukunft unterscheidet, indem es der Zeit eine Richtung

gibt. Aus dieser Sicht eignen wir uns die Richtung an, in die sich das Welt-
geschehen entwickelt, sie definiert den Sinn, den wir unserem Leben geben.

Unser Zeitbewusstsein spielt eine Schlüsselrolle für die integrativen Leistungen des Bewusstseins und ihre Erklärung aus neuronalen Grundlagen, denn was
wir als Gegenwart erleben, ist ja identisch mit unseren Bewusstseinsinhalten.
Worauf wir unsere Aufmerksamkeit richten, ist gegenwärtig; was wir in unserer
Erinnerung speichern, ist vergangen; worauf sich unsere Pläne und Absichten richten, ist zukünftig (Falkenburg 2012).

In der Wissenschaft wird eine Vielzahl verschiedener Zeitpfeile diskutiert.
Allein nach Stephen W. Hawking (1994) gibt es mindestens drei verschiedene
Zeitpfeile: 1) den thermodynamischen Zeitpfeil, die Richtung der Zeit, in der die
Unordnung oder Wahrscheinlichkeit (Entropie) zunimmt; 2) den psychologischen
Zeitpfeil, die Richtung der Zeit, in der unserem Gefühl nach die Zeit fortschreitet,
die Richtung, in der wir die Vergangenheit, aber nicht die Zukunft erinnern; 3) den
kosmologischen Zeitpfeil, die Richtung der Zeit, in der sich das Universum aus-
dehnt und nicht zusammenzieht. Unsere Betrachtung soll sich in diesem Kapitel
auf den thermodynamischen und den psychologischen Zeitpfeil beschränken. Der
kosmologische Zeitpfeil wird Gegenstand des Kap. 3.

Die gängigste Erklärung der Zeitrichtung beruht auf dem thermodynamischen
Zeitpfeil, auf dem Zweiten Hauptsatz der Thermodynamik und seiner Begründung
durch Boltzmanns H-Theorem mittels der klassischen statistischen Mechanik.

Die Erklärungen zum Zweiten Hauptsatz der Thermodynamik sollen vertieft
werden.

Thermodynamik wird als ein Teilgebiet der Physik durch drei Hautsätze
beschrieben. Der Zweite Hauptsatz der Thermodynamik gibt die Richtung der
thermodynamischen Zustandsänderungen an. Von dem Zweiten Hauptsatz
gibt es verschiedene Formulierungen. Wir wollen den Zweiten Hauptsatz der
Thermodynamik mit einfachen Überlegungen nachvollziehen. Die getrennten
Komponenten Eigelb, Eiweiß und Eischale bilden das Ei, ein System niedriger Entropie, aber hoher Ordnung (Trennung der Komponenten). Es gibt viele
Möglichkeiten, wie das Ei herunterfallen, zerbrechen oder vielleicht den Sturz
überstehen könnte. Die Möglichkeit, den Sturz unbeschadet zu überstehen, ist
zwar unwahrscheinlich, aber nicht unmöglich. Damit kommt die Wahrscheinlichkeit ins Spiel. Die Eianalogie kann auf jedes natürliche System übertragen
werden. Aus unserer alltäglichen Beobachtung wissen wir, dass manche Abläufe
nur so und nie andersherum verlaufen.

Boltzmann erkannte als Erster, dass man in der irreversiblen (nicht umkehrbaren) Entropiezunahme den Ausdruck einer wachsenden molekularen Unordnung
sehen könnte. Die Idee von Boltzmann war also, die Entropie S mit der Zahl der
Möglichkeiten in Beziehung zu setzen: Die Entropie kennzeichnet jeden makro-
skopischen Zustand durch die Anzahl der Wege, diesen Zustand P zu erreichen.
Boltzmann stellte folgende Gleichung auf:

$$S = k \cdot lg\, P$$

Der Proportionalitätsfaktor k, ist die Boltzmann-Konstante (eine Universal-konstante). Der logarithmische Ausdruck lg deutet an, dass die Entropie eine additive Größe ist.

Die Entropie nimmt nach dem Zweiten Hauptsatz der Thermodynamik also zu. Somit gelingt es uns, den thermodynamischen Zeitpfeil zu definieren: Die Zukunft liegt in der Zeitrichtung, in der die Entropie zunimmt. Damit sind wir mit Erlebnissen gemäß der Eianalogie vertraut, obwohl sie rein theoretisch auch ganz anders verlaufen könnten. Weil aber solche Verläufe so unwahrscheinlich sind, dass sie höchstwahrscheinlich in der gesamten Geschichte der Menschheit, des Universums, nicht vorkommen, schließen wir sie aus. Der Zweite Hauptsatz ist ein Beispiel für ein allgemeines Naturgesetz, das Ausnahmen von einem „Gesetz" zulässt. Nach dieser Abschweifung zum Verständnis des Zweiten Hauptsatzes wollen wir uns mit seinen möglichen Ableitungen befassen.

Ohne den Zweiten Hauptsatz der Thermodynamik lässt sich weder der Stoff-wechsel von Lebewesen noch das Funktionieren technischer Geräte, noch das Feuern der Neurone, noch der Mechanismus der mentalen Uhr in unserem Gehirn verstehen (Falkenburg 2012).

Die Erklärung des thermodynamischen Zeitpfeils durch die Metaphysik (was hinter der Physik steht) greift in irgendeiner Hinsicht auf den Unterschied von früher und später zurück, den wir letztlich mit unserer mentalen Uhr konstatieren (Falkenburg 2012).

Die objektive, physikalische Zeit liegt in den gerichteten, messbaren Prozessen der Thermodynamik, der Quantenphysik und der kosmologischen Entwicklung eines Universums mit einheitlichem Weltalter (Falkenburg 2012).

Der psychologische Zeitpfeil, der auf der subjektiven, mentalen und erlebten Zeit beruht, liegt im Erleben von früheren und späteren Ereignissen, von zugleich und nacheinander, in der Erinnerung an Vergangenes, im Erleben des Jetzt und in der Antizipation von Zukünftigen (Falkenburg 2012).

Stephen W. Hawkings (1994) Überlegung sagt: Nur wenn der thermodynamische und der psychologische Zeitpfeil (den kosmologischen lassen wir, wie oben erwähnt, in diesem Kapitel unberücksichtigt) in die gleiche Richtung zeigen, sind die Bedingungen für die Entwicklung intelligenter Lebewesen geeignet. Ein ausgeprägter thermodynamischer Zeitpfeil ist eine notwendige Vorbedingung intelligenten Lebens. Um zu leben, müssen Menschen Nahrung aufnehmen, die Energie in geordneter Form ist, und sie in Wärme, Energie in ungeordneter Form, umwandeln (s. Abschn. 2.10). Unser subjektives Empfinden für die Richtung der Zeit, der psychologische Zeitpfeil, ist im Gehirn vom thermodynamischen Zeitpfeil bestimmt, so dass die beiden stets in die gleiche Richtung weisen (Hawking 1994; siehe dazu Abb. 2.1).

Die Untersuchung der mit unserem Zeiterleben zusammenhängenden Prob-leme ist durch die Tatsache erschwert, dass keine physikalischen Gegebenheiten die direkten Reize für psychische Reaktionen sind. Der Mensch hat keinen Zeit-sinn, der dem Seh- oder Hörsinn gleichen würde, und dementsprechend auch kein Organ, das dem subjektiven Zeiterleben zugeordnet werden kann. Unser Bewusst-sein und das Erleben der Gegenwart hängen eng miteinander zusammen, doch beide bleiben rätselhaft.

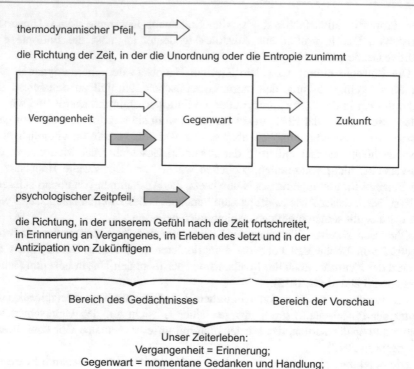

Abb. 2.1 Darstellung von thermodynamischem und psychologischem Zeitpfeil

Unser Zeiterleben lehrt uns, dass die Zeit verstreicht, dass alles Gegenwärtige demnächst vergangen sein wird und dass wir Pläne machen können, die sich auf künftige Handlungen und Geschehnisse richten. Intentionalität ist nichts anderes als die Ausrichtung des Bewusstseins auf Zukünftiges, das gegenwärtig werden soll. Wenn die Richtung unseres Zeiterlebens nicht physikalisch erklärt werden kann, so bleibt mit ihr die gesamte Intentionalität nicht ableitbar, nicht zurückführbar (irreduzibel), aber trotzdem bleiben intentionale Strukturen für die Erklärung der vier Einzelereignisse, wie wir sehen werden, unverzichtbar.

Die erlebte Zeit ist subjektive Zeit, ist Bewusstsein von Gegenwärtigem, Vergangenem, Zukünftigem. Dabei wissen wir, dass nur der Augenblick real ist, die Vergangenheit schon vorbei und die Zukunft noch nicht eingetreten ist. Mit der gemessenen Zeit halten wir uns im Tagesverlauf an die Uhr und im Jahresablauf an den Kalender, um uns im Alltag abzustimmen (Falkenburg 2012).

Der Zeitpfeil der Physik ist die objektive Zeit. Die Zeitstruktur ist fundamental für unser subjektives Erleben, und sie liegt unseren Handlungen zugrunde. Dies alles vor dem Hintergrund, dass der physikalische Zeitpfeil bis heute rätselhaft bleibt! (Falkenburg 2012).

Die Zeitrichtung, also das, was wir gerne erklärt gesehen hätten, entzieht sich jeder physikalischen Erklärung (Falkenburg 2012).

Erst das kosmologische Prinzip gestattet es, eine universelle, einheitliche, kosmische Zeit zu definieren. Dabei ist zu berücksichtigen, dass das kosmologische Prinzip kaum empirisch testbar ist. Auf dieses Prinzip werden wir im Kap. 3 näher eingehen.

Die Erklärung des Zweiten Hauptsatzes der Thermodynamik durch die kinetische Theorie setzt den Unterschied von früher oder später, also die Zeitrichtung, schon voraus. Die kinetische Gastheorie beruht auf der freien und regellosen Bewegung von Molekülen bzw. Atomen im gasförmigen Zustand und leitet daraus deren Gleichgewichtseigenschaften wie Temperatur ab. Die Temperatur eines Gases entspricht nach dieser Theorie der mittleren kinetischen Energie der Moleküle, die Entropie der Wahrscheinlichkeit der Verteilung der Molekülzustände. Diese Erklärung des Zweiten Hauptsatzes hilft uns nicht zur gesuchten Erklärung der objektiven Zeitordnung, sondern diese Zeitordnung geht umgekehrt in die Erklärung des Zweiten Hauptsatzes durch die kinetische Theorie ein. Und dies ist ein prinzipielles Problem. Keine deterministische Theorie, die reversible Vorgänge beschreibt, kann irreversible Vorgänge erklären, ohne deren Richtung zumindest durch geeignete Anfangsbedingungen festzulegen (Falkenburg 2012).

Kurz: Der Zweite Hauptsatz der Thermodynamik, die Zunahme der Entropie, und damit der thermodynamische Zeitpfeil, kann soziologisch gewendet als Gesetz zunehmend rationaler Handlungsorientierung gelesen werden (Müller 1996).

Für die kognitionswissenschaftliche Betrachtung beziehen wir uns auf die intentionale Struktur.

Nach der Erarbeitung der Grundlagen zur intentionalen Struktur werden wir uns bemühen, Heuristiken für die Ursache-Wirkungsstruktur und für die intentionale Struktur vorzustellen. Um in späteren Schritten mit beiden Heuristiken die vier Einzelereignisse zu hinterfragen und somit die Frage von Dschung Dsi einer Antwort zuführen zu können. Heuristiken sind in der neueren Wissenschaftstheorie als Beurteilungskriterium für Theorien und für ganze Wissenschaftsprogramme von Bedeutung.

2.3 Grundlagen der intentionalen Struktur

Bereits der zuvor erwähnte Aristoteles hat die Handlung als intentionalen Prozess beschrieben. Er unterschied die Handlungsabsicht (Intention) von den vorweggenommenen Handlungszielen und den Handlungsumständen(-bedingungen).

Grundlegend für die Beschreibung intentionaler Prozesse ist die Identifizierung von Zielen, deren hierarchischen Organisation und der erforderlichen Rückkoppelungsschleifen.

Mit diesen Definitionen greifen wir auf die Unterschiede zwischen naturwissenschaftlichem und kognitionswissenschaftlichem Ansatz zurück.

Der Forschungstradition der naturwissenschaftlichen Ansätze folgend, haben wir die Grundlagen der naturgesetzlichen Ursache-Wirkungsstruktur vorgestellt. Diese Tradition bildet ebenfalls den Grundstock für einen Großteil unseres Wissens über die menschliche Kognition, d. h. des Wahrnehmens, Erkennens und Verarbeitens von Informationen.

Bevor wir den kognitionswissenschaftlichen Ansatz aufgreifen, der sich eher mit breit angelegten Gerüsten als mit klar angelegten, an Daten orientierten Modellen, wie sie durch die Ursache-Wirkungsstruktur bereit gestellt werden, befasst, ist eine Unterscheidung zwischen Handlungen ohne vorherige Absicht, also spontane und fähigkeitsbasierten Handlungen sowie intentionalen Handlungen notwendig.

(Fähigkeitsbasiert, „skill-based" wird auch übersetzt als „fertigkeitsbasiert"; dieser Übersetzung schließen wir uns nicht an. Auf die Unterschiede von Fertigkeit und Fähigkeit gehen wir im Kap. 3 ein.)

Searle (2006) traf diese wichtige Unterscheidung zwischen Handlungen ohne vorherige Absicht, also spontane und fähigkeitsbasierte Handlungen, und intentionale Handlungen. Danach sind Erstere hochgeübte unbewusste Handlungssequenzen. Intentionale Handlungen sind dagegen bewusste vom Willen geprägte Handlungen. Diese Unterscheidung ist auch für die Frage der Zuverlässigkeit von Bedeutung, die im Zentrum unserer Analysen steht.

Die Zuverlässigkeit ist demnach eng mit der Handlungsabsicht, der Intention, verknüpft. Andererseits sind durchaus Handlungen denkbar, die der Zuverlässigkeit widersprechen, die aber außerhalb unserer Betrachtung liegen.

In diesem Zusammenhang wird nochmals die Unterscheidung von Handlungsabsichten, also Gründen und Zwecken, im Gegensatz zu Ursachen, wie sie mit der Anwendung der Ursache-Wirkungsstruktur herausgestellt werden, betont. Es gilt sauber zwischen Handlungsabsichten, Intentionen und Ursachen zu unterscheiden. Handlungsabsichten sind Gründe, keine Ursachen (Falkenburg 2012). Die Suche nach den physikalischen Ursachen unserer Handlungsprozesse, die die Ursache-Wirkungsstruktur fordert, verträgt sich nicht mit der Angabe unserer Handlungsabsichten, weil die Begriffe Zwecke, Gründe, Ziele und Absichten nach Wingert in (2006) als anthropozentrisches Konzept gelten, das in naturwissenschaftlichen Erklärungen nichts zu suchen hat. Zwecke sind etwas Subjektives. Sie beruhen auf menschlichen Intentionen – auf Motiven, Wünschen, Plänen, Absichten und Anordnungen, von wem auch immer („par ordre du mufti").

An dieser Stelle sei eine Abschweifung zur Redewendung „par ordre du mufti" erlaubt.

Die Redewendung „par ordre du mufti" wird umgangssprachlich als eine Handlung durch Erlass, auf Anordnung von vorgesetzter Stelle, auf fremden Befehl bzw. notgedrungen, verstanden. Praktisch sinngemäß wird das Wort „Ukas" (russ. „ukaz" zu „ukazat", befehlen) als Anordnung, Befehl bzw. Erlass des Zaren, jetzt des Präsidenten der russischen Volksvertretung, meist ironisch verstanden. Beide, die Redewendung und das Wort, sollen gemeinhin zum Ausdruck bringen, dass eine Entscheidung „von oben herab" gefällt wird, ohne dass die Betroffenen gehört werden oder dass sie explizit gegen deren Votum durchgesetzt wird. Auf den Aspekt der Einbindung der Betroffenen bzw. die

Durchsetzung gegen deren Votum werden wir ausführlich in Kap. 4 eingehen. Wir kehren an dieser Stelle zu den Handlungsabsichten zurück.

Tätigkeiten werden in Handlungen verwirklicht (Hacker und Richter 2006). Handlung bezeichnet eine zeitlich in sich geschlossene, auf ein Ziel gerichtete sowie inhaltlich und zeitlich gegliederte Einheit der Tätigkeit. Die Handlungssteuerung ist das Ergebnis der komplexen Interaktion von genetischen Anlagen, Lernerfahrungen, aktuell verarbeiteter Reizinformation und dem momentanen Motivationszustand des Individuums (Franken 2007).

Die kognitive Psychologie beschreibt den Prozess der Wahrnehmung, des Erkennens und des Verarbeitens als Informationsverarbeitung, an dem außer den Sinnesorganen auch das Gehirn (Bewusstsein) beteiligt ist. Unter Wahrnehmung wird nicht nur die Aufnahme von äußeren Reizen verstanden, sondern das subjektive Konstruieren eines eigenen Weltbildes aufgrund der Sinneseindrücke aus der Umwelt (Franken 2007). Kognitionen sind Hilfsmittel, mit denen sich Menschen in der Welt zurechtfinden.

In den gängigen Informationsverarbeitungsmodellen werden die kognitiven Prozesse unterschiedlich beschrieben. Gemeinsam ist diesen Modellen die Aufteilung in verschiedene Phasen, die einen Regelkreis bilden, den wir so zusammenfassen:

Informationsaufnahme (Reiz-Stimulus-Ebene [Umwelt]), Sensorisch-perzeptorische Ebene (Wahrnehmung), Informationsverarbeitung (kognitive Ebene, Denken – Speichern – Erinnern), Informationsumsetzung (Motorisch-effektorische Ebene [Handeln]), Effektorische Ebene; hierunter fallen die Organe, welche Reaktionen und Informationscodierung aufgrund der Informationsauswertung durchführen.

Wir stützen uns weitestgehend auf Jens Rasmussen (1986), weil seine Darstellung der kognitiven Kontrollmechanismen fehlerorientiert ist. Rasmussens Modell zielt auf Fehler, die bei der Beaufsichtigung von Industrieanlagen begangen werden, besonders in unfallgeneigten Situationen, wie sie in unseren ausgewählten Einzelfällen vorlagen.

Die zur Erfüllung einer Aufgabe notwendigen Handlungen sind das Ergebnis der Ebene der mentalen Informationsverarbeitung. Auf sie wirken eine darüberliegende soziale Ebene sowie eine darunterliegende psychologische Ebene. Subjektive Werte werden auf der sozialen Ebene gebildet und damit Handlungsziele für die mentale Informationsverarbeitung vorgegeben. Die psychologische Ebene umfasst die eigentlichen psychischen Prozesse, die das Rüstzeug für die Informationsverarbeitung des Menschen bereitstellen. Die psychischen Prozesse sind kognitiver und sensomotorischer, daneben auch affektiver (d. h. gefühlsmäßiger) Natur. Die psychischen Prozesse weisen unterschiedliches kognitives Niveau auf. Laufen sie nicht bewusst ab, dann sprechen wir von automatischen oder automatisierten Prozessen mit sehr niedrigem kognitivem Niveau. Werden die psychischen Prozesse bewusst geführt, dann sprechen wir von kognitiven Prozessen im engeren Sinne oder von bewussten kognitiven Prozessen. Diese werden auch kontrollierte Prozesse oder Erkenntnisprozesse sowie geistige Prozesse genannt. Dafür steht das

Modell von Rasmussen (1986), mit dem er die Prozesse der mentalen Informations-verarbeitung bezüglich des Grades der kognitiven Inanspruchnahme des Menschen differenziert behandelt. Mit der Unterscheidung von fähigkeits-, regel- und wissensbasiertem Handeln, das als „Standard" angesehen wird, gelingt auch die Beschäftigung mit der menschlichen Zuverlässigkeit.

Rasmussen unterscheidet drei kognitive Verhaltens- oder Fähigkeitsebenen, nämlich:

Auf der fähigkeitsbasierten („skill-based") Ebene werden die Leistungen des Menschen von gespeicherten Mustern aus vorprogrammierten Anweisungen bestimmt, die als analoge Strukturen in einem raum-zeitlichen Bereich – davon später detaillierter – repräsentiert sind.

Die regelbasierte Ebene („rule-based") kommt zum Tragen, wenn man vertraute Probleme angeht, bei denen die Regel des Typs wenn … (Zustand), dann … (Diagnose) oder wenn … (Zustand), dann … (Handlung) durch bewusstes Handeln in vertrauten Situationen bestimmt wird.

Die wissensbasierte Ebene („knowledge-based") kommt bei neuartigen Situationen ins Spiel, in denen die Handlungen aktuell unter Verwendung bewusster analytischer Prozesse und gespeicherten bzw. zu erwerbenden Wissens geplant und durchgeführt werden müssen.

Ein Schlüsselkriterium für die Unterscheidung, das auf die Ausführungs-ebenen von Rasmussen aufbaut, ist die Frage, ob ein Individuum zum Zeitpunkt, zu dem sich ein Fehler ereignet, mit einer Problemlösung beschäftigt war oder nicht. Verhalten auf der fähigkeitsbasierten Ebene steht für Tätigkeiten, die sich nach der Festlegung einer Intention ohne bewusste Kontrolle als gleichmäßige, automatisierte und vorprogrammierte Muster ereignen (Reason 1994). Fehler auf dieser Ebene ergeben sich, weil auf das Wissen, auf Veränderungen zu reagieren, nicht im richtigen Augenblick zugegriffen wird.

Regelbasierte und wissensbasierte Ausführungen treten hinzu, nachdem sich das Individuum eines Problems bewusst wurde, also des unvorhergesehenen Auftretens eines Ereignisses, das eine Abweichung vom nicht bewusstseins-pflichtigen, fähigkeitsbasierten Handeln erfordert. In diesem Sinne gehen Probleme auf der fähigkeitsbasierten Ebene den Problemlösungen auf der regel- und wissensbasierten voraus. Die Übergänge zwischen fähigkeits-, regel- und wissensbasiertem Verhalten sind gleitend und unscharf. Auch fähigkeitsbasiertes Verhalten kann auf der wissensbasierten Ebene erfolgen. Die Konsequenz davon ist, dass eingeschliffene Treffsicherheit, die auf fähigkeitsbasierter Ebene vorhanden ist, dann verloren geht. Eine definierende Bedingung für regel- und wissensbasierte Fehler ist demnach das Bewusstsein für die Existenz eines Problems (Reason 1994). Bei regelbasierten Fehlern fehlt es an dem Wissen darüber, wann Abweichungen von den Routinen vorliegen und in welchen Formen sie auftreten. Auf wissensbasierter Ebene ergeben sich Fehler aus Veränderungen im Arbeitsprozess, auf die man nicht vorbereitet ist und die man nicht antizipieren konnte.

Die drei kognitiven Ebenen von Rasmussen, die auch gleichzeitig auftreten können, gehen mit einer Abnahme an Vertrautheit mit der Umgebung oder mit der Aufgabe einher (Rasmussen 1986).

Mit wachsender Expertise bewegt sich das Kontrollzentrum des Menschen von der wissensbasierten zur fähigkeitsbasierten Ebene; alle drei Ebenen können jedoch jederzeit nebeneinander bestehen.

James Reason widmete Jens Rasmussen sein Buch „Menschliches Versagen" (Reason 1994), aus dem wir zitieren:

> Rasmussen identifizierte acht Stufen der Entscheidungsfindung (oder der Problemlösung): Aktivation, Beobachtung, Identifikation, Interpretation, Bewertung, Zielwahl, Prozedurwahl und Ausführung. Während andere Entscheidungstheoretiker diese oder vergleichbare Stufen in linearer Abfolge darstellen, bestand Rasmussens wesentlicher Beitrag darin, die Abkürzungen zu erfassen, die Menschen bei ihren Entscheidungen in Situationen des wirklichen Lebens nehmen. Statt einer gradlinigen Stufenabfolge verläuft das Rasmussen-Modell analog zu einer Trittleiter, deren fähigkeitsbasierte Stufen der Aktivation und Ausführung sich am Fuße beider Seiten und deren wissensbasierte Stufen der Interpretation und Bewertung sich oben befinden. Dazwischen liegen auf beiden Seiten die regelbasierten Stufen (Beobachtung, Identifikation, Zielauswahl und Prozedurwahl). Zwischen diesen verschiedenen Stufen können Abkürzungen gewählt werden, normalerweise in Form von sehr effizienten, aber situationsspezifischen stereotypischen Reaktionen, bei denen die Beobachtung des Systemzustands automatisch zur Auswahl einer Prozedur führt, die Abhilfe schafft, und zwar ohne das langsame und mühsame Eingreifen der wissensbasierten Prozesse. Das „Trittleiter"-Modell lässt assoziative Sprünge zwischen allen Entscheidungsstufen und damit Handlungsfreiheit zu. (Reason 1994).

Wir wollen die drei Ausführungsebenen und das „Trittleiter"-Modell graphisch zusammenfassen (Abb. 2.2).

Damit die assoziativen Sprünge für Handlungsregulationen wirksam werden können, muss der Handelnde sein Verhalten freiwillig danach ausrichten. Für den Begriff Freiwilligkeit gibt es keine anerkannte Definition. Umgangssprachlich versteht man etwas anderes unter dem freien Willen als im juristischen oder psychologischen Sprachgebrauch. In der Philosophie wird der Begriff nicht einheitlich definiert.

Der Mensch empfindet sich als frei, er ist subjektiv frei – das gilt einerseits, weil er nicht die Bedingungen und Ursachen seines Willens abschätzen kann, andererseits aber auch, weil er die Folgen seines Willens und seiner Handlungen nicht präzise vorhersagen kann, sondern nur statistische Erfahrungswerte verwenden kann. Das ändert nichts an dem Umstand, dass objektiv jede Willensentscheidung durch Ursachen bestimmt wird. Wir sind unser Gehirn, und unser Gehirn wählt zwischen Alternativen – und das tut es auch, aufgrund feststehender Parameter, quasi als Rechenvorgang. Das ist der objektive Vorgang, den wir aus der menschlichen Perspektive als Freiheit bezeichnen.

In einem fachübergreifenden Sinne gehört zur Willensfreiheit die subjektiv empfundene menschliche Fähigkeit, bei verschiedenen Wahlmöglichkeiten eine bewusste Entscheidung treffen zu können.

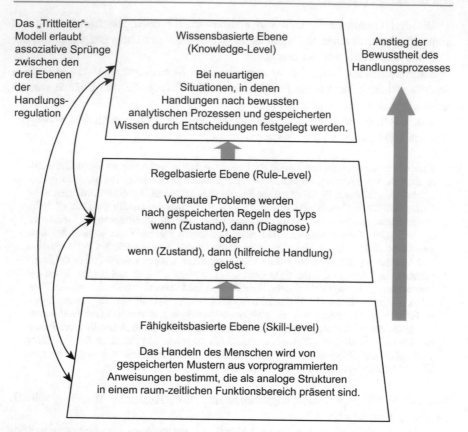

Das „Trittleiter"-Modell erlaubt assoziative Sprünge zwischen den drei Ebenen der Handlungs-regulation

Wissensbasierte Ebene (Knowledge-Level)

Bei neuartigen Situationen, in denen Handlungen nach bewussten analytischen Prozessen und gespeicherten Wissen durch Entscheidungen festgelegt werden.

Anstieg der Bewusstheit des Handlungsprozesses

Regelbasierte Ebene (Rule-Level)

Vertraute Probleme werden nach gespeicherten Regeln des Typs wenn (Zustand), dann (Diagnose) oder wenn (Zustand), dann (hilfreiche Handlung) gelöst.

Fähigkeitsbasierte Ebene (Skill-Level)

Das Handeln des Menschen wird von gespeicherten Mustern aus vorprogrammierten Anweisungen bestimmt, die als analoge Strukturen in einem raum-zeitlichen Funktionsbereich präsent sind.

Abb. 2.2 Das Modell Skill-Rule-Knowledge von Rasmussen spezifiziert die Handlungs-regulation von Menschen über drei hierarchisch angeordnete Ausführungsebenen von mensch-lichem Verhalten. Eine wesentliche Weiterentwicklung besteht darin, dass Rasmussen Abkürzungen berücksichtigt, die Menschen bei ihren Entscheidungen in Situationen des wirk-lichen Lebens nehmen („Trittleiter"-Modell) und damit Handlungsfreiheit zulassen

Auf die epochalen Experimente von Benjamin Libet zur Willensfreiheit gehen wir im Kap. 3 ausführlich ein.

Freiwilligkeit beruht letztlich auf unserem Antrieb, zu ergründen: „Daß ich erkenne, was die Welt im Innersten zusammenhält, Schau alle Wirkenskraft und Samen." im Kap. 3. „Was die Welt wirklich ist, das wissen wir sowieso nicht" (Lesch 2016). Was uns antreibt, sind die Lücken, die Erkenntnislücken. Solche Wissenslücken gibt es beim determinierten Verhalten nicht, weil hier unser Han-deln durch die Ursache-Wirkungsstruktur festgelegt ist und somit nichts innerhalb dieser Struktur entschieden werden kann. Etwas, was wir nicht wissen, ist das, was uns zur Freiwilligkeit führt. Die Freiwilligkeit schafft die Möglichkeit zur Inter-pretation und damit Dinge zu tun, die nicht eindeutig bestimmt sind. Die Gesell-schaft beurteilt mit ihrer Sichtweise, naturwissenschaftlich oder einer anderen, ob die Möglichkeit zur Interpretation richtig genutzt wurde.

Welchen Spannungsverhältnissen die gesellschaftliche Beurteilung dabei durch Nutzung der trennscharfen Möglichkeit der Interpretation ausgesetzt sein kann, möchten wir uns an dem Disput zwischen Newton und Goethe, den Letzterer heftig führte, verdeutlichen. Newton sagte, das Sonnenlicht bestehe aus Strahlen unterschiedlicher Brechbarkeit und das Weiß des Sonnenlichtes sei aus Spektralfarben zusammengesetzt. Nach Goethe ist Licht eine „Einheit", und Farbe ist ein Phänomen verschiedener Qualität. Aus heutiger Sicht entspringen Goethes und Newtons Farbtheorien aus zwei unvereinbaren Betrachtungsweisen, der subjektiven, der sich der Mensch nicht entziehen kann (Goethe) und der objektiven rational physikalischen (Newton). Im Zusammenhang mit dieser Sichtweise ein kurzer Rückblick zum Zeitpfeil; Goethes Sichtweise steht für die Erwartung, Newtons dagegen für die Vorschau in die Zukunft. Zum Verständnis müssen wir beide Betrachtungsweisen nebeneinanderstellen und im historischen Zusammenhang sehen. Wissenschaft steht für eine spezifische Menge von Methoden, wie man etwas über etwas, das eine systematische Erforschung zulässt, herausfindet.

Kurz gesagt, es gibt nur die Tatsachen, die wir auf eine spezifische Art herausgefunden haben und somit kennen (Searle 2006).

Die vorhandenen Erkenntnislücken hängen mit dem probabilistischen Charakter von Quantenprozessen und dem ungelösten Messproblem zusammen. Den probabilistischen Charakter von Quantenprozessen werden wir noch vertiefen. Das ungelöste Messproblem ist Gegenstand der Quantenphysik, auf das wir hier nicht eingehen. Mit diesem Verständnis von Wissenschaft und dem Prinzip des intentionalen, freiwilligen Handelns stoßen wir hinein in diese Erkenntnislücken. Erkenntnislücken erfordern eine spontane Ordnung, die allgemeine Regeln für individuelles Handeln setzen; die kein generelles Ziel vorgeben, sondern lediglich der Verfolgung spezifischer Ziele wechselseitig anzuerkennende Grenzen setzen. So schreiben die Regeln im Straßenverkehr den Verkehrsteilnehmern kein Reiseziel vor. Ihre Koordinationsfunktion liegt lediglich darin, durch geeignete Gebote Bedingungen zu schaffen, unter denen alle ihre individuellen Ziele reibungslos erreichen können.

Somit sei anders gesagt:

Erstens: Wissenschaftliche Erkenntnis bleibt so lange ein Flickenteppich von Theorien und Gesetzen, bis die Erkenntnislücken nicht weitestgehend geschlossen sind, die in ihrem jeweiligen Bereich Gültigkeit haben, aber mit Theorien und Gesetzen in anderen Bereichen allenfalls lose verbunden sind.

Zweitens: Es gibt auch keine Garantie, dass sich alle wissenschaftlichen Erkenntnisse zu einem einzigen Bild zusammenfügen lassen. Sicherlich gibt es viele wissenschaftlich begründete Bilder der Wissenschaft (Searle 2006).

Mit der Freiwilligkeit können natürlich auch Barrieren – die in dem bekannten „Schweizer Käsemodell", s. Abb. 1.1 von Kap. 1, so schön anschaulich dargestellt sind – überwunden werden. Aber auch diese Barrieren unterliegen natürlich dem Gesetz der Zunahme der Entropie. Das bedeutet, dass sie zufällig – hier kommen probabilistische Einflussfaktoren ins Spiel – versagen bzw., dass zufällig externe Zustände hinzutreten, für die keine Barrieren vorgesehen waren. Es wurden „lediglich" Lücken in den Barrieren (die Löcher in dem „Schweizer Käsemodell") nicht oder nicht rechtzeitig (Auftreten probabilistischer Einflussfaktoren) erkannt oder man ist zufällig auf vorhandene Erkenntnislücken gestoßen worden. Zu dem Nichterkennen von Lücken gehört natürlich auch, dass für das Erreichen irgendeines gearteten Vorteils solche Barrieren übersprungen werden, da im Allgemeinen alle (!) der Sicherheit dienenden Barrieren mit Unannehmlichkeiten und zusätzlichem Aufwand verbunden sind. Was aus Sicht des Handelnden als Vorteil angesehen wird, kann natürlich auch aus der Sicht einer größeren Gemeinschaft/ Gesellschaft sehr belastend wirken, wie wir es an den drei behandelten Geschehnissen deutlich machen werden.

Die Zufälligkeit des Überwindens der Barrieren, durch die der gewünschte geordnete Ablauf eines technischen Systems gewährleistet werden soll, verdeutlicht die Notwendigkeit, sich mit der Problematik der Frage „Wer führt Regie dabei?" auseinanderzusetzen und auch den Aspekt der Zuverlässigkeit einzubeziehen. Regie ist die Anleitung und Überwachung, die eine erfahrene Person gibt. Für das Wort Regie gibt es in den verschiedenen Bereichen die unterschiedlichsten Synonyme. Wir haben uns für „par ordre de mufti" entschieden. Zuverlässigkeit oder Verlässlichkeit bezeichnet allgemein die Verlässlichkeit von Personen, Apparaten und Werkstoffen, denen man vertrauen kann. Als menschliche Eigenschaft gilt sie als charakterliche Tugend. In der Technik ist Zuverlässigkeit ein Merkmal technischer Produkte.

Auf der Basis der Grundstrukturen für die Ursache-Wirkungsstruktur, basierend auf dem thermodynamischen Zeitpfeil und des intentionalen Handelns, basierend auf dem psychologischen Zeitpfeil, wollen wir anschließend spezifische Heuristiken erarbeiten.

Zusammenfassend: Die Frage der Regieführung kann nur auf intentionale Handlungen, also für Handlungen auf regel- bzw. wissensbasierter Ebene angewendet werden. Sie hat für die fähigkeitsbasierten oder unbewussten Handlungen keine Bedeutung. Zur Regieführung: Der Mensch ist der Schauspieler im Naturgeschehen, er muss seine Rolle spielen, auch wenn er sich damit gelegentlich nicht zurechtfinden kann oder will, er muss seine Rolle spielen, wenn er nicht scheitern will.

Aber wer ist der Regisseur? Wer hat das Drehbuch geschrieben? Und wer sagt, wann welcher Schauspieler wo auf die Bühne des Naturgeschehens zu treten hat?

„Die Regisseure, also diejenigen, die sagen, wo es lang geht, das sind die Kräfte (vier Kräfte; die elektromagnetische Kraft, die starke und schwache Kernkraft und die Gravitation; Einfügung durch den Verfasser). Zumindest nach naturwissenschaftlicher Erkenntnis sind die Kräfte diejenigen, die die Teilchen veranlassen, gewisse Strukturen zu bilden." (Lesch 2016).

Auch Rupert Sheldracke (2015) hat sich der Frage der Regieführung angenommen. Er schreibt: „Es trifft zu, dass alle materiellen Dinge aus Quantenpartikeln bestehen, dass mit allen physikalischen Vorgängen Energieströme verbunden sind und dass alle physikalischen Ereignisse in dem durch das universale Gravitationsfeld gegebenen Rahmen der Raum-Zeit stattfinden."

Die vier Elementarkräfte führen Regie. Zum „Regisseur" wird der Mensch dadurch, dass seinem Handeln Kausalität zugeordnet wird. Die Naturgesetze in ihrer Gesamtheit schreiben das Drehbuch. Die Entropie und der daraus abgeleitete thermodynamische Zeitpfeil sind die „Drehbuchautoren". Durch unsere Intentionen sagen wir, welcher Schauspieler wann und wo auf die Bühne des Naturgeschehens zu treten hat.

An Francis Bacons „Goldene Regel", die er 1620 in seinem Werk „Novum Organon" niederlegte, sei erinnert: „Natura enim non nisi parendo vincitur (Die Natur lässt sich nur durch Gehorsam besiegen)."

Das Drehbuch wird von den Naturgesetzen geschrieben, dies kann man deutlich mit der evolutionären Entwicklung auf unserer Erde erleben.

Diesen naturwissenschaftlichen Ansatz für Regieführung und Drehbuch wollen wir in dieser Abhandlung später vertiefen.

2.4 Aufstellen einer Heuristik für die Ursache-Wirkungsstruktur

Für Heuristik gibt es in den verschiedenen Anwendungsbereichen jeweils unterschiedliche Auffassungen, auf deren Ausformulierungen hier bewusst verzichtet wird. Für den von uns gewählten pragmatischen Ansatz steht die schöpferische oder problemlösende Tätigkeit im Mittelpunkt, sie kann somit als Optimierungsverfahren angesehen werden.

Die Elemente der Ursache-Wirkungsstruktur, Ursache, Wirkung, sind als Einzelereignisse anzusehen, von denen das eine das andere wie auch immer bewirkt. Wir wissen a priori, dass die Ursache früher geschieht als die Wirkung – die objektive Zeitordnung (asymmetrische Reihenfolge). Damit sind wir in der Lage, die Vorgänge, die wir wahrnehmen und erfahren, zeitlich auf die Reihe zu bringen (Falkenburg 2012). Kausalität ist die Verbindung von Ursache und Wirkung und liegt in allgemeinen Naturgesetzen.

Angemerkt sei, dass darüber, wie die Verknüpfung von Ursache und Wirkung genau zu verstehen ist, keine Einigkeit unter den wissenschaftlichen Disziplinen besteht.

Ein relativ hoher Grad an Einigkeit ist bei Physik und Chemie zu finden. Er wird schwächer bei der Biologie und Medizin und ganz schwach bei der Philosophie. Man sieht daran, dass je mehr die belebte Natur ins Spiel kommt, desto schwieriger wird die Einigkeit.

Wir können nun Kants Erkenntnistheorie heranziehen, die einen engen Zusammenhang zwischen der objektiven Zeitordnung, sprich: dem thermodynamischen Zeitpfeil und einem Verbindungsprinzip – das Kausalprinzip – herstellt. Kant fiel auf, dass kausale Prozesse zeitlich gerichtet sind oder unumkehrbar verlaufen; die Wirkung folgt auf die Ursache und niemals umgekehrt.

Auch die Physik kann den Kausalbegriff nicht klar und eindeutig präzisieren. Sie bietet mehrere Kausalkonzepte an.

Nach Newtons Mechanik, Maxwells Elektrodynamik und Einsteins relativistischer Physik ist die Beziehung zwischen Ursache und Wirkung deterministisch, aber reversibel, also zeitsymmetrisch. Nach der Thermodynamik und nach jeder

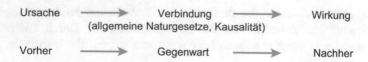

Abb. 2.3 Nur den Zeitpfeil der Thermodynamik kennt die Physik nach dem Stand der Dinge bis heute

Quantentheorie ist diese Beziehung für Einzelereignisse irreversibel, also zeitasymmetrisch, aber nicht deterministisch. Das hängt damit zusammen, dass makroskopisch beobachtbare Einzelereignisse auf dem Zusammenwirken einer extrem hohen Anzahl mikroskopischer Elementarteilchen beruhen.

Untersucht man das Problem genauer, so stellt man fest, dass keiner der als irreversibel beobachtbaren Prozesse wirklich unumkehrbar ist, sondern, wie bereits ausgeführt, dass lediglich die Wahrscheinlichkeit hierfür außerordentlich gering ist.

Auf den Aspekt der Wahrscheinlichkeit soll detaillierter und für jedes Einzelereignis spezifisch auf die probabilistischen Einflussfaktoren in einem späteren Abschnitt eingegangen werden.

Unsere Heuristik, die für die Ursache-Wirkungsstruktur zur Anwendung kommt, stellt sich also folgendermaßen dar, vgl. Abb. 2.3.

2.5 Aufstellen einer Heuristik für die intentionale Struktur

Für das Aufstellen einer Heuristik für die intentionale Struktur lehnen wir uns stark an Hacker und Richter an (2006).

Wir zitieren:

> Tätigkeiten bzw. Handlungen sind Komponenten des Verhaltens, an deren psychischer Regulation alle Erscheinungsformen des Psychischen beteiligt sind. Der Tätigkeitsbegriff kann als Oberbegriff verstanden werden, während Handlungen (durch Ziele) abgegrenzte Einheiten von Tätigkeiten bezeichnen.

Unter Handeln versteht man, wie gesagt, das Verfolgen von Zielen, das Umsetzen von Plänen und Wünschen sowie die Ausführungen von Anordnungen („par ordre du mufti") bis zu deren Realisierung. Das Handeln setzt Wahrnehmung, Erkennung und Verarbeitung von Informationen (Kognition) sowie Freiwilligkeit, also Motivation, voraus. Jede Handlung läuft in mehreren Schritten ab: Vorlaufphase, sie schließt eine beliebig lange Zeitspanne mit der Entscheidung über die Handlungsausführung ab, daran anschließend die Kontrolle des Handlungsablaufes. Die Abgrenzung von Handlungen erfolgt durch Zielsetzung, die die mit der Absicht der Realisierung (Intention) verknüpfte Vorwegnahme des Ergebnisses (Antizipation) darstellt. Jede Handlung schließt neben Intention (Ziele) auch kognitive Prozesse mit ein. Die weisungsgetreue Ausführung einer Handlung schließt Intentionen und kognitive Leistungen aus. Selbstverständlich kann die handelnde Person über eine weisungsgebundene Ausführung nachdenken. Ob diese Person dann aber den eigenen Vorstellungen den Vorzug gibt oder sich der Weisung unterwirft, hängt neben vielen individuellen Eigenschaften, besonders von der Führungskultur, eine kollektive Angelegenheit, unserer Gesellschaft ab.

D. h., individuelles Handeln ist keine gänzlich persönliche Angelegenheit. Die Handlungsprogramme einzelner Individuen werden von Mensch zu Mensch durch die Wirkung von Spiegelneuronen übertragen, abgeglichen und kommuniziert (Franken 2007). Was sind nun wieder Spiegelneuronen? Spiegelneuronen sind ein Resonanzsystem im Gehirn, das Gefühle und Stimmungen anderer Menschen beim Empfänger zum Erklingen bringt. Das Einmalige an den Nervenzellen ist, dass sie bereits Signale aussenden, wenn jemand eine Handlung nur beobachtet. Die sozialen Interaktionen eines Individuums bilden eine wichtige Quelle für seine Reaktionen und Entscheidungen. Der Mensch trägt Verantwortung für die Konsequenzen seiner Handlungen und bezieht sie in seine Entscheidungsfindung mit ein. Damit hat jedes Handeln auch einen ethischen Aspekt (Franken 2007).

Verschiedene Richtungen der Verhaltenswissenschaften benutzen unterschiedliche Modelle des Handelns.

Als ganzheitliches Modell des individuellen Handelns wird das kognitive Modell benutzt. Es betrachtet eine Person als eine dynamische Handlungseinheit, die durch ihr Wissen geprägt wird, sich in einem aktiven Austauschprozess mit der Umwelt befindet (Wahrnehmung und Gestaltung der Umwelt durch das Entscheiden und [aktives] Handeln) und permanent lernt (durch die Konsequenzen des Handelns und interne Denkprozesse) (Franken 2007).

Menschliches Handeln zeichnet sich durch willentliche Handlungen aus, das auch eine gewisse Entscheidungs- und Handlungsfreiheit erlaubt. Aus der kognitiven Perspektive gesehen, ist menschliches Handeln ein mentaler Prozess aus mehreren Phasen, der auf die Veränderung oder Aufrechterhaltung der Umwelt hin ausgerichtet ist und dadurch einen aktiv gestaltenden Charakter besitzt (Franken 2007).

Nach H. Heckhausen (1987) beinhaltet eine Willensbildung folgende Phasen:

- die realitätsorientierte Motivationsphase (Bereitschaft zum Handeln),
- die Intentionsbildung (Bildung und Vergleich von Alternativen),
- die realisierungsorientierte, präaktionale Phase (Vorbereitung der Ausführung),
- die aktionale Handlungsphase (eigentliches Handeln) und
- die postaktionale Phase, die das Erzielte bewertet und für spätere Handlungen berücksichtigt (bewertende Motivation).

Das Handeln kann als eine Kette aus folgenden Gliedern dargestellt werden: Sie beginnt mit der Motivation zum Handeln, daran schließt sich die Bildung einer Handlungsabsicht (Intention) an, mit dem Überschreiten des Rubikons erfolgen die drei eigentlichen Handlungsschritte und endet mit der Bewertung der

Realisierung. Die Metapher „Überschreitung des Rubikons" geht auf das Flüsschen Rubikon zurück. Die Bekanntheit verdankt dieses Flüsschen allein Julius Caesar, als dieser sich am 11. Januar des Jahres 49 v. Chr. entschlossen hatte, mit seinen Legionen den Rubikon zu überschreiten, und sein Bewusstsein dafür, dass es sich um einen außerordentlich folgenreichen Entschluss handelte, für die Nachwelt mit dem Ausspruch „Alea jacta est" (Die Würfel sind gefallen) dokumentierte, bedeutete dies, dass er sich endgültig zum Bürgerkrieg entschlossen hatte und es für ihn kein Zurück mehr gab. Von nun an setzte er zielstrebig alles daran, den Krieg zu führen und zu gewinnen. Die vorangegangen Phasen des Überlegens ließ Caesar endgültig hinter sich.

Dieses historische Ereignis wählte Heckhausen als Metapher für sein Handlungsmodell, das den Prozess vom Wünschen über das Wählen zum Wollen und Handeln beschreibt. Der psychologische Rubikon wird beim Übergang vom Wählen zum Wollen überschritten, dann, wenn sich aus Wünschen und Befürchtungen Intentionen herausgebildet haben und die Form konkreter Absichten annehmen, die im Weiteren willentlich verfolgt werden und das Handeln bestimmen (Grawe 2000). „Die Überschreitung des Rubikons" steht in der intentionalen Struktur dafür, dass es von da an in der intentionalen Struktur kein Zurück mehr gibt. Das Rubikon-Modell nach Heckhausen ist in der Abb. 2.4 schematisch dargestellt.

Das menschliche Verhalten (bzw. dessen Mitwirkung an den Einzelereignissen) bedarf einer weiteren Form der Erklärung.

Um Ziele, Absichten, Zwecke etc. zu erreichen, bemühen sich Menschen, ihre Handlungen zu strukturieren. Diese Form der Lebensführung ist sicherlich etwas, das man mit Fug und Recht als Ausdruck menschlicher Vernunft bezeichnen kann.

Bei Hegel ist die Vernunft Weltprinzip: „Was vernünftig ist, das ist wirklich, und was wirklich ist, das ist vernünftig."

Handlungszusammenhänge sind von praktischer Vernunft geprägt, sie sind, wie bereits betont, keine rein persönliche, sondern auch eine kollektive Angelegenheit, wie man an den drei realen Einzelereignissen sieht. In Kap. 4 wird gezeigt, in welchem Widerspruch die jeweils gelebte Führungskultur, eine kollektive Angelegenheit, zu den ausführenden Personen stehen kann.

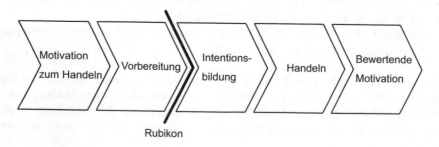

Abb. 2.4 Rubikon des Handelns. Franken (2007) nach H.Heckhausen

Das willentliche Handeln des Menschen wird als Verfolgen von Zielen, das Umsetzen von Plänen und Absichten in die Tat verstanden, dabei besitzt er eine gewisse Entscheidungs- und Handlungsfreiheit. Diese Freiheit wird durch äußere Umstände aber auch durch den Handelnden selbst (sein Gewissen) und seine moralischen Prinzipien sowie Anweisungen („par ordre du mufti") begrenzt. In der Erklärung von Handlungen müssen auch das Ziel und die Gründe oder eine andere Antriebskraft für die Handlung selbst spezifiziert sein, wie es mit der Ursache-Wirkungsstruktur nicht geschieht. Mit der Abfolge der Handlung wird auch nicht direkt das auslösende Ereignis der Ursache-Wirkungsstruktur (s. Abschn. 2.6.1) angesprochen, dafür steht im Erklärungsmechanismus für die intentionale Struktur die Überschreitung des „Rubikons". Alle drei Aspekte, die Freiheit der Handlung, die Antriebskraft des Handelnden und der absichtliche Entschluss zur Überschreitung des „Rubikons", unterscheiden sich völlig von den Elementen einer Kausalkette, wie sie der Ursache-Wirkungsstruktur zu eigen ist. Alle drei mentalen Aspekte und die gewollte Überschreitung des „Rubikons" sind Teil eines viel größeren Phänomens, nämlich der Vernunft. Es ist wesentlich zu erkennen, dass menschliche Intentionalität nur funktionieren kann, wenn Vernunft als strukturelles, konstitutives Organisationsprinzip des gesamten Systems vorhanden ist (Searle 2006).

An dieser Stelle soll nochmals betont werden, wie wichtig die Unterscheidung zwischen den kausalen Erklärungen der Naturwissenschaften und den intentionalen Erklärungen der Sozialwissenschaften ist.

2.6 Anwendung der gefundenen Heuristiken

Das Kausalprinzip der Ursache-Wirkungsstruktur und die willentlichen Handlungen (intentionale Struktur) sollen für jedes der vier Einzelereignisse getrennt beschrieben werden. Später sollen die Ursache-Wirkungsstruktur und deren Verknüpfungsprinzip, das Kausalprinzip (Verbindungen von Ursache und Wirkung aufgrund von Naturgesetzen) und das Modell des Handelns (intentionale Struktur) zusammengeführt werden.

Die erarbeiteten Heuristiken sollen auf die vier vorgestellten Einzelereignisse mit dem Ziel angewendet werden, gemeinsame Merkmale herauszuarbeiten, die für die Beantwortung der Frage zur Regieführung zielführend sein können.

2.6.1 Anwendung der Heuristik für die Ursache-Wirkungsstruktur

Mario Bunge stellt auf S. 219 (Bunge 1959) eine Metapher vor, die deshalb aufgegriffen wird, weil Ingenieure stets in kausalen Begriffen denken und es deren Aufgabe ist, Systeme zu entwickeln, mit denen die Lebens- und Arbeitsbedingungen der Menschen erleichtert werden. Die Metapher von Pfeil und Bogen beschreibt eine Handlung, die mit dem wissenschaftlichen Determinismus im Einklang steht.

Ausschließlich unter dem Aspekt des Kausalprinzips soll die Ursache-Wirkungs-struktur der Metapher, die das Bogenschießen beschreibt, betrachtet werden und nicht als Beschreibung von Handlungsgründen. Die Trennungslinie zwischen beiden wurde im Abschn. 2.3 (Grundlagen der intentionalen Struktur) gezogen.

Das von Bunge verwendete Beispiel wird modifiziert und erweitert.

Die Reihenfolge der vier folgenden Abschnitte wurde bewusst gewählt, weil wir davon ausgehen, dass damit die Herangehensweise an die Ursache-Wirkungs-struktur deutlicher wird.

2.6.1.1 Ursache, Erzeugung eines inneren Zustands

Der Akt der Freisetzung eines Bogens (Abschuss eines Pfeils) wird gewöhnlich als die Ursache für die Pfeilbewegung betrachtet, oder besser, für die Beschleunigung eines Pfeils, aber der Pfeil wird nicht starten sich zu bewegen, wenn nicht ein bestimmter Betrag (von potentieller elastischer) Energie durch das vorherige Bie-gen des Bogens in dem Bogen gespeichert (Ursache, Erzeugung eines inneren Zustands) und der Pfeil eingelegt wurde – als Hinzutreten eines äußeren Systems. Das auslösende Ereignis (Entspannung des Bogens) startet zwar den Prozess, bis hin zum Treffer des Pfeils, determiniert ihn aber nicht vollständig, da das Geschehen vom Lösen des Pfeils bis zum Treffen des Pfeils „ins Schwarze" mit der Ursache-Wirkungsstruktur ausgeblendet wird.

Um das Spannen des Bogens wirklich als Ursache und das Treffen des Pfeils als Wirkung identifizieren zu können, muss man noch ausschließen, dass es wei-tere für die Wirkung kausal relevante Faktoren gibt, die mit der Ursache korrelie-ren und sie in ihrer Relevanz dominieren (Heidelberger 1989). Darüber sprechen wir anschließend.

Im Allgemeinen sind Ursachen nur so weit wirksam, als sie durch innere Vor-gänge Zustände schaffen, hier potentielle elastische Energie, die dem von außen wirkendem Ereignis, das Einlegen des Pfeils, ermöglicht, die beabsichtigte Wir-kung zu erlangen.

2.6.1.2 Hinzutreten eines äußeren Systems und das auslösende Ereignis; Kausalprinzip

Folgen wir dem Beispiel des Bogenschießens, dann müssen wir eine Unter-scheidung zwischen Ursache und auslösendem Ereignis einführen. Durch diese Unterscheidung ist es möglich, den Grundgedanken der probabilistischen Kausali-tät in unsere Betrachtungen einzubeziehen. Heidelberger M. folgerte im Rahmen seines Habilitationsverfahrens 1989: „Im Grunde ist von Zufallsprozessen die Rede, wenn die Wirksamkeit des auslösenden Ereignisses von der Wirkung völlig absorbiert wird." (Heidelberger 1989).

Wie bereits betont, darf die Zielorientierung des Handelns nicht mit kausa-len Kategorien verschmolzen werden. Das vorgestellte Handlungsziel, das Tref-fen „ins Schwarze" kann nicht Ursache sein, wäre dies der Fall, dann würde ein Verstoß gegen die chronologische Asymmetrie der Kausalreaktion vorliegen, der zufolge Ursachen stets Wirkungen vorausgehen.

Für den Abschuss des Pfeils war das Spannen des Bogens die Ursache (Erzeugung von potentieller elastischer Energie). Das Abziehen des Pfeils ist das

auslösende Ereignis. Das bestimmende Kausalprinzip für den Prozess, der dem
Abschuss des Pfeils zugrunde liegt, ist der Transfer von potentieller Energie des
Bogens in kinetische Energie (Bewegungsenergie) des Pfeils, den das auslösende
Ereignis erst ermöglicht.

Die Ursache, potentielle elastische Energie durch Spannen des Bogens, ist
ein innerer Zustand des Systems. Die maßgebende Veränderung beim Bogenschießen wird durch das Hinzutreten eines äußeren Systems – das Einlegen des
Pfeils – hervorgerufen, denn ohne das Einlegen des Pfeils würde das Entspannen
des Bogens zu keinerlei feststellbarem Ergebnis führen. Der Point of no Return
(s. Abschn. 2.6.1.5) ist die Entscheidung für das Lösen der Spannung des Bogens
und damit Voraussetzung, den Abzug des Bogens auszulösen, das auslösende
Ereignis ist der Vollzug der Entscheidung, das den Energietransfer ermöglicht.
D. h. Folgendes: Das betrachtete Ausgangssystem – der gespannte Bogen – wird
durch das Hinzutreten eines äußeren Systems und den Entschluss zur Lösung der
Spannung des Bogens, die Überschreitung des Points of no Return, auf den in
Abschn. 2.6.1.5 näher eingegangen wird, mit dem auslösenden Ereignis, der Vollzug des Entschlusses, zu einer Kausalkette verbunden; innere Vorgänge sind also
nicht die Hauptquelle des betrachteten Prozesses.

Nach Bunge:

> Die maßgebenden Veränderungen werden in der Hauptsache durch äußere Einwirkungen
> hervorgerufen. Das heißt folgendes: das betrachtete System steht weitgehend (wenn auch
> niemals vollständig) unter dem Einfluss der Umgebung; innere Vorgänge sind also nicht
> die Hauptquelle der betrachteten Veränderungen. Äußere Umstände erlangen ihre Vorherr-
> schaft in der Weise und in dem Ausmaß, als sie in der Lage sind, die inneren Vorgänge
> erheblich zu beeinflussen. Das Vorherrschen äußerer über innere Faktoren zeigt sich bei-
> spielhaft in Technik und Industrie. (Bunge 1959)

Das auslösende Ereignis vereinigt quasi den inneren Zustand des gespannten
Bogens mit dem hinzugetretenen äußeren System (eingelegter Pfeil). Der anschlie-
ßende Flug des Pfeils wird mit dem hinzugetretenen äußeren System erst ermöglicht. Oder wie Leibniz es unter philosophischem Aspekt formuliert: „Jede
Leidenschaft (innerer Drang) eines Körpers ist spontan oder entsteht von einer
inneren Kraft durch eine externe Angelegenheit (Bunge 1959)".

Das erfolgreiche Bogenschießen, das Treffen „ins Schwarze", kann nur mit
Hinweis auf die bei den einzelnen Gliedern der Kausalkette möglichen probabilistischen Einflussfaktoren erklärt werden.

2.6.1.3 Probabilistische Einflussfaktoren

Rufen wir uns die Abb. 1.1, das „Schweizer-Käse-Modell", von Kap. 1 in
Erinnerung. So sehen wir, dass vier Parameter für die Verursachung der Löcher
relevant sein können, die zur Durchdringung der Sicherheitsbarrieren und damit
zum unerwünschten Ereignis führen könnten.

Anmerkung: In Abb. 1.1 ist nicht die Notwendigkeit von Barrieren gegen
den Informationsverfall dargestellt. Aber auch diese Barrieren unterliegen natürlich dem Zweiten Hauptsatz der Thermodynamik. Das bedeutet, dass die verschiedenen Maßnahmen zur Aufrechterhaltung der Funktionsfähigkeit aller

technischen Geräte nur durch entsprechenden Aufwand an Energieumsatz (Wartung, Reparatur, Austausch gegen neuere Gerätetypen etc.) entgegengewirkt werden kann (Hinsch 2016).

Auch hier kommt die Probabilistik ins Spiel, d. h., durch den für den Betrieb der technischen Geräte laufend notwendigen Energieumsatz können Zustände auftreten, für die ursprünglich keine Barrieren vorgesehen waren.

Zurück zur Metapher des Bogenschießens: Der Flug des Pfeils hängt durchaus eindeutig von den beschriebenen physikalischen Bedingungen ab und ist natürlich nicht ein reines Zufallsergebnis. Ohne die Ursache-Wirkungsstruktur wäre der Treffer „ins Schwarze" ein reines Wunder oder verallgemeinert, jede technische Planung ein völlig irrationales Verhalten. Wir müssen uns daher bezüglich der probabilistischen Einflussfaktoren auf die Glieder der Kausalkette beschränken, für die wir nicht eindeutig eine Ursache-Wirkungsstruktur erkennen können. Dies wird konkret bei den vier Einzelereignissen und nachstehend für die Metapher des Bogenschießens gezeigt.

Seit Beginn der Neuzeit wird das Verhältnis von Ursache und Wirkung als deterministisch und zeitasymmetrisch verstanden, und zwar als eine Beziehung, die Einzelereignisse nach notwendigen Gesetzen miteinander verknüpft.

Nach John Stuart Mill (1806–1873) gilt: „Eine Ursache ist ein Komplex von notwendigen Bedingungen, die zusammen genommen hinreichend für das Eintreten einer bestimmten Wirkung sind." (Zur Unterscheidung von notwendiger und hinreichender Bedingung, s. entsprechenden Abschnitt.) Übertragen auf die Metapher des Bogenschießens: Jeder einzelne Schritt der Kausalkette ist mit einem Wahrscheinlichkeitsaspekt behaftet. Es entsteht ein Raum für Wahrscheinlichkeit (ein Kann auf Kosten eines Muss). Dieser Aspekt der Wahrscheinlichkeit wird auf die Beziehung, die die Einzelglieder einer spezifischen Ursache-Wirkungsstruktur nach notwendigen Gesetzen miteinander verknüpfen, sozusagen weitergereicht, indem er eine Sicherheitsbarriere zufällig durchdringt oder an deren Durchdringung scheitert.

Brigitte Falkenburg sagt:

> Naturwissenschaftliche Erklärungen sind und bleiben unvollständig. Sie berufen sich zum Teil auf strikt deterministische Mechanismen, die auch umgekehrt in der Zeit ablaufen könnten, zum Teil auf kausale Mechanismen, die inderterministisch ablaufen und deren kausale Komponenten nur probabilistischen Gesetzen gehorchen. Diese Erklärungen können das traditionelle, vorwissenschaftliche Kausalitätsverständnis, nach dem die Beziehung von Ursache und Wirkung sowohl deterministisch als auch zeitlich gerichtet ist, nicht einheitlich einfangen. Im Flickenteppich der heutigen mechanistischen Erklärungen sind die beiden traditionellen Aspekte der Kausalität oft so ineinander verwoben, dass Naturprozesse abschnittsweise als reversibel und deterministisch, abschnittsweise als irreversibel und indeterministisch beschrieben werden. Und dies ist offenbar der einzige Weg, den die Physik und ihre Nachfolgedisziplinen beschreiten können, um kausale Mechanismen zu bekommen, die halbwegs strikt und halbwegs irreversibel verlaufen. (Falkenburg 2012)

Oder anders ausgedrückt: Dass wir Teile des Geschehens und/oder das Ganze als zufällig empfinden, hängt damit zusammen, dass wir die Einflussfaktoren im Detail nicht kennen und/oder dass die Einflussfaktoren so umfangreich sind, dass wir sie gar nicht erfassen können, Bubb (2016), private Mitteilung.

Wir beschränken uns bezüglich der „probabilistischen Einflussfaktoren" auf die Flugphase, weil die anderen Phasen des Bogenschusses eindeutig mit physikalischen Bedingungen im Rahmen der Ursache-Wirkungsstruktur festgelegt sind und es nur noch des Entschlusses für die Herbeiführung des auslösenden Ereignisses bedarf, damit der für den Pfeil durch Erzeugung eines inneren Zustandes (Spannen des Bogens), Hinzutreten eines äußeren Systems (Einlegen des Pfeils), Point of no Return, die Entscheidung zum Entspannen des Bogens und das auslösende Ereignis (Vollzug der Entscheidung zum Entspannen des Bogens) geschaffene Anfangsimpuls die Wirkung, das Treffen „ins Schwarze", erlangt. Den Pfeil als äußeres System zu betrachten, mag vielleicht dem einen oder anderen Leser schwerfallen, weil er die Auffassung habe, dass der Pfeil ein immanenter Bestandteil des Systems sei. Wir vertreten hier die Auffassung, dass es sich um zwei Systeme, den Pfeil und den Bogen, handelt. Wir denken dabei an das Gedicht von Friedrich von Schiller (1803) „Mit dem Pfeil, dem Bogen", das er dem mit einer kleinen Armbrust spielenden Sohn Walter des Wilhelm Tells in den Mund gelegt hat.

Wenn der Bogenschütze ungenau zielt oder beim Loslassen des Pfeils diesem einen leichten Querimpuls gibt, so wird der Pfeil eben nicht in der angestrebten Richtung fliegen. Der Schütze könnte beispielsweise durch falsche Atemtechnik beim Abzug des Pfeils das Ziel verfehlen. Es könnte auch der umgekehrte Fall eintreten, dass trotz falscher Atemtechnik der Pfeil „ins Schwarze" trifft. Der gesunde Menschenverstand sagt, dass die beispielhaft angeführte falsche Atemtechnik als Ursache für den Treffer ausscheidet, denn normalerweise ist die Wahrscheinlichkeit, das Ziel trotz falscher Atemtechnik zu treffen, weitaus geringer als mit richtiger Atemtechnik. Wie das Leben so spielt, war die falsche Atemtechnik zum Zeitpunkt des Abzugs des Bogens in unserem Beispiel die Ursache für den erfolgreichen Flug des Pfeils. Nochmals der Hinweis, es ist somit von einem Zufallsprozess die Rede, der den Einfluss des auslösenden Ereignisses auf die Wirkung völlig absorbiert (Heidelberger 1989).

Wären die drei betrachteten Einzelereignisse (Tschernobyl, Fukushima Daiichi und Deepwater Horizon) wiederkehrende Ereignisse – also nicht einzigartig –, wäre Nichtkausalität menschlicher Verhaltensweisen erkennbar. So aber bleibt die Beschränkung auf das „Verstehen", das ein Fremdkörper in der Ursache-Wirkungsstruktur ist. Entsprechend diesen Überlegungen lässt sich Kausalität, die Verbindung von Ursache und Wirkung, nicht durch gesetzmäßige Voraussagbarkeit definieren; sie ist eine menschliche und damit eine fehlbare wie verbesserungsfähige Fähigkeit. Dass wir in der Lage sind zu prognostizieren, ist eine Folge davon, dass wir Gesetze jederlei Art kennen und anwenden, wobei es keine Rolle spielt, ob diese kausal sind oder nicht.

2.6.1.4 Vorlaufphase

Das Beispiel des Bogenschießens muss um die Einbeziehung einer sogenannten Vorlaufphase erweitert werden. Die Dauer der Vorlaufphase hängt von der Betrachtungsweise ab. Bezieht man die Entwicklung von Pfeil und Bogen beginnend vom Zeitalter der Jäger und Sammler ein, umfasst sie einen sehr, sehr langen Zeitraum. Geht man hingegen von einem spontanen Entschluss, Pfeil und Bogen für einen gezielten Zweck zu benutzen, aus, ist die Vorlaufphase überschaubar. Unabhängig von der Betrachtungsweise darf die Vorlaufphase keinesfalls in der Analyse von Ursachen unberücksichtigt bleiben, weil die Trennung von Ursache und auslösendem Ereignis nicht ausreicht für die Beantwortung der Frage nach der Zuverlässigkeit und der Regieführung. Hinzu tritt die Erklärung der Eigenschaften der vorgefundenen äußeren und inneren Systeme, die die Einbeziehung der Vorlaufphase erfordert.

Kant bezeichnet den hier eingeführten Begriff „Vorlaufphase" mit „Prädetermination". Prädetermination besagt, dass im Prinzip über beliebig lange Zeitstrecken hinweg ein früherer Zustand über Gesetze festlegt, was später geschieht. Wie Kant sich ausdrückt: „Die Handlung ist jetzt nicht mehr in meiner Gewalt, sondern der Natur, die mich unwiderstehlich bestimmt." (Kant 1793). An unsere Feststellung über die Regieführung und das Schreiben des Drehbuches sowie die Rolle des Darstellers sei erinnert.

Hacker spricht in seinen arbeitspsychologischen Analysen einzelner Komponenten von Arbeitstätigkeiten vom „Entwerfen von Handlungsprogrammen". (Hacker und Richter 2006).

2.6.1.5 Point of no Return

Übersetzt bedeutet dies, der Punkt, von dem es kein Zurück gibt oder Umkehrpunkt, der Punkt einer Flugstrecke, an dem der Treibstoffvorrat gerade noch zum Rückflug reicht. Auch in der Raum- und Luftfahrt ist dieser Begriff gebräuchlich. Auf einer Startbahn gibt es einen Punkt, nach dessen Überschreiten der Start nicht mehr abgebrochen werden kann, weil die verbleibende Startbahnlänge nicht mehr ausreicht, das Flugzeug sicher abzubremsen. Es muss gestartet und gegebenenfalls eine Notlandung versucht werden.

Mit anderen Worten: Eine Entscheidung muss unmittelbar vor Erreichen des Points of no Return bezüglich Abbruch oder Fortführung getroffen werden. Die Entscheidung im Fall des Bogenschießens heißt: Lösen der Bogenspannung oder Abbrechen, aus welchen Gründen auch immer. Die Überschreitung des Points of no Return, der Entschluss zum Lösen der Bogenspannung, und das auslösende Ereignis, der Vollzug der Entscheidung, erfolgen nicht zeitgleich, sondern in einer zeitlichen Abfolge, wenn auch die zeitlichen Unterschiede zwischen beiden im Regelfall äußerst gering sind, wie dies mit den bereits erwähnten, aber ausführlich noch vorzustellenden Versuchsergebnissen von Benjamin Libet bewiesen wurde.

Das kann bedeuten, dass sofort nach der Entscheidung für das Lösen der Bogenspannung der Abzug erfolgt, also der Point of no Return und das auslösende Ereignis nahezu identisch sind. Das kann aber auch bedeuten, dass der Schütze seine Atemfrequenz so beeinflussen will, dass möglichst kein oder geringer Querimpuls beim Abzug auftreten kann. Dies ist bekanntlich die große Herausforderung beim Biathlon, da hierbei die Atemfrequenz wegen der läuferischen Anstrengung einen wesentlich größeren Einfluss hat als bei den Bogenschützen.

Die Überschreitung des Points of no Return, die Entscheidung zum Abschuss des Pfeiles, geht immer dem Vollzug der Entscheidung – das auslösende Ereignis – voraus. Wie groß der zeitliche Abstand zwischen beiden ist, bestimmt der

Bogenschütze. Bis zum auslösenden Ereignis wäre keine Wirkung, das Treffen „ins Schwarze", feststellbar gewesen bzw., dass vor dem auslösenden Ereignis jeweils ein Zurück noch möglich wäre, wenn man an dieser Stelle erkennen würde, das man jetzt die Grenze zum Point of no Return überschreitet. Für den Handelnden ist es bei der Metapher von Pfeil und Bogen kein Problem, die Überschreitung des Points of no Return wahrzunehmen, zu erkennen und zu verarbeiten. Etwas schwieriger wird es im alltäglichen Leben zum Beispiel beim Kolonnenfahren im Straßenverkehr. Dort könnte die Erkennung des Überschreitens des Points of no Return, die Reduzierung des Sicherheitsabstandes, beispielsweise durch plötzliches Einscheren eines dritten Fahrzeugs erschwert werden. Und noch schwieriger wird die Erkennung der Überschreitung des Points of no Return bei solchen komplexen Ereignissen wie den drei Einzelereignissen. Das ist die große Herausforderung; würde man die Überschreitung des Points of no Return bewusst wahrnehmen, erkennen und verarbeiten (Informationsverarbeitungsprozess), könnte man das auslösende Ereignis gewollt herbeiführen, falls damit der intendierte Prozess erfolgreich fortgeführt bzw. abgeschlossen oder abgebrochen und damit vermieden werden könnte.

Der psychologische Rubikon wird beim Übergang vom Wählen zum Wollen überschritten, und zwar dann, wenn sich aus den Zielen und Wünschen Intentionen (Handlungsabsichten) herausgebildet haben, die im weiteren Handlungsablauf willentlich verfolgt werden und das Handeln bestimmen.

Der Point of no Return wird in der Ursache-Wirkungsstruktur dann überschritten, wenn eine Entscheidung in der Abfolge von Handlungen, also innerhalb einer Tätigkeit, dazu führt, weiter fortzuschreiten, also die Tätigkeit in der Überzeugung, dass die äußeren Umstände oder Einwirkungen diese Überschreitung tolerieren, abzuschließen.

Dieser Unterschied zwischen der Überschreitung des Rubikons und des Points of no Return ist wegen, wie mehrfach betont, dem Auseinanderhalten von Ursachen und Gründen, Zwecken, Wünschen etc. immens wichtig.

Es gibt noch einen weiteren Unterschied zwischen der Überschreitung des psychologischen Rubikons und dem Point of no Return der Ursache-Wirkungsstruktur.

Wenn wir uns den Handlungspfeil von Heckhausen, Abb. 2.4, zu einem Kreis gekrümmt vorstellen, wird klar, dass es sich hier um einen Regelkreis handelt, bei dem die Bewertung der realisierten Handlungen wiederum zu Veränderungen in der Motivationslandschaft links des Rubikons führt. Die Vorgänge rechts des Rubikons haben also Auswirkungen auf die Vorgänge links davon und noch selbstverständlicher ist es umgekehrt. Was sich in der Welt der Wünsche tut, hat über die Zielintentionen und Absichten ganz unmittelbare Auswirkungen auf das Handeln (Grawe 2000).

Bei der Ursache-Wirkungsstruktur gibt es derartige Rückkoppelungseffekte nicht. Hier gilt nach Überschreitung des Points of no Return nur eines; Fortführen oder Abbruch der Handlung. Die Ursache-Wirkungsstruktur kennt nur eine Richtung, die des Zeitpfeils der Thermodynamik.

Für die Metapher des Bogenschießens bedeutet dies, bis zum auslösenden Ereignis kann der Prozess jederzeit abgebrochen werden, ohne dass die Wirkung eintritt. Der zeitliche Unterschied zwischen dem Point of no Return und dem auslösenden Ereignis spielt dabei eine untergeordnete Rolle. Wichtig ist, dass die Überschreitung des Points of no Return durch den menschlichen Entschluss herbeigeführt wird und dem auslösenden Ereignis, dem Vollzug des Entschlusses, stets zeitlich vorauseilt.

Nach dem auslösenden Ereignis dominieren die probabilistischen Einflussfaktoren bis zur Wirkung, dem Treffer „ins Schwarze".

Zugleich kann man erkennen, wie man das System (ergonomisch) verbessern könnte: Wäre man nämlich in der Lage den fliegenden Pfeil noch zu beeinflussen, so könnte man ihn, selbst wenn der eigentliche Abschuss misslungen ist, noch ins Ziel lenken. Mit einer Drohne verfolgt man bekanntlich dieses, Bubb (2016), private Mitteilung.

Für diese Auslegung des Points of no Return wird noch einmal auf das Kolonnenfahren im Straßenverkehr zurückgegriffen. Wenn man beispielsweise mit einem Auto für eine gegebene Geschwindigkeit zu dicht auf den Vorausfahrenden auffährt und dieser plötzlich aus irgendeinem Grund bremst, ist kein Handlungsspielraum gegeben, und es kommt zur Kollision. In diesem Fall ist das Bremsen des Vorausfahrenden das auslösende Ereignis, aber den Point of no Return hat der Nachfahrende geschaffen, weil er den Sicherheitsabstand verkürzt hat. Diszipliniertes Verhalten ist in diesem Fall eine Forderung an den Nachfahrenden. Vom Vorausfahrenden wird erwartet, dass er keine unmotivierten Bremsmanöver durchführt. Beschleunigt dagegen der Vorausfahrende, so dass sich der Sicherheitsabstand vergrößert, ist der Point of no Return nicht mehr relevant. Das Eintreten des Points of no Return hängt von beiden Verkehrsteilnehmern ab, ob es zum auslösenden Ereignis kommt, hängt von dem Vorausfahrenden ab, vorausgesetzt, der Nachfahrende verhält sich nach Verkürzung des Sicherheitsabstands diszipliniert im Straßenverkehr. Setzt der Vorausfahrende, wie bisher, seine Fahrt fort, kommt es trotz zu geringem Abstand zu keiner Kollision. Damit ist der Point of no Return beim Kolonnenfahren eine von der Zeit beeinflusste zeitabhängige Größe. Abstandsregelautomaten könnten dafür sorgen, dass der richtige Sicherheitsabstand eingehalten wird.

Unser Verständnis, dass der Point of no Return stets dem auslösenden Ereignis vorausgeht und damit den Schlusspunkt, den entscheidenden Punkt, in der Ereigniskette der Ursache-Wirkungsstruktur setzt, deren weiterer Verlauf nur noch durch probabilistische Einflussfaktoren und die Wirkung bestimmt ist, soll auch mit einem Beispiel aus der Bautechnik unterstrichen werden.

Als Schlussstein wird der Keilstein am höchsten Punkt (Scheitel) eines Bogens oder der abschließende Stein im Hauptknotenpunkt eines Rippengewölbes bezeichnet. Im Bogen ist der Schlussstein keilförmig, so dass die Horizontalkraftkomponenten durch sein Eigengewicht dem Bogen die notwendige Stabilität geben. Der Schlussstein ist quasi ein „bautechnischer Point of no Return". Erst wenn er eingesetzt ist, wird die Konstruktion selbsttragend, und das Lehrgerüst kann entfernt werden (s. Abb. 2.5).

Mit diesem Beispiel soll das große Spektrum für das Verständnis zum Point of no Return aufgezeigt werden, aber auch, dass der Point of no Return nicht

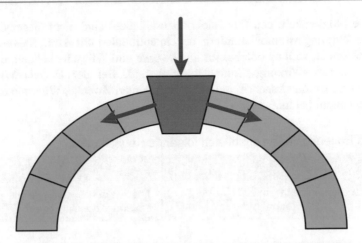

Abb. 2.5 Kräftediagramm zur Stabilitätswirkung des Schlusssteins; „positiver" Point of no Return

zwangsläufig zu negativen Konsequenzen führt, wie wir es ausnahmslos bei den Ereignissen von Tschernobyl, Fukushima Daiichi und Deepwater Horizon im Kap. 1 festgestellt haben. Eine Ausnahme davon stellen wir mit der Ballade „Der Zauberlehrling" vor.

Zusammenfassung
Der Point of no Return ist der Schlusspunkt, das abschließende Glied, in der durch die Kausalkette verbundenen Einzelglieder der Ursache-Wirkungs-struktur. Danach bestimmen das auslösende Ereignis und die dominierenden probabilistischen Einflussfaktoren das Ausmaß der Wirkung.

Welche Möglichkeiten zur Beeinflussung am „Point of no Return" bestehen, wird anhand der drei Einzelereignisse und der Ballade „Der Zauberlehrling" nach-folgend aufgezeigt.

2.6.1.6 Kausalkette beim Bogenschuss
Ursachenketten sind kurz gesagt ein ungefähres Modell der Wirklichkeit (es gibt viele Möglichkeiten, aber nur eine Wahrheit).

Bei der in der Nachhinein-Erklärung einer Ereignisabfolge muss man viele Möglichkeiten in Betracht ziehen, aber letztlich, dass es aufgrund des tatsäch-lichen beobachteten bzw. geschehenen Ablaufs nur eine Möglichkeit gegeben haben muss – die „Wahrheit".

Bevor wir die Kausalkette von Pfeil und Bogen schematisch darstellen, soll noch einmal klar gesagt werden, dass wir hier die Ursache-Wirkungsstruktur darstellen und nicht die intentionale Struktur. D. h. Fragen wie beispiels-weise: Ist die Intentionsbildung beendet, wenn der Bogenschütze den Pfeil und den Bogen in die Hand genommen hat oder erst dann beendet, wenn er den Bogen bereits gespannt hat? Was gehört genau zur Vorbereitung? Zählt hierzu auch das Anvisieren des Ziels? (Selbst wenn das geschehen ist, besteht immer noch die Möglichkeit, den Pfeil nicht abzuschießen) sind nicht Gegenstand der Ursache-Wirkungsstruktur, sondern der intentionalen Struktur. Sie wird hier nicht betrachtet, weil es sich bei ihr um Zwecke und Wünsche handelt, die nicht für die Ursache-Wirkungsstruktur relevant sind. Bei der Ursache-Wirkungs-struktur geht es um Ursachen und nicht um Gründe, Zwecke, Wünsche etc., dies sei noch einmal betont.

Für das Bogenschießen ergibt sich folgende Kausalkette:

Vorlaufphase

Entwerfen und Entscheiden zur Verwendung der beiden Systeme, Pfeil und Bogen, zum beabsichtigten Handlungszweck.

↓

Ursache, Erzeugung eines inneren Zustandes

Entwerfen und Entscheiden zur Verwendung der beiden Systeme, Pfeil und Bogen, zum beabsichtigten Handlungszweck.

↓

Hinzutreten eines äußeren Systems

Einlegen des Pfeils.

↓

Point of no return

Entscheidung für das Lösen der Spannung des Bogens und damit für den Energietransfer von potentieller elastischer Energie des Bogens in kinetische Energie des Pfeils.

↓

Auslösendes Ereignis; Kausalprinzip

Vollzug der Entscheidung durch das Lösen der Spannung des Bogens und damit Herstellung der Verbindung von Ursache und Wirkung; für das Kausalprinzip steht der Energietransfer.

↓

Probabilistische Einflussfaktoren

Nicht beinflussbare Flugphase des Pfeils bis zur Wirkung, das Treffen „ins Schwarze".

↓

Wirkung

Treffen „ins Schwarze".

Ursache-Wirkungsstruktur

Sie wurde für das Bogenschießen ausführlich anhand der obigen Metapher und in der Kausalkette Bogenschuss dargestellt.

Das Entscheidende an dieser Ursache-Wirkungsstruktur ist, dass der Prozess in jedem Stadium bis einschließlich des Point of no Return, also vor dem auslösenden Ereignis, abgebrochen werden könnte, ohne dass eine wie auch immer geartete Wirkung festgestellt werden kann. Erst mit der Entscheidung, den Bogen zu entspannen, das Verbindungsprinzip (Energietransfer) herzustellen, war der Point of no Return überschritten, der Vollzug dieser Entscheidung bildete das auslösende Ereignis, und damit war der Eintritt der Wirkung, das Treffen „ins Schwarze", ob erfolgreich oder nicht, abhängig von den probabilistischen Einflussfaktoren, unabwendbar.

2.6.1.7 Intentionale Struktur beim Bogenschuss

Der Bogenschütze führt den Bogenschuss gemäß seinen Intentionen durch. Er spannte den Bogen (Ursache). Er legte den Pfeil ein (Hinzutreten eines äußeren Systems). Er löste nach seiner Entscheidung den Schuss mit seiner Hand aus, indem er den Bogen entspannte und die Flugphase des Pfeils einleitete. Er vertraute darauf, dass alle wahrscheinlichkeitsrelevanten Parameter ihm wohlgesonnen sind und der Pfeil „ins Schwarze" treffen würde.

Jeder Handlungsschritt der intentionalen Struktur ist mit dem entsprechenden Glied der Ursache-Wirkungsstruktur verbunden.

Oder zusammenfassend: Als Konsequenz aus diesem Beispiel folgt, dass kausaler Determinismus nicht vollständig ist. Kausaler Determinismus sagt, dass einer Ursache eine Wirkung zuzuordnen ist. Eine Ursache kann aber auch unterschiedliche Wirkungen haben (Probabilismus). In diesem Zusammenhang muss der „Schmetterlingseffekt" angesprochen werden. Der Schmetterlingseffekt ist ein Phänomen der nichtlinearen Dynamik. Als Schmetterlingseffekt bezeichnet man den Effekt, dass im komplexen, nichtlinearen dynamischen, deterministischen System eine winzige Änderung der Eingangsparameter langfristig zu unvorhersehbaren Ereignissen führen kann. Als Schmetterlingseffekt wird folgendes Gedankenspiel angenommen: Wenn ein Schmetterling seine Flügel bewegt, so kann der dadurch entstehende Luftwirbel ein größeren anstoßen, welcher wieder einen noch größeren anstößt usw. Diese Kettenreaktion kann sich so weit aufschaukeln, dass der anfänglich kleine und harmlose Flügelschlag des Schmetterlings als Tornado auf der anderen Seite der Welt ankommt.

Die Frage, ob der Flügelschlag eines Schmetterlings einen Tornado auslösen kann, hat der Meteorologe Edward N. Lorenz 1972 gestellt. Der bereits angesprochene gesunde Menschenverstand suggeriert uns, dass der Flügelschlag eines Schmetterlings natürlich keinen Tornado auslösen kann. Doch wie so oft zeigen Daten und Berechnungen, dass wir mit unserer Überlegung ziemlich daneben liegen. Lorenz stellte fest, dass man nie genug Parameter in Betracht ziehen kann, um die von ihm gestellte Frage nach der Auslösung eines Tornados durch einen Schmetterling („butterfly effect") zu beantworten. Damit stehen wir vor dem gleichen Problem („Entrühren" des Zuckers in der Kaffeetasse), wie wir es in Abschn. 2.2 in der Abschweifung beschrieben haben.

2.7   Kausalketten für die vorgestellten Einzelereignisse

Die vier Einzelereignisse sind ausführlich in Kap. 1 beschrieben. Wir bitten, sich dieser Ausführungen zu erinnern.

2.7.1   Die Ballade „Der Zauberlehrling"

2.7.1.1 Kausalkette „Der Zauberlehrling"
Die Ballade „Der Zauberlehrling" ist ausschnittsweise in Abschn. 1.1 zitiert. Dieses Zitat soll ergänzt werden:

> Walle! Walle!
> Manche Strecke,
> Daß zum Zwecke,
> Wasser fließe, … (Der Zauberlehrling 2018)

Die Ballade teilt uns den Zweck der Handlung – „Daß zum Zwecke, Wasser fließe" – des Zauberlehrlings mit.

Die verwendete Metapher von Bunge schließt den Zweckbegriff, den Aristoteles (Falkenburg 2012) seinen Ursachenarten überordnete, aus, den wir bereits angesprochen haben.

Die Ballade „Der Zauberlehrling", obwohl sie ein literarischer Meilenstein ist, kann daher nicht für die Erstellung einer Kausalkette herangezogen werden.

Die Ballade orientiert sich am Paradigma menschlichen Handelns, sie konzentriert sich auf die mentalen Handlungsgründe des Lehrlings und nicht, dies sei nochmals betont, an der Ursache-Wirkungsstruktur, mit der Naturgesetze angesprochen werden.

Goethe hat mit der Ballade unser Streben nach immer neuen Erkenntnissen, nach immer vollkommenerem und umfassenderem Wissen literarisch gestaltet. Er gibt uns eine Erklärung dafür, warum wir mit der von unserem Gehirn aufgebauten mentalen Welt in den Auseinandersetzungen mit der Wirklichkeit um uns herum so erstaunlich gut zurechtkommen, womit gleichzeitig auch die Begrenztheit unserer kognitiven Fähigkeiten angesprochen wird. Der menschliche Verstand hat uns nie geahnte tiefe Einsichten gegeben.

Weiterhin hat Goethe mit der Ballade „Der Zauberlehrling" die menschliche Hybris angeprangert (der Zauberlehrling steht für die Menschheit), die glaubend macht, dass man irgendwie alles bewerkstelligen kann. Dem stehen unsere Beobachtungen entgegen. Wir können beobachten, dass der Natur, wenn man ihr lange genug Zeit lässt, alles menschliche Tun überwuchert und langsam, sehr allmählich, anstrebt, einen „natürlichen" Zustand wiederherzustellen. Der Natur muss ein Gedächtnis innewohnen, wie es Rupert Sheldracke (2015) ausführlich begründet. Im physikalischen Sprachgebrauch könnte man Gedächtnisinhalte als Erhaltungsgrößen bezeichnen. Das ist sehr interessant. Gedächtnis hat etwas mit Trägheit zu tun, mit Beharrungsvermögen (Grawe 2000). Beharrungsvermögen steht in einem logischen Zusammenhang von Ursache und Wirkung.

Goethe hat uns den Zusammenhang von Wissenschaft und Weltbild aus seiner Sicht beschrieben. Um jeweils die richtigen Entscheidungen treffen zu können, sind nicht nur Kenntnisse unerlässlich, sondern auch feste ethisch-moralische Grundsätze und Normen, die Bestandteil einer Weltanschauung sind (Penzlin 2014).

Neben der Zweckausrichtung thematisiert Goethe auch den „gewollten" Fehler, wie er besonders bei Jugendlichen (Lehrling!) vorkommt, durch den sich der Handelnde selbst bestätigen möchte oder einen wie auch immer gearteten Vorteil mit minimalem Aufwand zu erreichen sucht, vgl. Kap. 1 (Der Zauberlehrling 2018). Dafür steht auch, dass Goethe die Ballade 1797, also in seiner Sturm- und Drang-Zeit, schrieb und ihr die Überschrift „Der Zauberlehrling" gab.

„Der Zauberlehrling" ist auch das einzige Ereignis unserer Betrachtungen, in dem der „Meister" die Katastrophe abwenden konnte. Einen solchen Eingriff eines „Deus ex Machina" (unerwarteter Helfer aus einer Notlage) hat es in den anderen drei Einzelereignissen nicht gegeben, die Katastrophen waren dort unabwendbar.

Aus diesen Gründen (Deus ex Machina und dem Streben nach dem, „was die Welt im Innersten zusammenhält") haben wir die Ballade mit in die Betrachtung der Einzelereignisse, die zu katastrophalen Ergebnissen führten, einbezogen.

Ursache-Wirkungsstruktur

Dieses Prinzip ist hier nicht anwendbar. „Der Zauberlehrling" setzt sich mit dem inneren Erkenntnisdrang des Menschen – „was die Welt im Innersten zusammenhält", s. Kap. 1 (Der Zauberlehrling 2018) – und der Hybris der Menschheit auseinander. Goethe wendet mit dem Auftreten des Meisters die durch den Lehrling evozierte Katastrophe ab.

2.7.1.2 Intentionale Struktur „Der Zauberlehrling"

„Der Zauberlehrling" zeigt auf, dass bei menschlichem Verhalten die jeweiligen Umstände (Abwesenheit des Meisters) und Charaktere (Lehrling) der beteiligten Personen Träger oder Auslöser für den Ablauf mentaler Vorgänge sind.

„Der Zauberlehrling" schildert aber hauptsächlich den Drang, dem Menschen gesetzte Grenzen zu überschreiten und immer Neues wissen zu wollen und zu erforschen, als einen dem Menschen inhärenten Wesenszug. Hätte der Mensch nicht den Drang nach Erkenntnis und diese Erkenntnis zu seinem – vermeintlichen – Wohl einzusetzen, so könnten wir nicht unser heutiges Leben führen, wir würden uns wohl kaum von der Tierwelt unterscheiden.

Eingangs von Kap. 1 wurde in dem Zitat bereits Prometheus erwähnt. Prometheus „der Vorausdenkende", Feuerbringer und Lehrmeister der Menschen. Der deutsche Philosoph Hans Jonas (1984) eröffnet das Vorwort seines Hauptwerkes „Das Prinzip der Verantwortung" mit der Metapher vom entfesselten Prometheus. Es wird ausgedrückt, wie jede neue technologische Errungenschaft auch weitere Übel in die Welt bringt, wie die Büchse der Pandora. Die Büchse der Pandora enthielt, wie die griechische Mythologie überliefert, alle der Menschheit bis dahin unbekannten Übel wie Arbeit, Krankheit und Tod. Die Rückerinnerung an die Büchse der Pandora stellt nichts anderes dar als eine mythologisch überlieferte

Abart des Entropiebegriffs; die Rückerinnerung an die Rufe der Kassandra kann man als Symbol für die Irreversibilität von Entropiezunahme trotz Vorwarnung deuten. Kassandra fand niemals Gehör, ihre ungehörten Warnungen werden heute als Kassandrarufe bezeichnet.

Alle Übel entwichen in die Welt, als Pandora die Büchse öffnete. Als einzig Positives enthielt die Büchse die Hoffnung. Bevor diese auch entweichen konnte, wurde die Büchse wieder geschlossen. Pandora war ein Teil der Strafe für die Menschheit wegen des durch Prometheus gestohlen Feuers. Der entfesselte Prometheus verbildlicht so die Bedrohung einer utopischen Technologieauffassung im neuzeitlichen Machthorizont des Menschen und die dringende Notwendigkeit einer neuen Ethik, wie sie Jonas in diesem Werk (Jonas 1984) entwirft. Zusammen mit Ikarus lässt sich das Janusgesicht dieses Forscherdrangs verdeutlichen. Der Ikarus-Mythos wird im Allgemeinen so gedeutet, dass der Absturz und Tod des Übermütigen die Strafe der Götter für seinen unverschämten Griff nach der Sonne ist. Die Warnung von Dädalus, nicht zu hoch und nicht zu tief zu fliegen, da sonst die Hitze der Sonne bzw. die Feuchte des Meeres zum Absturz führen würde, blieb unberücksichtigt. Ikarus wurde übermütig und stieg so hoch hinauf, dass durch die Sonne das Wachs seiner Flügel schmolz, woraufhin sich die Federn lösten und er ins Meer stürzte. Dies bedeutet einerseits, dass bei Überschreitung von Grenzen mit nicht immer abschätzbaren Folgen gerechnet werden muss und andererseits, dass für unsere Handlungen ein raum-zeitlicher Korridor vorhanden ist, der erkannt und beachtet werden muss. Eine vertiefte Behandlung des raum-zeitlichen Aspekts unserer Handlungen erfolgt in Kap. 3.

Diese griechischen Sagen bedeuten letztlich, dass die Ambivalenz menschlichen Fortschrittsdenkens schon immer sichtbar war. Diese Erkenntnis hat sich bis heute über die vielen Entwicklungsstadien der Menschheit fortgesetzt.

Prometheus, Ikarus und „Der Zauberlehrling" verbildlichen die Bedrohung einer ausufernden Technologieauffassung mit einem schier unbegrenzten Machthorizont des Menschen. „Der Zauberlehrling" wusste durchaus, ebenso wie Prometheus und Ikarus, um die Konsequenzen seines Handelns, deshalb rief er auch die „Geister" auf den Plan, nur den Point of no Return erkannte er nicht; seine Gegensteuerung kam zu spät, nach dem auslösenden Ereignis.

Die intentionale Struktur ist eindeutig; es ist die Menschheit mit ihrem, hoffentlich ethisch gezügelten, Drang, Grenzen auszuloten und zu überschreiten. Das generelle Erkennen von Grenzen ist im Vornherein schlechterdings nicht möglich. Ist man bezüglich etwaiger vermuteter Grenzen zu vorsichtig, so erreicht man keinen bzw. nur einen ganz geringen Fortschritt. Ist man diesbezüglich allerdings etwas forscher, so kann es tatsächlich zu einem Fortschritt führen; an die erste Mondlandung wird erinnert, die nach unserer Auffassung fast unvertretbare Risiken barg. Diese Forschheit kann aber auch zu Unheil führen, s. die Auswirkungen der Einnahme von Contergan während der Schwangerschaft.

Das Erkennen von Grenzen ist letztlich eine Frage von Ethik und Moral. Darauf hat der deutsche Philosoph Hans Jonas (1984) hingewiesen: „Der endgültig entfesselte Prometheus, dem die Wissenschaft nie gekannte Kräfte und die Wirtschaft den rastlosen Antrieb gibt, ruft nach Ethik, die durch freiwillige Zügel seine Macht davor zurückhält, dem Menschen zum Unheil zu werden." Der Zauberlehrling hat zwar die Wirkung seines Zauberspruchs vorausgesehen. Allerdings hat er nur einen Teil davon gesehen und nicht erkannt, auf welche Weise er wieder hinter die von ihm überschrittene Grenze zurückkehren kann.

Wissen heißt vorausschauen, vorausschauen bedeutet beherrschen; beides war für den Zauberlehrling nicht gegeben.

„Wissen" ist das Ergebnis menschlichen Handelns und Arbeit in Wissenschaft und anderen Berufen und zugleich eine besondere Ressource für weitere Wissensgenerierung, -verbreitung und Nutzenstiftung: Wissen nützt sich durch Nutzung nicht ab, sondern wird genau dadurch verstärkt, akzentuiert und weiterentwickelt. Der Prozess der Wissensgenerierung vermehrt daher nicht die Gesamtentropie eines Systems. Die Wissensanwendung kann dies sehr wohl, vor allem, wenn es sich etwa um neue Methoden und Techniken der Extraktion letzter Energiereserven, wie bei den in Kap. 1 beschriebenen Fällen, handelt. Wissensvermehrung bedeutet in dem betrachteten Bereich Reduktion der Entropie. Allerdings kann das prinzipiell nur dadurch erreicht werden, dass Energie aufgewendet wird, um diese lokale Entropiereduktion zu erreichen. Dies wird durch Entropievermehrung an anderer Stelle (dort, wo die dafür nötige Energie erzeugt wird) erkauft. Der gesamte Prozess bleibt aber dem Gesetz des universellen Abbaus unterworfen.

Wir zitieren Hochgerner, der in seinem Vortrag „Die Rolle sozialer Systeme bei der Verringerung der Entropiezunahme" auf dem Symposium „Nachhaltigkeit fassbar machen – Entropie als Maß für Nachhaltigkeit" in Wien 2012 ausgeführt hat: „Wenn Entropiezunahme Informationsverlust bedeutet (Lewis 1930), so ist eine Konsequenz daraus nicht zuletzt soziale Erstarrung und Zunahme von Routinen, rituelle Stärkung von Tradition und wachsende Resistenz gegenüber Veränderungen."

Allgemeiner gesprochen: Es ist eine große Herausforderung, Naturgeschehen und die sozialen Systeme „thermodynamisch" zu sehen. Dies würde bedeuten, den immerwährenden Wettbewerb zwischen Strukturbildung und Abbau als Algorithmus zu begreifen. Die hinter dem Begreifen stehenden und zum größten Teil noch zu erforschenden und wahrscheinlich mit der Spieltheorie zusammenhängenden Gesetzmäßigkeiten sind sowohl in der Natur als auch in den sozialen Systemen unserer Gesellschaft wirksam.

Eine Abschweifung zur Spieltheorie: Der Gegenstand der Spieltheorie ist nicht auf Spiele im gängigen Wortgebrauch beschränkt. Ein Spiel im Sinne der Spieltheorie ist eine Entscheidungssituation mit mehreren Beteiligten, die sich mit ihren Entscheidungen gegenseitig beeinflussen. Entscheidend für die Darstellung und Lösung ist der Informationsstand der Beteiligten. Auf den Zusammenhang von Entropie und Information wird an verschiedenen Stellen dieser Abhandlung eingegangen.

Mit den Analysen der drei folgenden Einzelereignissen wird aufgezeigt, auf welche Weise die Naturgesetze, denen Handlungen unterliegen, und die Gründe von Handlungen, die keine rein persönliche, sondern auch eine kollektive Angelegenheit sind, miteinander verzahnt sind.

2.7.2　Tschernobyl (26. April 1986; Explosion des Reaktors 4)

2.7.2.1　Kausalkette Tschernobyl

Für die Aufstellung einer Kausalkette zum Ereignis von Tschernobyl kennen wir die wichtigsten Details; es gibt aber Ungereimtheiten dabei, insbesondere einzelne Schritte in der Versuchsplanung und -durchführung sind nicht eindeutig. Für die nachstehende Kausalkette Tschernobyl mussten daher Abstraktionen vorgenommen werden, um ein System von Ordnung zu erkennen.

Vorlaufphase

„The purpose of this was to demonstrate improvements in the capacity of the turbine generators to support essential systems during a major station blackout". [18]

Interpretation des Verfassers: Planung eines erstmaligen Test einer neuen Schaltung für den Fall einer unplanmäßigen Netztrennung mit Reaktorschnellabschaltung, bei der die Rotationsenergie des auslaufenden Turbosatzes des Kraftwerkblocks weiterhin zum Antrieb der (für Nachkühlzwecke überdimensionierten) Hauptkühlmittelpumpen genutzt werden sollte.

Ursache, Erzeugung eines inneren Zustandes

Dieser Versuch konnte nur im Rahmen eines geplanten Stillstands durchgeführt werden, da aufgrund der Xenonvergiftung (siehe Erklärung am Fuße dieser Abbildung) der Reaktor nicht mehr genügend Spaltneutronen („Reaktivität") verfügte, um den Reaktor im Falle eines eventuellen Versuchsabbruchs wiederanfahren zu können. Zum Zeitpunkt des Versuchs am 26.April 1986 war der Kern ziemlich abgebrannt, er verfügte nur noch über geringe Überschuss-Reaktivität und es mussten (per Handbefehl) viel mehr Steuerstäbe zur Schaffung von Überschuss-Reaktivität herausgezogen werden, als erlaubt. Für diese Betriebsweise waren die Steuerstäbe nicht konstruiert. Sie verfügten über einen Vorläuferteil mit Neutronenmoderator (statt Absorber).

Hinzutreten eines äußeren Systems

Durch mehrfache Anforderung des Lastverteilers in Kiew wurde der Versuch um rund einen halben Tag unterbrochen (25. April von 13:05:00 bis 23:10:00), dadurch wurde das neutronenphysikalische Verhalten des Reaktors wesentlich komplexer und unübersichtlicher (massives Unterschreiten der zulässigen Steuerstab-Abschaltreaktivitätswirksamkeit, erforderlich geworden durch die Xenon Vergiftung; siehe Erklärung am Fuße dieser Abbildung). Eine Beendigung des Versuches zu diesem Zeitpunkt hätte keinerlei Außenwirkung gehabt.

Point of no return

26. April, 01:23:04: Abschaltung des letzten verbleibenden Sicherheitssystems um den Versuch wiederholen zu können. „This was a key violation of the test programme,…"[18].

Übersetzung vom Verfasser: Dies war die zentrale Verletzung durch das Testprogramm,…)

Auslösendes Ereignis; Kausalprinzip

Fortsetzung des Versuchs: Nach der Unterbrechung wurde ab 23:10:00 begonnen kontinuierlich die Reaktorleistung auf einen Zielwert von 700 – 1000 MW (thermisch) durch Ziehen der Steuerstäbe abzusenken. Für Schnellabschaltzwecke durfte eine Mindestzahl von Steuerstäben im neutronenwirksamen Kernbereich (einige auf „halber Höhe") nicht unterschritten werden. Diese Vorschrift haben die Operateure durch aktiven Eingriff in die Steuerelektronik der Steuerstäbe (manuelles Unwirksammachen von Reaktorschutzeinrichtungen) unterlaufen. Als dieser Zustand erkannt wurde, wurden die Stäbe per manuellen Schnellabschaltbefehl in den Kern geschossen (ca. 2 – 3 Sekunden), siehe bei dem unter Ursache angesprochenen Konstruktionsfehler der Steuerstäbe, und erhöhten dadurch dessen Reaktivität, statt zu erniedrigen, schlagartig und führten zur unkontrollierbaren Spaltneutronenexkursion.

Probabilistische Einflussfaktoren

„However, as will be clear from what follows, the accident would not have occurred but for a wide range of other interrelated events". [18]

Interpretation des Verfassers:

1. Bewusste Überschreitung von zulässigen Anlagenparametern durch das Kontrollraumpersonals;
2. Organisationsversagen des Managements durch unzureichende Prüfung des geplanten Versuchs;
3. Vollständiges Versagen der staatlichen Aufsicht und
4. Gravierende Konstruktionsmängel führten zur „Selbstzerstörung" einer intakten Anlage.

Wirkung

Die totale Zerstörung des Reaktors führte zur Kontamination der Umgebung und zu einer, bis heute noch nicht abgeschlossenen Begrenzung der Schäden.

Erklärung zur Xenonvergiftung

Der Verteiler der elektrischen Last im ukrainischen Netz, dessen Aufgabe es ist, eine bedarfsgerechte flächendeckende Bereitstellung elektrischer Energie zu garantieren (Load Dispatcher; strategische Ebene), hatte verfügt („par ordre du mufti"), dass die Reduktion der Reaktorleistung um 13:05:00 Uhr bei ~ 50 % gestoppt wurde. Ab 23:10:00 Uhr wurde die Reaktorleistung auf 700–1000 MW (thermisch) weiter abgesenkt. Durch die etwa 12-stündige ~ 50 % Leistungsniveauabsenkung befand sich noch relativ viel des stark Neutronen absorbierenden Spaltprodukts Xenon (Halbwertszeit 6,7 h) im Reaktor, so dass durch die Versuchsunterbrechung immer mehr Steuerstäbe herausgezogen werden mussten. Für Schnellabschaltzwecke durfte eine Mindestzahl von Steuerstäben im neutronenwirksamen Kernbereich (einige auf „halber" Höhe) nicht unterschritten werden. Diese Vorschrift hat das Kontrollraumpersonal durch aktiven Eingriff in die Steuerelektronik (manuelles „Unwirksammachen" von Reaktorschutzeinrichtungen) unterlaufen.

Ursache-Wirkungsstruktur
Die dominierenden Einflüsse für das Geschehen liegen in der Vorlaufphase.

> The initiative for the test and the provision of the procedures thus lay with electro technical rather than nuclear experts. The presumption that this was an electro technical test with no effect on reactor safety seems to have minimized the attention given to safety terms. (IAEA Safety Series No. 75-INSAG-1 1986)

Übersetzung des Verfassers: Die Veranlassung für diesen Versuch und die Erstellung der Vorschriften zur Versuchsdurchführung lagen bei den elektrotechnischen und nicht bei den nuklearen Spezialisten. Die Annahme, dass es sich hierbei um einen elektrotechnischen Versuch ohne thermohydraulische und damit neutronenphysikalische Rückwirkungen auf den Reaktor (die bei Siedewasserreaktoren essentiell sind; die Leistung eines Siedewasserreaktors wird über den Hauptkühlmitteldurchsatz [Void-Effekt] und die Steuerstäbe geregelt) handelt, hat dazu geführt, dass sicherheitstechnische Aspekte keine Beachtung fanden. Der Reaktortyp von Tschernobyl, RBMK-Reaktor (s. Kap. 1) ist von Typ her ein Siedewasserreaktor.

Mit anderen Worten: Der Versuch war von Beginn an bereits unter nicht zutreffender fachlicher Zuständigkeit und unter falschen organisatorischen Voraussetzungen (strategische Ebene) geplant.

Oder anders formuliert: Wesentliche Erklärung für das Fehlverhalten des Kontrollraumpersonals ist, dass der Versuch von Elektrotechnikern geplant und von denen auch Regie geführt wurde. Deshalb wurden Rückwirkungen auf den Reaktor nicht in Betracht gezogen, die Elektrotechniker gingen davon aus, dass der Reaktor „gutmütig" und „sicher" ihren Weisungen und den entsprechenden Handlungen der Operateure folgen würde.

Diese fachspezifisch falsche Versuchsplanung verdeutlicht auch, warum die eigentliche Ursache für die bisher größte Reaktorkatastrophe in der friedlichen Nutzung der Kernenergie übersehen wurde, nämlich den konstruktiven Fehler dieses Reaktortyps bei der Ausführung der Regelstäbe. Offensichtlich waren auch die Versuchsvorschriften nicht eindeutig; ebenso waren keine Haltepunkte für die Überprüfung der im Verlauf des Tests erreichten Versuchsergebnisse vorgesehen.

Bei Versuchen muss ständig mit deren Scheitern gerechnet werden und somit die Festlegung von Abfragen vor einem „Point of no Return" in dessen Vorfeld Pflicht sein.

Die Entscheidungsgründe des Linienmanagements und des Kontrollraumpersonals (beide bilden die operative Ebene) müssen mit großen Fragezeichen versehen werden. Ausgelöst wurde das Ereignis durch die Fortsetzung des Versuchs nach einer Unterbrechung von einem halben Tag. Eingeleitet durch die Absenkung der Reaktorleistung und die damit verbundene unbeabsichtigte Bildung von zu wenig Überschussreaktivität. Eine sorgfältige Situationsanalyse auf wissensbasierter Ebene hätte die Katastrophe vermieden. Der „Point of no Return" war am 26. April um 01:23:04 Uhr durch die Abschaltung des letzten verbleibenden Sicherheitssystems gesetzt, um den Versuch wiederholen zu können. Diese zentrale Verletzung war durch das Testprogramm festgelegt. Damit wird die fachliche Inkompetenz der strategischen Ebenen unterstrichen. Warum die operationale Ebene gegen die Festlegungen innerhalb des Versuchsprogramms kein Veto einlegte, bleibt unbeantwortet.

2.7.2.2 Intentionale Struktur Tschernobyl

Eine erfolgreiche Voraussage wird bekanntlich durch Beobachtung, Experiment oder Reproduktion bestätigt (oder widerlegt).

Eine solche sollte durch den Versuch zur Beherrschung eines vollständigen Stromausfalls am Reaktor getroffen werden. Dass das geplante Versuchsverfahren in Tschernobyl nicht bei diesem Reaktortyp durchführbar war, war offensichtlich nicht bekannt. Überdies ist es problematisch, ein Experiment als entscheidend, d. h. als Mittel für eine endgültige Bestätigung oder Widerlegung von Hypothesen anzusehen, darf man doch nie vergessen, dass es in der Empirie nun einmal nichts Endgültiges gibt. Überdies bedeutet die Behauptung, eine erfolgreiche Reproduktion sei der beste Test einer Voraussage nicht einfach, Tun habe Wissen zur Folge („making entails knowing"). Wenn wir wissen, wie wir ein bestimmtes Objekt oder Phänomen zu erzeugen haben, dann wissen wir noch lange nicht, was es schließlich damit auf sich hat.

Handeln ist nicht Wissen, aus ihm folgt keinesfalls umfassende Erkenntnis; es ist eben nicht die einzige Erkenntnisquelle, auch wenn sie die bestmögliche Bestätigung liefert.

Wissenschaftliche Voraussage kann nicht den Bereich von Gesetzesaussagen überschreiten, die ihre Grundlagen bilden, und sie kann nicht genauer sein als die spezifischen Informationen, auf die sie sich stützt.

Damit „verstehen" (s. Einschränkung im Abschn. 2.6.1.3 „Probabilistische Einflussfaktoren", letzter Absatz) wir die Vorlaufphase und die Ursache, den Entwurfsfehler bei den Regelstäben (Absorberstäben) für die Reaktivität des Reaktors.

Das Hinzutreten eines äußeren Systems – die gezielte Unterbrechung des Versuchs – gestaltet sich außerordentlich komplex. Erinnern wir uns an die Abb. 1.1 (das „Schweizer-Käse-Modell").

Latentes und aktives Versagen sowohl beim Linienmanagement als auch durch psychologische Vorläufer unsicherer Handlungen beim Personal des Kontrollraumes hat sich manifestiert in fehlerhaften Entscheidungen.

Die „Tiefenabwehr" der Anlage Tschernobyl wurde mit Beginn des zweiten Versuchsabschnitts abgeschaltet, um den Versuch wiederholen zu können. Die Abschaltung des letzten verbliebenen Sicherheitssystems wird als Ereignis des Points of no Return angesehen. Dies betrifft sowohl das Kontrollraumpersonal als auch viele redundant und physikalisch ganz unterschiedlich ausgelegte Konstruktionsmerkmale.

Die Fortsetzung des Versuchs nach einer etwa 12-stündigen Unterbrechung mit einer Absenkung der Reaktorleistung steht für das auslösende Ereignis (Kausalprinzip). Dass das auslösende Ereignis zum Durchstoßen aller drei Schutzschichten führen konnte (Abb. 1.1), lag insbesondere an dem untypischen Systemzustand. Damit war ein möglicher Handlungseingriff des Kontrollraumpersonals jeder Routine (Informationsverfall!) entzogen.

Zusammengenommen beschreiben der Entwurfsfehler der Regelstäbe (Ursache), die falsche Interpretation des Sicherheitszustandes nach der etwa 12-stündigen Versuchsunterbrechung (Hinzutreten eines äußeren Systems), die Abschaltung der letzten verbliebenen Sicherheitssysteme (Point of no Return), die Fortsetzung des Versuchs auf Weisung des Lastverteilers trotz fehlerhaftem Verständnis der Neutronenbilanz (zu wenig Regelaktivität) durch Absenkung der Reaktorleistung, das auslösende Ereignis (Kausalprinzip) und eine nicht exakt fassbare Anzahl probabilistischer Einflussfaktoren die Ursache-Wirkungsstruktur, die zur Selbstzerstörung des Reaktors nach superpromptkritischer Leistungsexkursion und einer Kontamination auch der weiteren Umgebung geführt hat.

In den offiziellen sowjetischen Reaktionen auf den Unfall in Tschernobyl herrscht die Tendenz vor, den Unfallhergang persönlichen Unzulänglichkeiten des Linienmanagements und des Kontrollraumpersonals (beide bilden die operationale Ebene) zuzuschreiben, dem muss aufgrund vorheriger Überlegungen und der Tatsache, dass an den noch in Betrieb befindlichen RBMK-Reaktoren konstruktive Änderungen (statt Natururan schwach angereichertes Uran und durch eine geänderte Konstruktion der Abschaltstäbe [größere Abschaltreserve]) vorgenommen wurden, widersprochen werden, vgl. hierzu Kap. 1 (Reason 1994).

Es liegt hier eine „Kompetenzübernahme" der strategischen Ebene vor, die die Durchführung des Versuchs dem Linienmanagement und dem Kontrollraumpersonal überlassen hatte, ohne eine dezisive Entscheidung der operationalen Ebene einzuholen.

Nach allen nationalen und internationalen kerntechnischen Regeln hätte ein solcher Versuch im Vorfeld umfänglich beschrieben, bei der Aufsichtsbehörde beantragt und extern begutachtet werden müssen. Nichts davon ist geschehen. Die unzureichende staatliche Aufsicht war somit mitverantwortlich für das katastrophale Geschehen.

Eine Art „Deus ex Machina", wie er uns in „Der Zauberlehrling" begegnet ist, gab es nicht, die neutronenphysikalische Exkursion konnte aufgrund der gegebenen Konstellation zu keinem Zeitpunkt gestoppt werden.

2.7.3   Fukushima Daiichi (11. März 2011, Zerstörung mehrerer Kraftwerksblöcke)

2.7.3.1 Kausalkette Fukushima Daiichi

Was auf den ersten Blick ein durch Naturereignisse ausgelöstes technisches Anlagenversagen schien, stellte sich schon sehr bald als ein komplexes Ereignis mit sehr einfacher Ursache heraus, in welchem menschliche, kulturelle und durch die japanische Führungskultur geprägte Aspekte eine zentrale Bedeutung einnehmen.

Vorlaufphase

Planung des Kraftwerkes ohne ausreichende Vorsorge gegen äußere Einwirkungen (Tsunami-Flutwellen) und interne Störfälle infolge Wasserstoffexplosionen.

Ursache, Erzeugung eines inneren Zustandes

Errichtung des Kraftwerks auf einer Höhe von nur 10 m über dem Meeresspiegel wegen (geringer) Einsparung von Energie für die Kühlwasserpumpen; hierzu Abtragung eines natürlichen „Hügels" um 25 m. Dadurch lag das Kraftwerk nun ca. 5 m unterhalb der Höhe der höchsten Tsunami-Wellen (siehe Abb.: 2.9).

Hinzutreten eines äußeren Systems

Zwei Konsequenzen aus dem Harrisburg Störfall (Three Miles Island) von 1979 waren nicht getroffen: Passiv wirkende Rekombinatoren (Geräte, die gasförmigen Wasserstoff mit Sauerstoff in Wasser umwandeln) fehlten.   Ebenso fehlte eine gefilterte Druckentlastung des Sicherheitsbehälters (Containments). Obwohl Kenntnisse über deren Wirkung zur Schadensbegrenzung vorlagen. Für die Anlage war somit die bei Kühlmittelverluststörfällen auftretende Zirkon-Wasser-Reaktion infolge Radiolyse nicht beherrschbar.

Die bei Erdbeben ungünstige Anordnung des Brennelementlagerbeckens verstärkte den Druckaufbau durch vermehrte Wasserstofffreisetzung der trockengefallenen Brennelemente im Lagerbecken infolge Zirkon-Wasser-Reaktion (Zirkoniumlegierung des Brennstabhüllrohrmaterials) und führte zu einem weiteren Druckanstieg in dem mit Stickstoff inertisierten Containment und (wahrscheinlich nach Überdruckversagen der Containment-Deckeldichtungen) zur Freisetzung von Wasserstoff in die Reaktorgebäude und zur Beschädigung der Reaktorgebäude durch Wasserstoffexplosionen.

Point of no return

Kernkraftwerke müssen über eine unabhängige Notstromversorgung verfügen, um die Ausführung der Sicherheitsfunktionen auch bei Naturereignissen und Einwirkungen Dritter (Zivilisationseinflüsse) zu gewährleisten. Dies war offensichtlich nicht für Tsunami gegeben.

Auslösendes Ereignis; Kausalprinzip

Am 11. März 2011 um 14.46 Uhr Ortszeit fand vor der Ostküste von Honshu ein Erdbeben der hier noch nie beobachteten Stärke 9,0 statt.

Eine effektive Notkühlung der zu diesem Zeitpunkt in Betrieb befindlichen Reaktoranlagen 1 bis 3 war infolge der Zerstörung der in den Maschinenhauskellern angeordneten und gegen Überflutung ungeschützten Notstromdieselaggregate durch die Flutwelle nicht möglich. Die Flutwelle setzte auch die Notstrom-Schaltanlagen und die Kühlwasserpumpen außer Betrieb.

Probabilistische Einflussfaktoren

In den letzten 500 Jahren sind insgesamt 16 (!) Tsunamis mit Höhen über 10 m auf die japanische Küste (incl. Kurilen-Inseln) getroffen, d.h. rund alle 30 Jahre. Für die Nordostküsten Honshus, wo drei Kontinentalplatten aufeinanderstoßen, nahmen die Geologen an, dass nur Teilabschnitte (mit z. B. 100 km Breite) der pazifischen Platte gleichzeitig aufreißen und sich unter die asiatische Platte schieben könnten. Hierfür wurde der Tsunamischutz von 5,60 m Höhe als ausreichend angesehen. Dass tatsächlich ein Riss von über 500 km Länge mit einer Verschiebung in der Größenordnung von bis zu 20 m auftreten würde, wurde nicht angenommen. Selbst neuere Gutachten (2002), die diese Möglichkeit nicht mehr ausgeschlossen hatten, führten nicht zu entsprechenden Konsequenzen, sondern wurden im Einvernehmen zwischen Betreiber, Behörden und Gutachtern durch Gegengutachten versucht zu entkräften.

Wirkung

Überflutung der gesamten Anlage, Zerstörung von vier Reaktorblöcken, radioaktive Kontamination einer Region von ca. 5 mal 40 km in nordwestlicher Richtung.

Ursache-Wirkungsstruktur

Die Auslegung der Anlage gegen Erdbeben deckte durchaus das lokale Gefährdungspotential ab, angepasst im Laufe der Jahre an die sich ständig erweiternde Datenbasis. Die Reaktorschnellabschaltung funktionierte in allen drei Blöcken (Block 4 war zum Zeitpunkt des Ereignisses abgeschaltet) auslegungsgemäß bei den ersten Erdstößen, und obschon einige gemessene Bodenbeschleunigungswerte die Auslegung im zweistelligen Prozentbereich überschritten, traten durch das Erdbeben praktisch keine Schäden ein.

Nicht dem Stand der Technik entsprach dagegen die Tsunami- und damit die Notstromauslegung.

Die normale Stromversorgung speist alle für den Betrieb erforderlichen Komponenten und liefert damit den sogenannten Eigenbedarf für alle kraftwerks-internen elektrisch betriebenen Verbraucher (Komponenten) der Anlage. Steht keine Energie von außen durch das Netz zur Verfügung, so wird der Eigenbedarf durch den Generator gedeckt. Die Verbindung zum Netz wird getrennt und die Leistungserzeugung des Reaktors auf das Niveau des Eigenbedarfs reduziert, sogenannter Inselbetrieb, „on-site power". Versagt der Inselbetrieb, so erfolgt die Abschaltung durch das Reaktorschutzsystem, und nur die Sicherheitssysteme werden noch mit elektrischer Energie aus dem Notstromsystem versorgt. Das Notstromsystem besteht im Allgemeinen aus redundanten Dieselgeneratorsätzen (in Deutschland acht pro Reaktorblock [davon vier verbunkert, also gegen „Einwirkungen von außen" geschützt]), in Fukushima Daiichi 13 ungeschützte Notstromdieselaggregate für sechs Blöcke.

Zwar hat das Erdbeben zu einem großflächigen Zusammenbruch der Hochspannungsnetze in Nordost-Honshu (u. a. durch Kurzschlüsse in den Umspannanlagen und umgeknickte Hochspannungsmasten) und damit zur elektrischen Isolation des Kraftwerks geführt; jedes Kraftwerk sollte jedoch, wie oben geschildert, dagegen ausgelegt sein, was offensichtlich nicht der Fall war.

Somit gab es für das Kontrollraumpersonal nach dem auslösenden Ereignis, Zerstörung der Notstromdieselaggregate durch die Tsunamiwelle (14 m Höhe), keinerlei Eingriffsmöglichkeiten mehr (die Angaben beziehen sich auf Abb. 2.6).

2.7.3.2 Intentionale Struktur Fukushima Daiichi

Das Tsunamirisiko wurde offensichtlich systematisch unterschätzt. Die Analyse der Gefährdung von Kernkraftwerksstandorten durch Tsunamiwellen ist in Japan Genehmigungsvoraussetzung. Für alle zu einem späteren Zeitpunkt ausgewählten Kraftwerksstandorte wurde ein höheres Niveau festgelegt, typischerweise auf 15 m.

Probabilistische Modelle für das Tsunamirisiko, welche seltene schwere Ereignisse einbezogen hätten, waren im Laufe von vier Jahrzehnten entwickelt worden, jedoch kam kein Konsens über ihre Anwendungsnotwendigkeit zustande. Vielmehr berichtet die Untersuchungskommission des japanischen Parlaments in ihrem offiziellen Abschlussdokument, dass ein solches organisationales Versagen nur durch die in Japan üblichen kulturellen Besonderheiten wie Kritikunfähigkeit, Isolationismus, Beharrung trotz Einsicht und Inkompetenz erklärbar ist (Struma 2006).

Wir zitieren daraus: „Wenn andere Personen in den Schuhen der Handelnden gesteckt hätten, wäre das Ereignis genauso abgelaufen".

Abb. 2.6 zeigt die Auslegung und die Reaktoranlage von Fukushima Daiichi und erklärt das vorstehend beschriebene Unfallgeschehen. Deutlich sieht man, dass das Tsunamirisiko unterschätzt wurde.

Die Tsunamiwelle machte insbesondere die Notstromdieselaggregate funktionsunfähig, so dass die Notkühlung der Reaktoren nicht aufrechterhalten werden konnte. Es sei nochmals betont, dass durch die Tsunamiwelle, als auslösendes Ereignis, evident wurde, dass die Notstromversorgung hinsichtlich ihrer Kapazität und ihres Schutzzustandes unzureichend war. Mit der unzureichenden Planung und Errichtung der Notstromversorgung wurde der Point of no Return überschritten.

Es muss davon ausgegangen werden, dass sich ein Teil des Personals im Kontrollraum infolge des totalen Stromausfalls – selbst in den Kontrollräumen herrschte totale Finsternis – in einem Schockzustand und in höchster Sorge um die Angehörigen befand.

Die Reaktorkerne überhitzten sich innerhalb von Stunden, und die ab ca. 850 °C beginnende exotherme Reaktion des Brennstabhüllrohrwerkstoffes Zirkon mit Wasserdampf führte zur Wasserstoffbildung.

In diesem Zusammenhang muss auch die Konstruktion des Sicherheitsbehälters angesprochen werden. Der Sicherheitsbehälter GE (General Electric)-Mark 1 (alle vier vom Erdbeben und der Tsunamiwelle betroffenen Blöcke waren so konstruiert) ist weder in statischer noch in dynamischer (Erdbeben) Hinsicht eine besonders gute Lösung. Dies gilt insbesondere für das Brennelementlagerbecken. Die hoch angeordnete Wassermasse von etwa 3000 t ist besonders sensitiv im Erdbebenfall. Die Brennelemente im Lagerbecken standen trocken und lieferten einen zusätzlichen Beitrag zur Zirkon-Wasser-Reaktion des Reaktorkerns. Die Wasserstoffexplosion der Brennelementlagerbecken zerstörte die äußere Gebäudestruktur. Abb. 2.6 zeigt das orographische Profil der Reaktoranlage von Fukushima Daiichi und erklärt das vorstehend beschriebene Unfallgeschehen. Deutlich sieht man, dass das Tsunamirisiko offensichtlich unterschätzt wurde.

Die relativ hoch liegenden Brennelementlagerbecken haben sich auch im Fall des Blocks 4 als ungünstige Konstruktion erwiesen haben. Obschon der Block nicht in Betrieb und sein Reaktor entladen waren, fand auch dort eine Wasserstoffexplosion statt, nach japanischen Angaben mit Wasserstoff aus Block 3, welcher über das gesamte Lüftungssystem übertragen worden sein soll. Ferner musste in den Tagen nach der Explosion das Brennelementlagerbecken dringend konstruktiv unterstützt werden, da Tragstrukturen Schaden genommen hatten.

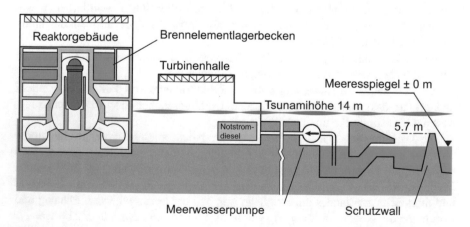

Abb. 2.6 Auslegung der Reaktoranlage Fukushima Daiichi mit Höhenprofil. Alle Höhenangaben beziehen sich auf den Referenzwasserstand in der Onahama-Bay, s. Kap. 1 (Mohrbach 2012)

Nach japanischen Angaben sind durch die fehlende Lagerbeckenkühlung die Füllstände in keinem Fall unter die Oberkante der Brennelemente abgesunken, so dass hier keine zusätzliche Wasserstoffproduktion unterstellt wird (wenig glaubhaft!). Inzwischen sind die Brennelemente aus Block 4 geborgen worden, sie sollen (bis auf heruntergefallene Trümmerstücke des Dachs; woher sind sie wohl gekommen?) unbeschädigt sein.

In der japanischen Nuklearindustrie sind wiederholt und über viele Jahre Fälle von Fälschung und Verschleierung aufgetreten, die auch jetzt noch fortbestehen – s. obige Zweifel. Dies sind Hinweise auf eine ungenügende Übernahme der Verantwortung für die Sicherheit (Rechenschaftspflicht?) und geben Hinweise auf die typisch japanische Ausformung von Sicherheitskultur.

Die Schwäche von Menschen, erkannte Risiken gegenüber anderen Faktoren richtig einzuschätzen, wird evident. Die grundlegenden psychologischen Mechanismen, die den Menschen helfen, ihre Überzeugungen und Handlungen und somit auch ihren Selbstwert zu schützen, müssen angesprochen werden. Sie helfen ihm, überhaupt handlungsfähig zu sein und zu bleiben und führen in aller Regel zu erwünschten Ergebnissen. In der vorliegenden Situation führten diese Grundeigenschaften zu unerwünschten, katastrophalen Auswirkungen, verursacht durch die in Japan ausgeprägte Kultur der psychischen Verdrängung und selektiven Wahrnehmung. Diese strenge Einschätzung beruht insbesondere auf folgendem Zitat vom METI(Ministry of Economy, Trade & Industry)-Minister anlässlich der Ministerialkonferenz bei der IAEA (International Atomic Energy Agency) vom 20–24 Juni 2011 in Wien: „In Japan, we have something called the ‚safety mythos‘ (…) it's a fact that there was an unreasonable overconfidence in the technology of Japan's nuclear power generation" (Übersetzung des Verfassers: Es ist eine Tatsache, dass es in Japan ein übermäßiges Vertrauen in die eigene Nukleartechnologie gab).

Nicht unerwähnt soll die Rolle „Eines Helden von Fukushima" bleiben:

„Der damalige Direktor des Atomkraftwerks widersetzte sich offen den Anordnungen seiner Vorgesetzten … Die Bosse … wollten das Einpumpen von Meerwasser zur Kühlung der beschädigten Reaktoren anhalten …". „Der Held weigerte sich und setzte die Kühlung eigenmächtig fort. (Ein Held von Fukushima 2013)"

Eine Art „Deus ex Machina", wie er uns in „Der Zauberlehrling" begegnet ist, gab es demzufolge nicht.

Zusammenfassung

Die Tsunamiwelle machte insbesondere die Notstromdieselaggregate funktionsunfähig, so dass die Notkühlung der Reaktoren nicht aufrechterhalten werden konnte. Es sei nochmals betont: Der Point of no Return war durch die Auslegung der Notstromversorgung, die weder im Hinblick auf die Kapazität zur Versorgung der Sicherheitssysteme mit elektrischer Energie ausreichend war noch ihres Schutzes gegen Überflutung den auftretenden Tsunamiwellen entsprach, gesetzt. Der Tsunami, das auslösende Ereignis, traf die ungeschützten Notstromdieselaggregate mit voller Wucht.

2.7.4 Explosion der Bohrinsel Deepwater Horizon (20. April 2010)

2.7.4.1 Kausalkette Deepwater Horizon

Vorlaufphase

Die Bohrung lag am 20. April 2010, dem Tag des Unglücks, 43 Tage hinter dem Zeitplan, mit geschätzten Mehrkosten bis dahin von ca. 30 Millionen $. Ein enormer Zeit- und Kostendruck lastete auf den Arbeitern der Plattform.

Ursache, Erzeugung eines inneren Zustandes

Bei der BP-Bohrung betrug der Lagerstättendruck ca.900 bar (der höchste bisher angetroffene Lagerstättendruck betrug 1.750 bar).

Hinzutreten eines äußeren Systems

Der Blow-out-Preventer (Bohrlochverschluss am Kopf des Bohrlochs), der vor unkontrolliertem Ausbruch von Öl und Gas sichern soll, war nicht gewartet und die Batterien leer. Somit konnte die Bohrung nicht vollständig verschlossen werden. Hier wird davon ausgegangen, dass der Zustand des Blow-out-Preventers der Mannschaft auf der Ölplattform nicht bekannt war. Wäre er ihr bekannt gewesen, wäre bereits mit dem Einbau des Blow-out-Preventers der Point of no return gesetzt.

Point of no return

Ein Loch für eine Tiefbohrung wird abschnittsweise gebohrt: Zunächst geht es 500 bis 2000 Meter in die Tiefe. Um das lose Gestein aus dem Loch nach oben zu bringen und gleichzeitig den Bohrer zu kühlen, wird eine Spülflüssigkeit nach unten gedrückt und steigt beladen mit Sand und Gestein wieder auf. Diese Flüssigkeit ist deutlich dickflüssiger als Wasser, damit das Gestein darin quasi schweben kann und sich nicht absetzt. Ist die vorgegebene Tiefe erreicht, wird ein Rohr eingelassen, das mit Abstandshaltern außen einen Ringraum freihält. Dort steigt anschließend eine Zementmischung nach oben, die durch das Innere des Rohres zur Sohle des Bohrlochs gepresst wird, am unteren Ende des Rohres austritt und von dort den Ringraum von unten her auffüllt. Der Zement soll die Rohre im Bohrloch stabilisieren und die Öllagerstätte absolut dicht verschließen. Dafür ist die Zementmischung für Tiefbohrungen wesentlich hochwertiger als etwa im Hochbau. Sie enthält spezielle Zusätze, mit denen sich ihr Verhalten exakt steuern lässt. Jetzt überschritt die Besatzung der Bohrinsel den Point of no return: Zum Zement, der das letzte Stück in mehr als 5000 Meter Tiefe fixieren und abdichten sollte, mischte sie zu viel Verzögerungsmittel – er wurde deshalb zu langsam fest. Nach 24 Stunden war diese Mixtur immer noch flüssig. Der Schaumzement hatte die falsche Dichte und ein Schaumstabilisator kam nicht zum Einsatz. Aber schon nach 15 Stunden begannen die Arbeiter damit, die über dem Zement liegende Bohrflüssigkeit durch Meerwasser zu ersetzen. Die Bohrspülung ist wesentlich schwerer als Wasser und hätte so lange als Gegengewicht im Bohrloch bleiben müssen, bis der Zement ausgehärtet gewesen wäre. Denn die Lagerstätte drückt etwa von unten Öl und Gas mit über 900 bar ins Bohrloch- gehalten durch das Gewicht der Spülung [26].

Auslösendes Ereignis; Kausalprinzip

Zum Austausch der über dem Zement liegenden Bohrflüssigkeit durch Meerwasser öffnete der Bohrtrupp quasi eine Sprudelflasche: Gas schoss durch den noch flüssigen Zement nach oben, durchbrach die unzureichende Drucksicherung am Meeresboden (Blow-out-Preventer). Das Gas trat unter starkem Zischen und Sprudeln an der Meeresoberfläche aus und bildete einen smogartigen Sprühnebel, eine hochexplosive Gaswolke, welche die 30 Meter über dem Meer befindliche Bohrinsel gänzlich einhüllte. Eine effektive Notkühlung der zu diesem Zeitpunkt in Betrieb befindlichen Reaktoranlagen 1 bis 3 war infolge der Zerstörung der in den Maschinenhauskellern angeordneten und gegen Überflutung ungeschützten Notstromdieselaggregate durch die Flutwelle nicht möglich. Die Flutwelle setzte auch die Notstrom-Schaltanlagen und die Kühlwasserpumpen außer Betrieb.

Probabilistische Einflussfaktoren

Offensichtlich kam der Zündfunke, der zur Explosion der Ölplattform führte, von einem zufällig vorbeifahrenden Schiff. Es wird hier davon ausgegangen, dass auf der Ölplattform nur funkengesicherte, gekapselte Geräte eingesetzt werden.

Wirkung

Erst im August 2010, also vier Monate später, gelang es mit Hilfe eines sogenannten „static kill" den Ölzufluss zu stoppen und zwei Wochen später über einen sognannten „bottom kill" die Lagerstätte endgültig und dauerhaft zu zementieren, zu schließen.

Ursache-Wirkungsstruktur

Die Bohrmannschaft versuchte, die Bohrung so rasch wie möglich zu Ende zu bringen. Man entschied sich deshalb für eine unübliche Vorgehensweise. Fahrlässig verursachte die Besatzung so die bisher größte Ölkatastrophe in der Geschichte der Menschheit. Tiefseebohrungen treffen häufig auf Öl- und Gaslagerstätten mit äußerst hohen Drücken (der höchste bisher aufgetretene Druck betrug 1750 bar). Derartige Drücke stellen höchste Ansprüche an die Ausrüstung (Wandstärke der Verrohrung; Blowout-Preventer usw.). Sie erfordern Zementschlämme mit besonders hohem spezifischem Gewicht, um diesem Lagerstättendruck standhalten zu können. Bei der BP-Bohrung betrug der Lagerstättendruck ca. 900 bar (Plank et al. 2010). Getrieben von dem enormen Druck in großer Tiefe (Ursache) – am Grunde des Bohrlochs herrschten etwa 900 bar –, schoss das Gemisch aus Öl und Gas durch die halbfeste Zementschicht und entzündete sich an der Oberfläche. Zum Hinzutreten eines äußeren Systems: Grundsätzlich werden Bohrungen durch ein Verschlusssystem gegen unkontrollierbaren Ausbruch gesichert. Im vorliegenden Fall wurde ein manuell zu bedienender Preventer eingesetzt, d. h., im Falle eines Ausbruchs musste ein Mitarbeiter per Hand den Verschluss einleiten – bei einer Explosion undenkbar. Zu allem Überfluss wurde später festgestellt, dass der Preventer bei einer vorangegangenen Operation beschädigt worden war und selbst bei Funktionieren der Batterien nicht vollständig verschlossen hätte, vgl. Kausalkette Deepwater Horizon.

Als Ursache muss die Problematik der Mehrfachverursachung, also eine unverbundene Pluralität von Ursachen und Wirkungen, angesprochen werden. Sie tritt weniger bei „vereinten Ursachen" zutage, sondern zeigt sich erst, wenn die Wirkung von jeder Ursache für sich allein hervorgebracht wurde, wobei jedoch das gemeinsame Auftreten von zwei oder mehr Ursachen nichts Qualitatives an der Wirkung ändert. So interessant der Aspekt der Mehrfachverursachung auch ist, wir wollen in dieser Abhandlung darauf nicht näher eingehen.

2.7.4.2 Intentionale Struktur Deepwater Horizon

Hopkins (2012), vgl. Kap. 1, gelangt zu dem Schluss, dass das kein „normaler Unfall" war (in dem Sinne wie diesen Begriff Charles Perrow ihn in seinem Buch „Normal Accidents" (Princeton University Press, 1999) benutzt hat), d. h., die Ursache des Unfalls kann eher auf einen fehlerhaften Entscheidungsprozess als auf eine fehlerhafte Technologie zurückgeführt werden. Hopkins (2012), s. Kap. 1 benennt im Einzelnen für den fehlerhaften Entscheidungsprozess:

- tunnel vision engineering (fehlerhafte Kausalitätswahrnehmung oder eingeschränkte Beurteilung bezüglich der falschen Zementkomposition),
- confirmation bias: the well integrity test (der Verschluss des Bohrloches wurde fälschlicherweise als dicht angesehen),
- falling dominos: the failure of defence in depth (für die Techniker war die fehlerhafte Zementkomposition einwandfrei (was nicht der Fall war!), folglich waren die nachfolgenden Schutzbarrieren wirkungslos (vgl. Abb. 1.1, das sogenannte Schweizer-Käse-Modell); ein solch gravierender Fehler in der Philosophie des Prinzips des abgestuften Sicherheitsbarrierenkonzepts ist unvorstellbar),
- the meaning of safety (die Firma BP unterschied sehr sorgfältig zwischen Prozess- und persönlicher Sicherheit, dies führte so weit, dass die Prozesssicherheit, besonders beim Bohren, ausgeschlossen wurde),
- process safety indicators and incentives (das Unternehmen BP verwendete ein Prämiensystem, das ausschließlich auf persönliche Sicherheit ausgerichtet war).

Die weiteren Punkte von Hopkins betreffen alle Fragen des Managements.

Insgesamt zeigt sich, dass einigen Entscheidungsträgern, sowohl beim Betreiber als auch bei der Aufsichtsbehörde, die technischen Risiken ihrer Vorgehensweise nicht bewusst waren. Dieses Vorkommnis zeigt aber auch, dass ein Vertrauen in die Aufsichtsbehörde nicht gerechtfertigt ist.

Die intentionale Struktur ist damit einfach darzustellen: Der Mensch hat versagt, nicht nur beim Betreiber, sondern auch bei der Aufsichtsbehörde.

Der Begriff „Aufsichtsbehörde" wird sehr unterschiedlich, selbst in den verschiedenen Bereichen der Industrie, verstanden. In einigen Ländern handelt es sich um staatliche Institutionen, es können aber auch private Organisationen

sein. Es gibt auch Konstellationen, in denen private und staatliche Aufsichtsbehörden parallel arbeiten, beispielsweise in den USA. Gemeinsames Ziel aller
Aufsichtsbehörden ist es, den Zustand der technischen Objekte aufzuzeigen und
zu beurteilen oder noch weitergehend, eventuell notwendige Abhilfemaßnahmen
vorzuschlagen. Auch die Sanktionsmöglichkeiten der Aufsichtsbehörden sind sehr
länderspezifisch ausgeformt, die von der Untersagung des Weiterbetriebs bis zur
Passivität (Alibifunktion) reichen können.

2.8 Verdichtung der Einzelereignisse

In Kap. 1 wurden die vier Einzelereignisse unserer Betrachtungen beschrieben.
Drei davon waren katastrophale Geschehen in der realen Welt.

Mit dem vierten Ereignis, „Der Zauberlehrling", hat Johann Wolfgang von
Goethe für die Menschheit ein literarisches Denkmal geschaffen.

Kap. 1 hat mit der Fragestellung nach der Regieführung geschlossen.

Zur Beantwortung dieser Frage wurden zwei Ansätze herangezogen, und zwar

1. der naturwissenschaftliche und
2. der sozialwissenschaftliche Ansatz.

Die Ursache-Wirkungsstruktur steht für den naturwissenschaftlichen, die intentionale Struktur für den sozialwissenschaftlichen Ansatz.

Für beide Ansätze wurde streng zwischen Ursachen (physikalisch) und Handlungsabsichten (Intentionen) unterschieden. Auf der Grundlage dieser begrifflichen Trennung haben wir die Grundlagen der Ursache-Wirkungsstruktur
(Abschn. 2.2) und der intentionalen Struktur (Abschn. 2.3) entwickelt.

Für die Ursache-Wirkungsstruktur haben wir den thermodynamischen Zeitpfeil als Verbindung von Ursache und Wirkung mit seiner Irreversibilität zugrunde
gelegt.

Für die intentionale Struktur wurde der kognitionswissenschaftliche Ansatz
nach Rasmussen (1986) verwendet.

Für beide Strukturen wurden operationale Ansätze mittels Heuristiken entwickelt.

Unserer Heuristik für die Ursache-Wirkungsstruktur liegt die modifizierte und
erweiterte Metapher des Bogenschusses nach Bunge (1959) zugrunde.

Für die Heuristik der Willensbildung haben wir das ganzheitliche Modell des
individuellen Handelns nach (Heckhausen 1987 Zitiert nach Rasmussen 1986) eingesetzt.

Diese Vorgehensweise ist, dies sei nochmals betont, vorwissenschaftlich, und
d. h., jeder der hier vorgestellten Ansätze könnte sich bei zunehmendem Stand der
Erkenntnisse sowohl im naturwissenschaftlichen als auch im sozialwissenschaftlichen Bereich als ergänzungsbedürftig erweisen.

Oder mit anderen Worten, die verwendeten Ansätze sind nicht der Stein der
Weisen. Diese Redewendung wird hier in dem Sinne verwendet, dass er nicht

als „Allheilmittel" angesehen wird. Die Redewendung „der Stein der Weisen" (lat. Lapis philosophorum), den es bekanntlich nicht gibt, stammt aus der mittelalterlichen Alchemie und geht auf die Umwandlung von unedlem Metall in edle Metalle, vor allem Gold und Silber, zurück.

Nach diesen Erläuterungen wenden wir uns den beiden Strukturen im Detail zu.

2.8.1 Ursache-Wirkungsstruktur

Die für die Ursache-Wirkungsstruktur aufgestellte Heuristik besagt, dass alles, was geschieht, in gesetzmäßiger Weise durch etwas anderes determiniert ist, wobei dieses Etwas die äußeren oder inneren Bedingungen sind, die für das fragliche Objekt gelten (Bunge 1959).

Durch die Umsetzung der Heuristik auf die operationale Ebene mittels der Metapher des Schießens mit Pfeil und Bogen wurde die untenstehende Struktur für eine Kausalkette eingeführt, vgl. Abb. 2.7.

Die Abb. 2.7, die Kausalkette, impliziert ein Herauslösen (die Isolierung) der einzelnen Kettenglieder aus dem Gesamtereignis und stellt eine Abstraktion dar,

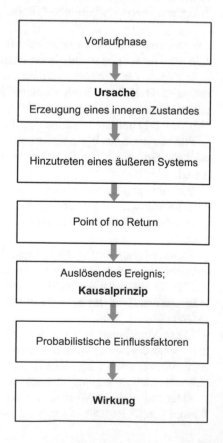

Abb. 2.7 Die Kausalkette wird durch den thermodynamischen Zeitpfeil gebildet: Jede Wirkung ist zugleich auch eine Ursache

Vorlaufphase

Ursache
Erzeugung eines inneren Zustandes

Hinzutreten eines äußeren Systems

Point of no Return

Auslösendes Ereignis;
Kausalprinzip

Probabilistische Einflussfaktoren

Wirkung

die für die Anwendung der Kausalvorstellung unentbehrlich ist. Abstraktion ist nicht nur für die Anwendung der Kausalvorstellung unentbehrlich, sondern überhaupt für alles Forschen, sei es empirisch oder theoretisch (Bunge 1959).

Die Ursache-Wirkungsstruktur des Bogenschießens wird durch die Umwandlung von potentieller in kinetische Energie gebildet.

Bei der Ballade „Der Zauberlehrling" gibt es keine Ursachen-Wirkungsstruktur, da keine Naturgesetze von Goethe angesprochen werden.

Beim Geschehen von Tschernobyl wird die Kausalkette durch das neutronenphysikalische und das thermohydraulische Verhalten des RBMK-Reaktors (Siedewasserreaktor) bestimmt.

Die Kausalkette im Falle von Fukushima Daiichi wird durch ein Naturereignis ausgelöst und führt zum technischen Anlagenversagen, weil keine ausreichende Vorsorge gegen derartige äußere Einwirkungen getroffen war.

Wie die Kausalkette im Fall Deepwater Horizon zeigt, war das kein „normaler Unfall", der zur Bildung einer explosiven Gaswolke führte. Die in ihr gespeicherte chemische Energie führte zu einer Explosionsdruckwelle, die die Bohrplattform zerstörte.

Es fällt auf, dass die Kausalkette für das Bogenschießen, für die Reaktorkatastrophe von Tschernobyl, für die Zerstörung der Anlage Fukushima Daiichi durch die Tsunamiwelle und die Explosion der Bohrplattform Deepwater Horizon letztlich durch Freisetzung gebundener Energie beschrieben werden kann, also durch Zunahme von Entropie (Unordnung).

Weiterhin ist für die vorgestellten Einzelereignisse festzustellen, dass selbst nach Überschreitung des Points of no Return der Prozess jederzeit hätte abgebrochen werden können, ohne dass Auswirkungen feststellbar gewesen wären. Erst mit dem auslösenden Ereignis werden die Glieder der Kausalkette zur Ursachen-Wirkungsstruktur verknüpft. Das auslösende Ereignis selbst bedarf in den vier Fällen keiner Energiezufuhr. Selbst bei der Tsunamiwelle war die Energie in der tektonischen Formation gespeichert. Es zeigt sich, dass sich die übergreifende Ursachen-Wirkungsstruktur als Umwandlungsprozess der Energie in verschiedene Formen begreifen lässt, die bis zum Point of no Return in latenter (gebundener) Energie im System akkumuliert wird. Erst mit dem auslösenden Ereignis wird die akkumulierte Energie freigesetzt, und die Wirkung ist nur noch abhängig von den probabilistischen Einflussfaktoren.

Der Aufbau der Ursache-Wirkungsstruktur selbst ist abhängig von konsequentialen Handlungsgründen.

Diesen Begriff haben wir von Julian Nida-Rümelin (2012) übernommen. Wir zitieren daraus:

> Konsequentiale Handlungsgründe sind darauf gerichtet, kausal in die Welt einzugreifen und einen Zustand herbeizuführen, der sich infolge der Handlung von alternativen Zuständen unterscheidet. Konsequentiale Handlungsgründe streben den entsprechenden Zustand an und setzen Handlungen (instrumentell) ein, um diese Zustandsveränderung zu erreichen.

Hintergrundinformation

Konsequentialismus ist ein Sammelbegriff für Theorien aus dem Bereich der Ethik, die den moralischen Wert einer Handlung aufgrund ihrer Konsequenzen beurteilen. Häufig wird Konsequentialismus durch den Sinnspruch „Der Zweck heiligt die Mittel" verdeutlicht.

Die konsequentialistische Standardauffassung von Handlungsrationalität besteht darin, dass ein vernünftiger Mensch die Folgen seines Handelns bedenkt. Falls er nicht gewiss sein kann, welche Folgen die eine oder andere Handlung hat, wird er nicht nur jeweils die wahrscheinlichste Folge einer Handlung, sondern auch weniger wahrscheinliche Folgen berücksichtigen: Er macht die Beurteilung der Handlung von der Wahrscheinlichkeitsverteilung ihrer Folgen abhängig. Nicht jede Bewertung von Handlungsfolgen ist mit der Vernünftigkeit der handelnden Person vereinbar. Eine vernünftige Person wird aber in jedem Fall eine Handlung wählen, die angesichts ihrer Folgen wünschenswerter erscheint als jede andere in der konkreten Situation mögliche (offenstehende) Handlung. Im Konsequentialismus wird der Kausalbegriff nicht von den Naturwissenschaften übernommen und auf das menschliche Handeln angewendet, sondern umgekehrt verfahren, d. h., dem menschlichen Handeln wird Kausalität zugeordnet. Anders ausgedrückt: Es geht um Konsequenzen des Handelns, mit denen eine bestimmte Wirkung durch kausale Eingriffe herbeigeführt werden sollen. Auf die Theorie des Konsequentialismus können und wollen wir hier nicht näher eingehen. Aber sie bietet einen interessanten Ansatz, naturwissenschaftliche Gesetze mit sozialwissenschaftlichen Theorien zu verbinden. Wie dies gelingen könnte, wird für jedes spezifische Einzelereignis aufgezeigt.

Darauf wollen wir zurückkehren.

Kausale Eingriffe können, abgesehen von der Metapher für den Bogenschuss, bei den drei katastrophalen Ereignissen nur für einzelne Prozessschritte erkannt werden. Die Gesamtheit der Ursache-Wirkungsstruktur war bei diesen Ereignissen nicht Gegenstand der Handlungen. Anders verhält es sich beim Bogenschuss, hier ist der Gesamtprozess durch konsequentiale Intentionen, beginnend mit dem Bogenspannen und endend mit der Wirkung, dem Treffer „ins Schwarze" geprägt.

Mit diesem Verständnis wenden wir uns der intentionalen Struktur zu.

2.8.2　Intentionale Struktur

Die konsequentionalen Handlungsgründe folgen einer gewissen Logik, die bei den drei Einzelereignissen und der Ballade „Der Zauberlehrling" auf ökonomischen bzw. selbstzentrierten Überlegungen beruhen.

Der Bogenschuss nutzt das Kausalprinzip des Energietransfers um, vielleicht, der Intention Wildbret zur Nahrungsaufnahme und damit dem Körper Energie zuzuführen, oder sportlich gesehen „ins Schwarze" zu treffen, also dem beabsichtigten Zweck zu genügen.

Wir haben bereits gesagt, dass Goethe mit der Ballade „Der Zauberlehrling" die menschliche Hybris anprangert. Wir bleiben bei Herrn Geheimrat Goethe: „In Kunst und Wissenschaft sowie in Tun und Handeln kommt alles darauf an, dass die Objekte rein aufgefasst werden und ihrer Natur gemäß behandelt werden.", vgl. Kap. 1 (Der Zauberlehrling 2018). Goethe war nicht nur ein genialer Schriftsteller, auch Denker und Naturforscher. Sein Weltbild bezeichnen wir als ganzheitlich. Das haben wir mit der Darstellung des Streits zwischen Goethe (Weltbild) und Newton (Naturbild) angesprochen und durch die Analyse der Ballade unterstrichen. Andererseits soll die

Ballade auch zeigen was geschieht, wenn ein stümperhafter „Zauberlehrling" mit untauglichen Mitteln die Kräfte seines Meisters in Anspruch nehmen will. Goethe hat uns mit seiner berühmten Ballade deutlich vor Augen geführt, dass wir in einem einzigen, ungeheuer vernetzten System leben. Wir können nichts ohne das Andere beschreiben. Gar nichts. Und genau das nennt man ganzheitlich (Lesch 2016).

Oder anders formuliert: Die Naturwissenschaften werden heute quantitativ betrieben. Und Goethe war kein großer Freund der Quantität. Er war ein Freund der Qualität (Lesch 2016).

Zusammenfassung

Goethes Darstellung steht für ein ganzheitliches Weltbild. Wir nutzen heute in den Naturwissenschaften das Verfahren des Reduktionismus. Wir versuchen durch Reduzieren Probleme zu lösen. Wir sind hier den umgekehrten Weg gegangen, wir haben nicht die vier Einzelereignisse versucht zu erklären, sondern wir sind von der Ursache-Wirkungsstruktur deduktiv auf die vier Einzelereignisse über den kognitiven Handlungsansatz zugegangen.

Beim Geschehen von Tschernobyl bildete die Ausführung der Weisung des Lastverteilers (der Lastverteiler ist, wir erinnern uns, eine Institution, mit der Aufgabe, die Erzeugung von elektrischer Energie und den Verbrauch von elektrischer Energie auf regionaler Ebene in Einklang zu bringen) den Versuch fortzuführen, das auslösende Ereignis, deren Erfüllung nur durch aktive Eingriffe des Kontrollraumpersonals in die Steuerelektronik der Steuerstäbe (manuelles Unwirksammachen von Reaktorschutzeinrichtungen) möglich wurde. Die damit verbundene Erhöhung der Reaktivität führte zur unkontrollierbaren Spaltneutronenexkursion. Die Weisung selbst wurde erteilt, um die Erfüllung des Fünfjahresplans melden zu können. Durch die Weisung wurden die neutronenphysikalischen und thermohydraulischen Gesetze für die Reaktorregelung beiseitegeschoben. Wäre die Weisung nicht ergangen, hätte der Versuch erst bei der nächsten Abschaltung des Reaktors, vielleicht in drei Jahren, wiederholt werden können.

Fukushima Daiichi steht für die plötzliche Entspannung der tektonischen Spannung, die zur Tsunamiwelle, das auslösende Ereignis, führte. Der Handlungsgrund, die Reaktoren trotz des nicht ausreichend geschützten Zustandes zu betreiben, kann nur auf ökonomischem Kalkül beruhen. Warum sonst hat man Gutachten und Gegengutachten anfertigen lassen, bis man eine für die Entscheidung des Managements günstigste Expertenmeinung gefunden hat? Beim Management war durchaus eine Sensibilität für die spontane Freisetzung der tektonischen Spannung vorhanden, die aber durch die Suche nach einer „angenehmen" Expertenmeinung unterdrückt wurde.

Die hier durchscheinende Abneigung gegen das Management ist beabsichtigt. Wir haben mit der Redewendung „par ordre du mufti" sozusagen den „Ariadnefaden" ausgerollt. Der wird uns auch weiterhin beschäftigen. (Ariadnefaden, nach der sagenhaften kretischen Königstochter, die Theseus mit einem Wollknäuel den Rückweg aus dem Labyrinth ermöglichte: hier verstanden als etwas, was uns ständig begleitet.)

Auf der Mannschaft der Bohrplattform Deepwater Horizon lastete ein enormer Zeit- und Kostendruck, der ursächlich für die fehlerhaften Entscheidungsprozesse war und der auch dazu führte, eine nicht funktionsfähige Sicherheitseinrichtung gegen Drücke von ca. 900 bar (Lagerstättendruck) einzubauen. Es gelang der Betriebsmannschaft nicht, den Blowout-Preventer richtig zu bedienen. Obendrein versagten auch noch die schlecht gewarteten Batterien für den Verschlussmechanismus. Zu allem Überfluss wurde später festgestellt, dass der Blowout-Preventer bei einer vorangegangenen Operation mit dem Bohrgestänge beschädigt worden war und selbst bei Funktionieren der Batterien nicht vollständig verschlossen hätte (Plank et al. 2010).

Beim Bogenschuss, dem Geschehen von Tschernobyl, der Zerstörung der Anlage von Fukushima Daiichi und der Explosion der Bohrplattform von Deepwater Horizon bildeten Entscheidungen, die auf wirtschaftlichen Überlegungen beruhten, die handlungskonstitutive Intentionalität. Die ökonomische Praxis denkt in erster Linie an Nutzen und Kosten, sie wägt eingeschränkt zwischen erwartetem Ertrag und Risiken ab.

Wir steuern direkt auf folgende Fragen zu

1. Welche Zusammenhänge bestehen zwischen der auf Naturgesetzen beruhenden Kausalkette und den denkgesetzlichen mentalen Handlungsprozessen?
2. Wie lässt sich der Konsequentialismus der physikalische Ursachen-Wirkungsstruktur und die intentionale Struktur der Sozialwissenschaften zusammenführen?

2.9 Zusammenführung von Ursache-Wirkungsstruktur und intentionaler Struktur

Die Zusammenführung bedarf einer Erläuterung, die die Metapher des Bogenschusses im Hinblick auf konsequentiale Handlungen aufgreift, weil dabei keine Abstraktionen an der Handlungsfolge vorgenommen werden müssen, wie sie zur Erreichung der nötigen Transparenz bei den drei Einzelereignissen erforderlich sind.

Der Bogenschütze beabsichtigt, vielleicht, Wildbret zu erlegen. Es handelt sich um einen konsequentialen Handlungsgrund (kausaler Eingriff), weil mit dem Bogenschuss Nahrung zur Aufrechterhaltung des Metabolismus (Stoffwechsel) besorgt und der Zustand des Mangels beseitigt werden soll. Der Bogenschütze weiß aber nicht, ob seine motivierende Intention mit dem Abzug des Pfeils tatsächlich erfüllt wird. Mit einer bestimmten Wahrscheinlichkeit trifft der Bogenschütze das Wild, dann sind seine Handlungsgründe (motivierende Intention) erfüllt. Mit einer verbleibenden Restwahrscheinlichkeit tritt diese Erfüllung nicht ein. Der Bogenschütze hat sich aufgrund seiner „probabilistischen" und „kausalen" Erwartungen entschieden, den Pfeil zu lösen, um seine motivierende Intention zu erfüllen. Diese Entscheidung gehört zum Typ vorausgehender Intention und wird durch Betätigung des Abzugs selbst erfüllt. Die Handlungsgründe bleiben jedoch bis zum Tod des Wildes unerfüllt. Erst wenn der Tod des Wildes eintritt, werden mentale und kausale Handlungsabsichten zusammengeführt. Mit „probabilistischer" Erwartung, ein etwas unglücklicher Ausdruck, wird beschrieben, dass man sich nicht sicher ist, aber annimmt, dass eine hinreichend große Wahrscheinlichkeit für einen erfolgreichen Abschluss einer Handlung besteht. Im Gegensatz dazu steht die „kausale" Erwartung. Bei ihr ist der Handelnde ganz sicher, dass die avisierte Handlung auch wirklich zu dem intendierten Ziel führt. In der Regel gehen die meisten Menschen von einem sicheren Ausgang ihrer Handlungen aus, wenn sie eine Handlung initiieren, insbesondere dann, wenn der Nichterfolg ihres Handelns mit erheblichen Risiken verbunden ist, wie es für die Reaktorkatastrophe Tschernobyl und der Explosion der Bohrinsel Deepwater Horizon der Fall war.

Mit dem Tod des Wildes sind alle Bedingungen des kausalen und mentalen Doppelcharakters der Handlung des Bogenschützens erfüllt.

Die Ereignisketten der drei anderen drei Einzelereignisse haben ebenfalls einen Doppelcharakter, der auf die Ursache-Wirkungsstruktur und die sozialwissenschaftliche Logik, hier als intentionale Struktur verwendet, zurückgeht.

Zusammenfassung

Die handlungskonstitutive Intentionalität ist komplex (Nida-Rümelin et al. 2012). Mentale Intentionen lassen sich in motivierende Intentionen (Handlungsgründe) von vorausgehenden (Entscheidungen) und begleitenden (Verhaltenskontrolle) unterscheiden. Der Bogenschütze hat mit dem Abzug des Pfeils einen Teil der handlungsleitenden Intentionalität – sprich Kausalität – erfüllt. Mit dem Abzug des Pfeils unternimmt der Bogenschütze den Versuch, das Wild zu erlegen. Damit wird ein Teil seiner Entscheidung (vorausgehende Intentionalität) erfüllt. Für die vorausgehenden Entscheidungen ist es wichtig, dass wir über deren Erfüllung die vollständige Kontrolle haben und damit kausal in das Geschehen eingreifen zu können, um eine Zustandsänderung herbeizuführen. Anders verhält es sich bei motivierenden Intentionen. Hier hängt es ausschließlich von dem Bogenschützen ab, ob das Wildbret erlegt wird.

Während vorausgehenden Intentionen, also Entscheidungen, durch die Handlung selbst erfüllen werden, werden motivierende erst durch das Handlungsresultat erfüllt. Die begleitende Verhaltenskontrolle ist für beide Strukturen ein gemeinsames Element und wird ebenfalls durch die Handlung selbst erfüllt.

Es geht um die Zusammenführung von Handlungsfolgen nach der naturgesetzlichen Ursache-Wirkungsstruktur und den mentalen Intentionen, die die Verhaltenswissenschaften kennen. Insgesamt wollen wir damit eine Antwort auf die Frage nach der Regieführung bzw. Zuverlässigkeit der Handlung geben. Das mag gewagt klingen. Für die Antwort auf die Frage nach der Regieführung müssen wir uns auf eine Gratwanderung begeben. Dabei bleibt uns keine andere

Wahl, als die Ursache-Wirkungsstruktur mit dem sie verbindenden Kausalprinzip auf der Basis der Naturgesetze und die intentionale Struktur nach dem ganzheitlichen Modell des Handelns auf der Basis des freien Willen, der alle Erkenntnislücken (s. Abschn. 2.10) einschließt, miteinander zu verbinden. Kurz gesagt, wir gehen davon aus, dass ein Großteil der von uns gestalteten konkreten Welt „durch die Maschen des wissenschaftlichen Netzes schlüpft", vgl. dazu Kap. 3 (Whitehead 1979).

Wir haben uns bezüglich der Regieführung die Auffassung von Lesch (2016) zu eigen gemacht, wonach die vier Kräfte, die elektromagnetische Kraft, die starke und die schwache Kernkraft sowie die Gravitation, für die naturwissenschaftliche Erklärung der Regieführung stehen. Die vier Kräfte entziehen sich jeglicher menschlichen Einflussnahme, sie sind Naturgesetze, die der menschlichen Handlung zugeordnet werden können.

Eine klare Definition menschlicher Zuverlässigkeit ist eher schwierig. Die menschliche Zuverlässigkeit muss ständig neu überprüft werden, da sie sich im Verlaufe der Zeit ändern kann. Im menschlichen Bereich kommt es nicht allein auf eine bestimmte Eigenschaft an, sondern auf das Zusammenspiel mehrerer Faktoren. Zuverlässigkeit oder Verlässlichkeit gilt als charakterliche Tugend. Auf die juristischen Interpretationen des Begriffs der Zuverlässigkeit soll hier nicht eingegangen werden. Während Zuverlässigkeit in der Technik ein Merkmal technischer Produkte ist.

Als Mittel der Einflussnahme auf menschliche Zuverlässigkeit steht im sozialwissenschaftlichen Bereich ein weites Spektrum von Parametern zur Verfügung. Wir beschränken uns hier auf Führung durch das Management, Stichwort „par ordre du mufti", wohlwissend, dass für die Begriffe „Zuverlässigkeit" und „Weisungskompetenz" ein gemeinsames Verständnis notwendig ist. Damit werden wir uns noch ausführlich in Kap. 4 beschäftigen.

Bei der Metapher des Bogenschießens haben wir uns ebenso wie bei den Einzelereignissen von Tschernobyl und Fukushima Daiichi sowie Deepwater Horizon auf die Ursache-Wirkungsstruktur konzentriert und auch die Frage der Intention angesprochen. Für die Ballade „Der Zauberlehrling" wurde die Existenz einer Kausalkette verneint und deshalb nur die Phasen des Handlungsprozesses aufgezeigt.

Für die Zusammenführung soll eine gemeinsame Darstellung der Phasen der Ursache-Wirkungsstruktur und der intentionalen Struktur Handlungsprozesses vorangestellt werden.

Die obere Ebene der Abb. 2.8 zeigt die Ursache-Wirkungsstruktur, wie sie in Abb. 2.3 (Kausalprinzip) und siebenfachgeteilt mit den Kausalketten (Bogenschuss, Tschernobyl, Fukushima Daiichi und Deepwater Horizon ereignisspezifisch sowie in Abb. 2.7 (thermodynamischer Zeitpfeil) ereignisunabhängig mit den Einzelelementen dargestellt wurde bzw. wird.

Die untere Ebene zeigt die sechs Ausführungsschritte der Handlung, wie sie (Heckhausen 1987 Zitiert nach Rasmussen 1986) beschrieben hat und in Abb. 2.4 dargestellt sind.

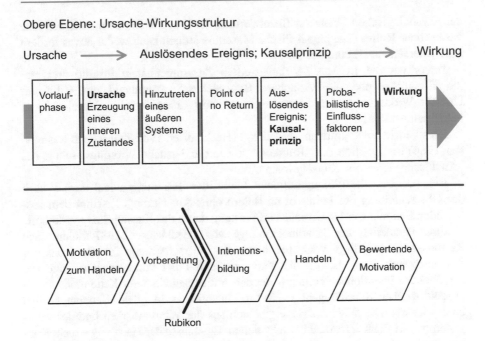

Obere Ebene: Ursache-Wirkungsstruktur

Ursache ⟶ Auslösendes Ereignis; Kausalprinzip ⟶ Wirkung

Untere Ebene: Rubikonmodell des Handelns nach [26]

Abb. 2.8 Darstellung von Ursache-Wirkungsstruktur und der intentionalen Struktur (die rote Linie steht für die Unterscheidung von Natur- und Verhaltenswissenschaften)

Die Darstellung in Abb. 2.8 ist pädagogisch interessant, sie soll aber nicht so verstanden werden, dass die Ursache-Wirkungsstruktur quasi über der Ebene der Handlungsschritte angeordnet ist. Vielmehr sind die beiden Ebenen eng miteinander verzahnt. Die Verzahnung wird durch handlungskonstitutive Intentionalität, also von kausalem Verhalten und mentaler Intention, gebildet.

Auch hier müssen wir einschränken: Diese Darstellung der Zuordnung der Ursache-Wirkungsstruktur (Naturgesetze) mit den intentionalen Zielen des Handelns (Denkgesetze) ist sicher auch unvollständig, aber sie spielt eine wichtige Rolle für das Erklären des Geschehens und die damit verbundenen Fragen nach der Regieführung und der Zuverlässigkeit menschlicher Handlungen, mit denen wir uns wie bereits gesagt in Kap. 4 beschäftigen werden.

Zurück zur Unterscheidung von Gründen und Ursachen. Wir haben aufgezeigt, warum sauber zwischen Gründen und Ursachen zu unterscheiden ist und erläutert, warum Zwecke Gründe sind und keine Ursachen.

Kurz: Wir können nicht Denkgesetze wie Naturgesetze behandeln, denn sie sind Gesetze, die man befolgen soll, nicht aber solche, die befolgt werden müssen, und der Physiker muss die Gesetze des Denkens anerkennen, bevor er die Naturgesetze anerkennen kann. Die Absichten und Zwecke des Handelnden spielen auf der psychologischen Ebene zur Beantwortung der Frage nach den Intentionen eine wesentliche Rolle. Eine physikalische Maschine jedoch kann weder etwas fordern noch anerkennen (Eddington 1931).

Bevor wir die in Abb. 2.8 dargestellten Zusammenhänge für die drei realen Ereignisse und die Metapher „Bogenschuss", beginnend mit Hilfe der Ursache-Wirkungsstruktur, interpretieren, soll noch eine Gemeinsamkeit behandelt werden.

Dies betrifft im kognitiven Modell von (Heckhausen 1987 Zitiert nach Rasmussen 1986) die Position des „Rubikon" und in der Ursache-Wirkungsstruktur das „Auslösende Ereignis; Kausalprinzip".

Bei der Ursache-Wirkungsstruktur bleibt der Handlungsablauf selbst nach der Überschreitung des Points of no Return ohne Auswirkung. Erst mit dem auslösenden Ereignis werden Ursache und Wirkung durch das Kausalprinzip verknüpft.

Eine Parallelität zur Handlungsabfolge von (Heckhausen 1987 Zitiert nach Rasmussen 1986) liegt vor. Hier steht die Überschreitung des Rubikons für das auslösende Ereignis, das die motivierende mit der vorausgehenden und der begleitenden Intentionen verknüpft. Bei den Anfangsgliedern der Kette motivationspsychologischer Schritte geht es darum, Intentionen in einen Handlungswillen umzuwandeln. Die Willensstärke ergibt sich aus der Wünschbarkeit und der wahrgenommenen Realisierbarkeit der Intentionen. Ergebnisse der Handlung – nicht Konsequenzen, wie sie bei der Ursache-Wirkungsstruktur entstehen – werden erst nach Überschreitung des Rubikons sichtbar. Der Rubikon wird dann überschritten, wenn die Handlung zum richtigen Zeitpunkt initiiert werden kann und keine Schwierigkeiten die Realisierung der Zielintention infrage stellen. Oder anders gewendet: Die Überschreitung des Rubikons entspricht der Bewusstseinslage der handelnden Personen und ist nicht auf eine Wirkung wie bei der Ursache-Wirkungsstruktur gerichtet.

Nach der Überschreitung des Points of no Return geschieht nichts Dramatisches, wenn es nicht zum auslösenden Ereignis kommt. Bei der Überschreitung des Rubikons ist es ganz anders, wenn der überschritten ist, findet die Handlung ohne jede Rückzugsmöglichkeit einfach statt, auch dann, wenn sie objektiv gesehen inzwischen unsinnig ist. Eine Eingriffsmöglichkeit gibt es nach der Bewertung der realisierten Handlung, wie wir sie bereits mit dem zum Kreis gekrümmten Handlungsband beschrieben haben. Das Problem im technischen System ist, dass man den Point of no Return nicht unmittelbar erkennt. Wäre dies gegeben, würde eine Verbesserung der Sicherheitssituation gegeben sein. Erst mit der Überschreitung des „Rubikons" (im denkgesetzlichen mentalen Handlungsmodell) als auch mit der Erkennung der Überschreitung des Point of no Return und dem nachfolgenden auslösenden Ereignis (in der Ursache-Wirkungsstruktur) wird das eigentliche Geschehen gestartet.

Für das Verständnis der Ursache-Wirkungsstruktur ist auch die Klärung der notwendigen und hinreichenden Bedingungen wesentlich, für die folgendes Verständnis gilt:

Notwendige Bedingung: Ohne sie geht es nicht, „conditio sine qua non" (beispielsweise ist ein Basketballspiel ohne Korb nicht vorstellbar).

Hinreichende Bedingung: sorgt zwangsläufig für das Eintreten des Bedingten. Es können auch andere hinreichende Bedingungen zum Eintritt des Ereignisses führen. Als eine hinreichende Bedingung beim Basketballspiel wäre beispielhaft das Zustandekommen zweier Teams vorstellbar, ohne ein gegnerisches Team käme nur ein „Wurftraining" ohne Spiel zustande.

Hinreichende und notwendige Bedingungen für die Ursache-Wirkungsstruktur sowie konsequentiale Handlungsgründe:

Metapher des Bogenschießens
Die potentielle Energie des gespannten Bogens ist die notwendige Bedingung und das Einlegen des Pfeils die hinreichende Bedingung für die Ursache-Wirkungsstruktur. In beiden Aussagen werden konsequentiale Handlungsgründe des Bogenschützens nicht angesprochen, nämlich das Treffen „ins Schwarze" (was auch immer damit verstanden werden könnte) oder vielleicht die Beschaffung von Nahrung, beide stehen für die Wirkung. Das erlegte Wild führt zu einer Zustandsänderung beim Schützen (Jäger) bzw. dessen Angehörigen durch Nahrungsaufnahme.

Tschernobyl
Der neutronenphysikalisch und thermohydraulisch „unverstandene" Reaktorkern, die notwendige Bedingung, geriet während eines elektrotechnischen Tests, die hinreichende Bedingung, außer Kontrolle, weil die Sicherheitsabschalteinrichtungen vorschriftswidrig abgeschaltet waren. Konsequentialer Handlungsgrund, wird mit der Ursache-Wirkungsstruktur nicht angesprochen, war der Test einer Schaltung für den Fall einer unplanmäßigen Netztrennung mit Reaktorschnellabschaltung, bei der die Rotationsenergie des auslaufenden Turbosatzes des Kraftwerkblocks weiterhin zum Antrieb der Hauptkühlmittelpumpen genutzt werden sollte. Kurz gesagt, ging es um die Erfüllung des Fünfjahresplans und vielleicht, unbeabsichtigt (?), um Wissenszuwachs bezüglich des Anlageverhaltens für das Betriebspersonal.

Die „Selbstzerstörung" des Reaktors wird als Wirkung angesehen.

Fukushima Daiichi
Die Reaktoranlage, die nicht oder unzureichend gegen Tsunamis (notwendige Bedingung) geschützt war, wurde durch ein See- und Erdbeben mit folgender Tsunamiwelle, die hinreichende Bedingung, zerstört. Die Zustandsänderung der Reaktoren wurde durch die Freisetzung tektonischer Spannung herbeigeführt. Der konsequentiale Handlungsgrund, eine gegen Tsunami unzureichend geschützte Anlage zu betreiben, ist ökonomisch bedingt; er wurde durch die Naturgewalt zur Illusion.

Deepwater Horizon
Der enorme Druck (900 bar) der Ölblase war die notwendige Bedingung. Die falsche Tiefbohrtechnik und der nicht funktionsfähige Verschluss des Bohrloches stehen für die hinreichende Bedingung und beschreiben die Ursache-Wirkungsstruktur.

Konsequentiale Handlungsgründe lagen im ökonomischen Bereich. Der Zustandsänderung auf der Bohrplattform konnten die Handlungen des Personals nicht entgegenwirken, weil keine oder nicht funktionsfähige Sicherheitseinrichtungen vorhanden waren.

Die aufgezeigte Ursache-Wirkungsstruktur unterscheidet sich völlig von der Erklärung der Handlungsstruktur. An dieser Stelle soll nochmals betont werden, wie wichtig die Unterscheidung zwischen den naturalistischen Erklärungen in den Naturwissenschaften und den internationalistischen Erklärungen in den Sozialwissenschaften ist.

Die vorgestellten unglücklichen Ereignisabfolgen entstanden nicht aus einer geschlossenen Ursache-Wirkungsstruktur der Handelnden, denn keiner der jeweils Handelnden beabsichtigte zu irgendeinem Zeitpunkt die sich durch die Ereignisabfolge des Geschehens einstellende katastrophale Zustandsänderung. Die einzelnen Handlungsschritte sind auf spezifische Ziele und Zwecke bezogen und auf den durch den spezifischen Handlungsschritt herbeigeführten Zwischenzustand konsequential, integral gesehen wurde durch die einzelnen Handlungsschritte die Ursache-Wirkungsstruktur aber ausgeblendet (Müller 1996).

Wir möchten an dieser Stelle die bereits geschilderte Übernahme der von Nida-Rümelin (2012) geprägten konsequentialen Handlungsgründe wieder aufgreifen. Konsequentiale Handlungsgründe: Danach wird der Kausalbegriff der Ursache-Wirkungsstruktur nicht von den Naturwissenschaften übernommen und auf das menschliche Handeln angewendet, sondern umgekehrt verfahren, d. h., dem menschlichen Handeln wird Kausalität zugeordnet. Wir haben ebenfalls bereits ausgeführt, dass konsequentiale Handlungsgründe darauf ausgerichtet sind, kausal in die Welt einzugreifen und einen Zustand herbeizuführen, der sich infolge der Handlung von alternativen Zuständen unterscheidet (Nida-Rümelin et al. 2012). Den Begriff konsequentiale Handlungsgründe sehen wir als eine sprachliche Symbiose von Ursache-Wirkungsstruktur und intentionaler Struktur an, die die mit der Handlung verursachte Wirkung mit Intentionen verbindet, die von der Erfüllung von Zwecken, Wünschen, Zielen etc. geprägt sind. Somit haben Handlungen wie das Verhalten von Personen den bereits angesprochenen Doppelcharakter.

Beim Doppelcharakter des Verhaltens von Personen stellt die behavioristische (Behaviorismus, sozialpsychologische Forschungsrichtung, die sich nur mit dem objektiv beobachtbaren und messbaren Verhalten beschäftigt) Perspektive das sichtbare Verhalten einer Person in den Mittelpunkt und führt dieses Verhalten auf Persönlichkeit und Intelligenz zurück (Franken 2007).

Der Doppelcharakter von Handlungen besteht aus der Ursache-Wirkungsstruktur (s. Abb. 2.8) und mentaler, handlungskonstitutiver Intentionalität (s. Abb. 2.4). Die Komplexität der handlungskonstitutiven Intentionalität ist in Abb. 2.4 mit dem Rubikon des Handelns dargestellt. Diese Intentionalität lässt sich in motivierende Intentionen (Handlungsgründe) aufteilen. Diese Motivation wird im Rubikon des Handelns (Abb. 2.4) als „Motivation zum Handeln" bezeichnet und steht links des Rubikons. Vorausgehende Intentionen (Entscheidungen) leiten die „Intentionsbildung" (Abb. 2.4) ein. Sie stehen ebenfalls links des Rubikons und schließen auch die Überschreitung des Rubikons (Abb. 2.4), die zentrale Entscheidung zum Handeln, ein. Begleitende Intentionen, die als Verhaltenskontrolle angesehen werden, werden durch die drei Aktivitäten im Rubikon des Handelns (Abb. 2.4); „Vorbereitung", „Handeln" und „Bewertende Motivation", der eigentlichen Handlung nach Überschreitung des Rubikons geformt. Während vorausgehende Intentionen, die „Intentionsbildung" in dem Rubikon des Handelns (Abb. 2.4), durch die Handlung und deren Wirkung selbst erfüllt werden, werden motivierende Intentionen durch ihre Folgen und Ergebnisse, der drei Handlungsschritte rechts des Rubikons (Abb. 2.4), erfüllt (Nida-Rümelin et al. 2012).

Dies bedarf einer Erläuterung, die am Beispiel der Reaktorkatastrophe von Tschernobyl gegeben werden soll (vgl. hierzu die Kausalkette Tschernobyl).

Die Vorlaufphase der Ursache-Wirkungsstruktur beschreibt den konsequentialen Handlungsgrund und zugleich die handlungskonstitutive Intention: Durchführung eines Tests einer neuen Schaltung für den Fall einer unplanmäßigen Trennung der Reaktoranlage vom elektrischen Versorgungsnetz mit Reaktorschnellabschaltung, bei der die Rotationsenergie des auslaufenden Turbosatzes des Kraftwerksblocks weiterhin zum Antrieb der Hauptkühlmittelpumpen genutzt werden sollte. Es handelt sich sowohl um den Einstieg in die Ursache-Wirkungsstruktur durch konsequentiale Handlungsgründe als auch um Motivation zum Handeln durch handlungskonstitutive Intentionsbildung (beide sind im Rubikon-Modell links des Rubikons). Das Versuchspersonal weiß aber nicht, ob mit der Erzeugung des inneren Zustands – neutronenphysikalischer Zustand zu Beginn eines geplanten Stillstandes –, die motivierende Intention, die Erfüllung des Fünfjahresplans, durch den Versuch erreicht werden kann, dies ist insbesondere von den probabilistischen Einflussfaktoren abhängig. Mit der Einleitung des Versuchs – Hinzutreten eines äußeren Systems (Anforderung des Lastverteilers) in der Ursache-Wirkungsstruktur – wird ein Teil der handlungskonstitutiven Intentionalität erfüllt. Das Versuchspersonal hat sich aufgrund seines physikalischen Wissens entschieden, den Versuch durchzuführen und hoffte, ihre motivierende Intention erfüllen zu können. Diese Entscheidung gehört zum Typ vorausgehender Intentionalität, also links des Rubikons. Mit der Überschreitung des Rubikons bzw. des Points of no Return – Abschaltung des letzten verbleibenden Sicherheitssystems – wird ein weiterer Teil der vorausgehenden Intentionalität erfüllt. Die begleitende, handlungsleitende Handlungskontrolle wird zumindest für die ersten Handlungsschritte erfüllt; die motivierende Intentionalität bleibt ebenso wie der konsequentialer Handlungsgrund durch die Explosion des Reaktors unerfüllt.

Der katastrophale Endzustand kann somit auf einen Mangel in der begleitenden Verhaltenskontrolle (Intention) zurückgeführt werden.

Die Zusammenführung von handlungskonstitutiver Intentionalität mit den konsequentialen Handlungsgründen wollen wir auch für die übrigen drei Einzelereignisse stichwortartig durchführen.

Konsequentialer Handlungsgrund und motivierende Intention für den Bogenschützen (vgl. hierzu die Kausalkette Bogenschuss) sind der Treffer „ins Schwarze". Beide Teile der vorausgehenden Intentionen, die „Motivation zum

Handeln" und die „Intentionsbildung" (vgl. hierzu Abb. 2.4), werden durch das Spannen des Bogens und das Einlegen des Pfeils gebildet. Der Bogenschütze hat sich entschieden, die Bogenspannung zu lösen und damit versucht, seine motivierende Intentionalität zu erfüllen. Diese Entscheidung gehört auch zum Typ vorausgehender Intentionalität. Mit der Überschreitung des Rubikons bzw. des Point of no Return – Vollzug der Entscheidung zur Lösung der Bogenspannung – wird die vorausgehende Intentionalität und die motivierende Intentionalität durch den Treffer „ins Schwarze" erfüllt. Die handlungskonstitutive Intention und der konsequentiale Handlungsgrund werden durch die begleitenden Intentionen (Verhaltenskontrolle) zur Erfüllung der Wirkung, dem Treffer „ins Schwarze", „geführt", weil alle probabilistischen Einflussfaktoren „gut gesinnt waren".

Konsequentialer Handlungsgrund für Fukushima Daichii (vgl. hierzu die Kausalkette Fukushima Daichii) war der wirtschaftliche Betrieb einer Reaktoranlage. Die motivierende Intention wurde durch die Errichtung einer Mehrblockreaktoranlage erfüllt. Ein Teil der vorausgehenden Intentionen wurde durch den Betrieb der Anlage erfüllt; nicht erfüllt wurde der andere Teil der vorausgehenden Intentionen; es wurden keine sicherheitstechnisch dringend empfohlenen Nachrüstungen vorgenommen. Auch hier wird, wie bei der Reaktorkatastrophe von Tschernobyl, ein Mangel an begleitender Intention ursächlich. Die handlungskonstitutive Intention und der konsequentiale Handlungsgrund wurden durch die Zerstörung der Anlage, infolge der Tsunami-Welle, nicht erfüllt.

Konsequentialer Handlungsgrund für die Bohrplattform Deepwater Horizon (vgl. hierzu die Kausalkette Deepwater Horizon) war die Rohölförderung. Die motivierende Intention bestand darin, den enormen Termin- und Kostendruck aufzufangen. Die Grundlagen für die Entscheidungen, die zu den vorausgehenden Intentionen führten, waren nicht erfüllt; der Bohrlochverschluss am Kopf des Bohrlochs war nicht funktionsfähig, und beim Austausch der über dem Zement liegenden Bohrflüssigkeit durch Meerwasser ging der Bohrtruppe fehlerhaft vor. Wiederum führt ein Mangel an begleitender Intention zur Katastrophe. Die handlungskonstitutive Intention und der konsequentiale Handlungsgrund wurden durch die Zerstörung der Anlage aufgrund der Explosion der Bohrplattform, infolge eines Zündfunkens, nicht erfüllt.

In allen drei Einzelereignissen besteht zwischen dem konsequentialen Handlungsgrund (kausale Handlungsabsicht) und dem mentalen Handlungsziel der spezifischen Handlungsschritte keine Konvergenz. Oder anders formuliert: Der durch die Unterscheidung naturwissenschaftlicher und sozialwissenschaftlicher Erklärung angesprochene Doppelcharakter der Handlungen spreizt sich auf.

Wir haben jetzt den Doppelcharakter der Handlung unter dem Aspekt der kausalen Handlung und der mentalen Intention betrachtet. Den Aspekt des raum-zeitlichen Verhaltens werden wir in Kap. 3 hinzuziehen.

Das menschliche Verhalten (bzw. dessen Mitwirkung an den Einzelereignissen) bedarf neben dem Doppelcharakter der Handlung einer weiteren Form der Erklärung.

Warum sind die Handelnden trotz Abweichung der spezifischen Handlungs-schritte von der kausalen Handlungsabsicht ihrer handlungskonstitutiven Intention weiter gefolgt?

Um Ziele, Absichten, Zwecke etc. zu erreichen, bemühen sich Menschen, ihre Handlungen zu strukturieren. Diese Form der Lebensführung ist sicherlich etwas, das man mit Fug und Recht als Ausdruck menschlicher Vernunft bezeichnen kann.

In Abwandlung von Hegel, bei dem die Vernunft Weltprinzip ist, sagen wir; „Was vernünftig ist, ist für uns wirklich, und was uns wirklich erscheint, ist dann auch vernünftig". Bubb (2016), private Mitteilung.

Handlungszusammenhänge sind von praktischer Vernunft geprägt, sie sind keine rein persönliche, sondern auch eine kollektive Angelegenheit, wie man an den drei realen Einzelereignissen sieht.

Das willentliche Handeln des Menschen wird als Verfolgen von Zielen, das Umsetzen von Plänen und Absichten in die Tat verstanden, dabei besitzt der Mensch eine gewisse Entscheidungs- und Handlungsfreiheit. Diese Freiheit wird durch äußere Umstände und andere Entscheidungsträger, aber auch durch den Handelnden selbst (sein Gewissen) und seine moralischen Prinzipien begrenzt. In der Erklärung von Handlungen müssen auch das Ziel und die Gründe oder eine andere Antriebskraft für die Handlung selbst spezifiziert sein, wie es mit der Ursache-Wirkungsstruktur nicht geschieht. Mit der Abfolge der Hand-lung wird auch nicht direkt das auslösende Ereignis angesprochen, dafür steht im Erklärungsmechanismus für die intentionale Struktur die Überschreitung des „Rubikons". Alle drei Aspekte, die Freiheit der Handlung, die Antriebskraft des Handelnden und der absichtliche bzw. angeordnete Entschluss zur Überschreitung des „Rubikons", unterscheiden sich völlig von den Elementen einer Kausalkette, wie sie der Ursache-Wirkungsstruktur zu eigen ist. Alle drei mentalen Aspekte sind Teil eines viel größeren Phänomens, nämlich der Vernunft. Es ist wesentlich zu erkennen, dass menschliche Intentionalität nur funktionieren kann, wenn Ver-nunft als strukturelles, konstitutives Organisationsprinzip des gesamten Systems vorhanden ist und angewendet werden kann (Searle 2006).

An dieser Stelle soll nochmals betont werden, wie wichtig die Unterscheidung zwischen den naturalistischen Erklärungen in den Naturwissenschaften und den intentionalen Erklärungen in den Sozialwissenschaften ist.

Nunmehr können wir den zweiten Schritt der Beschreibung von Abb. 2.8 auf der Basis menschlicher Intentionalität, deren Struktur durch Handlungsfrei-heit, Antriebskraft und die absichtliche Auslösung oder weisungsbedingte Ein-schränkungen (Searle 2006) gekennzeichnet ist, in Betracht ziehen.

Intentionale Struktur:

Metapher des Bogenschießens
Die Handlungsfreiheit ist unbedingt dem Schützen gegeben. Seine Antriebskraft bestand in dem Wunsch für einen Treffer „ins Schwarze". Die willentlich herbei-geführte Entspannung des Bogens steht für den Erklärungsmechanismus. Eine Weisung an den Schützen soll hier ausgeschlossen werden.

Tschernobyl

Es kann davon ausgegangen werden, dass „par ordre du mufti" dem Linienmanagement und dem Kontrollraumpersonal jegliche Handlungsfreiheit entzogen wurde. Das Linienmanagement und das Kontrollraumpersonal beginnen „im blinden Gehorsam" sogar unerlaubte Eingriffe in die Sicherheitselektronik.

Eine Erklärung für die Antriebskraft kann in der Befolgung der Weisungen des Lastverteilers und damit übergeordnet in der Erfüllung des Fünfjahresplans gesehen werden. Beides kann als „Kultur" des vorhandenen Organisationssystems angesehen werden.

Ebenso können die Gründe für die Fortsetzung des Versuchs, das absichtlich herbeigeführte auslösende Ereignis, trotz vorauszusetzender neutronenphysikalischer Kenntnisse (Stichwort: Xenonvergiftung), nur durch einen starken Erfolgsdruck („Fünfjahresplan"), ähnlich wie beim Geschehen von Deepwater Horizon, erklärt werden.

Fukushima Daiichi

Die Handlungsfreiheit für den Verzicht auf den ausreichenden Schutz gegen äußere Einwirkungen und die international dringend empfohlenen Nachrüstungen wurden in Anspruch genommen. Dafür stand als Antriebskraft sicherlich die japanische Führungskultur, bei der die Rechenschaftspflicht nicht geübte Praxis ist. Durch die Überschreitung des Points of no Return, eine unzureichende und ungeschützte Notstromversorgung, waren das Betriebspersonal und die gesamte Region ihrem Schicksal „ausgeliefert". Ein Naturereignis steht für den Auslösungsmechanismus. Für die intentionale Auslösung können wirtschaftliche Gründe angeführt werden.

Deepwater Horizon

Die Handlungsfreiheit war sicherlich angesichts des immensen Termin- und Kostendrucks eingeschränkt. Die Antriebskraft für das ungewöhnliche Vorgehen lag bestimmt im sogenannten „Zeitkaufen". Für den Erklärungsmechanismus kann das unzureichende Wissen des Personals der Bohrplattform und der Aufsichtsbehörde herangezogen werden. Eine ungewollte Auslösung der Gaswolkenexplosion erfolgte durch einen zufälligen Zündfunken, mit dem stets gerechnet werden muss.

Nach der Kenntnis der Ursache-Wirkungsstruktur und der intentionalen Struktur für die hier diskutierten Einzelereignisse müssen wir uns die Fragen stellen: Was sagen uns die beiden Strukturen; können eventuell daraus Ansätze für die Antwort der Frage nach der Regieführung und der Zuverlässigkeit gewonnen werden?

Bei der Metapher für den Bogenschuss sind die beiden Strukturen regelrecht verzahnt. Jedes Fortschreiten innerhalb der Ursache-Wirkungsstruktur wird von dem Bogenschützen initiiert, der durch sein konsequentiales Handeln Regie führt. Wenn man dagegen den Bogenschützen als Bestandteil einer kriegsführenden Mannschaft betrachtet, also andere konsequentiale Handlungsgründe und andere handlungskonstitutive Intentionen unterstellt, so sind die Verhältnisse nicht anders als bei den drei anderen, nachfolgend dargestellten, Ereignissen.

Bei der Reaktorkatastrophe von Tschernobyl steht die Ursache-Wirkungs-struktur, die mit „Neutronenexkursion" zusammengefasst werden kann, voll-kommen isoliert zur intentionalen Struktur. Eine Handlungskette, die der Ursache-Wirkungsstruktur folgt, kann zu keinem Zeitpunkt des Versuches fest-gestellt werden. Hier trifft die volle Breitseite des Konsequentialismus: „Der Zweck heiligt die Mittel". Zur Frage nach der Regieführung muss auf die orga-nisatorische Struktur der Versuchsdurchführung hingewiesen werden. Hier ist besonders spannend die Antwort auf die Fragen: Warum wurde der Versuch nach einer Unterbrechung von einem halben Tag fortgesetzt? War der durch den „Fünf-jahresplan" herbeigeführte Erfolgsdruck tatsächlich handlungsbestimmend?

Anders liegt es bei Fukushima Daiichi. Hier hat sich, bildlich gesprochen, der Mensch selbst den Mühlstein um den Hals gelegt. Er war davon überzeugt, dass die Reaktorblöcke, die hinsichtlich ihrer Tsunamiauslegung nicht dem Stand der Wissenschaft entsprachen und deren Betriebsführung auch skeptisch beurteilt wer-den muss, vom „Schicksal" verschont bleiben. Dieses Versagen des Menschen kann als „passive" Regieführung angesehen werden.

Das Deepwater-Horizon-Geschehen ist quasi die Umkehrung der Metapher des Bogenschusses. Der Bogenschütze verbindet die Ursache-Wirkungsstruktur mit seiner Intention zum Treffer „ins Schwarze". Ebenso verhält es sich beim Personal der Bohrplattform, nur in umgekehrter Richtung, dort entfernen sich die Akteure mit jedem Handlungsschritt vom Handlungsziel, einer sicheren Rohölförderung. Mit dieser Vorgehensweise wollte man die „verlorene" Zeit kompensieren und den Kostendruck reduzieren. Die Handelnden wollten Ziele in einer bestimmten Zeit erreichen, dazu mussten sie den Zeitverlust ausgleichen, also Regie führen. Auch hier wird der Sinnspruch für konsequentiales Handeln „Der Zweck heiligt die Mit-tel" zur beklemmenden Realität. Die Frage, welche Rolle die Zeit für das mensch-liche Handeln spielt, soll Gegenstand des nächsten Kapitels sein, dessen Fokus die Raum-Zeit-Struktur bildet.

Die vier Einzelereignisse zeigen, dass Handlungsfreiheit, Antriebskraft und die absichtliche Auslösung des Geschehens letztlich durch Vernunft und freien Willen (eingeschränkt durch Weisungen) geprägt und mit den Naturgesetzen als verwoben angesehen werden müssen, um die angestrebten Ziele durch konsequentiales Handeln zu erreichen. Entscheiden setzt demnach eine entsprechende Dosierung bestimmter Zwänge voraus; wenn diese, wie in den vorliegenden Fällen über-sehen oder gar beiseitegeschoben werden, läuft man Gefahr, aus einem Zustand, in dem akzeptierte und beherrschte Schranken wirksam sind, in einen nicht mehr kontrollierbaren Zustand zu geraten, der zur plötzlichen Zerstörung der techni-schen Anlage, wie geschehen, führt.

Deutlicher wird das Bild durch eine direkte Zusammenführung der intentiona-len Struktur mit der Ursache-Wirkungsstruktur für die drei Einzelereignisse.

Die Metapher des Bogenschießens und das Ereignis Deepwater Horizon unter-streichen die Notwendigkeit, dass Ursache-Wirkungsstruktur und intentionale Struktur synchronisiert verlaufen müssen, wenn das angestrebte Handlungsziel erreicht werden soll. Dies gilt auch, trotz der obigen Einschränkung (umgekehrtes Vorzeichen), für das Geschehen von Deepwater Horizon.

Die Reaktorkatastrophe von Tschernobyl fällt aus dem Raster, weil hier die Fragezeichen für die intentionale Struktur, eingeschränkt durch die Weisungen des Lastverteilers und durch den „Fünfjahresplan", überwiegen.

Fukushima Daiichi steht für die vollkommen unverständliche Überzeugung des Menschen, dass ein wohlbekanntes Naturereignis, dass See- und Erdbeben zu einer Tsunamiwelle führen können, nicht eintritt.

Die Metapher vom „Bogenschuss" und die drei Einzelereignisse sollen weiter komprimiert werden:

Metapher „Bogenschuss"

Der Schütze folgt der Ursache-Wirkungsstruktur konsequent. Die intentionale Struktur ist vollständig synchronisiert mit ihr. Jedem Glied der Ursache-Wirkungsstruktur ist ein Handlungsschritt der intentionalen Struktur zuzuordnen. Alle Handlungen erfolgen auf der fähigkeits- und regelbasierten Verhaltensebene. Es treten keine Komplikationen auf, und somit ist ein Übertritt auf die wissensbasierte Ebene nicht erforderlich. Der Schütze folgt den physikalischen Gesetzen, er setzt sein physikalisches „Weltbild" konsequent um.

Tschernobyl

Die strategische Ebene hat ihre Durchsetzungsautorität gegenüber der operativen Ebene in Anspruch genommen. Die intentionale Struktur der strategischen Ebene hat die Ursache-Wirkungsstruktur im Versuchsablauf außer Kraft gesetzt. Das „Weltbild" der strategischen Ebene war offensichtlich durch etablierte Machtstrukturen geprägt.

Fukushima Daiichi

Aufgrund probabilistischer Überlegungen durch das Management wurde die Einbeziehung der Ursache-Wirkungsstruktur aus dem Fokus verloren. Hier war ein Versagen durch die japanische Führungskultur mit ihrem ökonomischen „Weltbild" quasi „vorprogrammiert".

Deepwater Horizon

Wirtschaftlicher Druck führte zur Mehrfachverursachung, die durch fachliche Inkompetenz seitens der Aufsichtsbehörde nicht gestoppt wurde. Die beiderseitige Inkompetenz bezieht sich auch auf das Wissen um die Ursache-Wirkungsstruktur. Die dominante intentionale Struktur beim Betreiber und der Aufsichtsbehörde kann nur durch „Zeitkaufen" begründet werden. Auch hier steht ein ökonomisches „Weltbild" hinter dem Geschehen.

Wir stoßen damit wiederum auf den von Nida-Rümelin (2012) beschriebenen Einfluss von handlungskonstitutiver Intentionalität auf die Ursache-Wirkungsstruktur.

Zurück zur Unterscheidung zwischen einer naturalistischen Erklärung aufgrund der Ursache-Wirkungsstruktur und den intentionalen Erklärungen der Sozialwissenschaften, die das Problem des freien Willens unterstreicht. Der freie Wille muss vollumfänglich mit den Naturgesetzen im Einklang stehen. Nur dann kann das gesteckte Handlungsziel erreicht werden. Es muss also einen klaren Unterschied zwischen dem Problem des freien Willens und der naturgesetzlichen Determiniertheit geben.

Für naturgesetzliche Determiniertheit, das Kausalprinzip, die Verbindung zwischen Ursache und Wirkung, steht, wie aufgezeigt, der Zweite Hauptsatz der Thermodynamik, die Entropie.

Wir zitieren Searle (2006):

> Wir wissen wirklich nicht, wie genau freier Wille im Gehirn existiert, falls er überhaupt existiert. Wir wissen nicht, warum oder wie uns die Evolution die unerschütterliche Überzeugung vom freien Willen gegeben hat. Wir wissen kurz gesagt, nicht, wie freier Wille möglicherweise funktionieren könnte. Wir wissen aber auch, dass wir der Überzeugung von unserer Freiheit nicht entkommen können. Wir können nur handeln, wenn wir Freiheit voraussetzen.

Wir fassen zusammen: Letztlich bleibt die Frage, ob wir wirklich frei sind oder nicht, unbeantwortet.

Wir können uns hier aber einer Antwort nicht vollständig entziehen, weil wir uns sonst die drei Einzelereignisse nicht erklären könnten und somit die eingangs von Dschung Dsi gestellte Frage unbeantwortet bliebe.

Wir müssen aber einschränkend sagen, dass sich jede von uns dargestellte Erklärung bei einem weiterentwickelten Stand der naturwissenschaftlichen und sozialwissenschaftlichen Erkenntnisse als unzutreffend erweisen könnte, also vorwissenschaftlichen Charakter hat.

Die angesprochenen Einzelereignisse der realen und der gedanklichen Welt finden ihre Triebfeder in dem inhärenten Drang des Menschen, ihm gesetzte Grenzen zu überschreiten und dabei ein nicht gerechtfertigtes Vertrauen in die eigene Kompetenz zu setzen, wie uns Goethe mit seiner Ballade „Der Zauberlehrling" deutlich vor Augen führt.

Wir interpretieren Hegel frei, wenn wir feststellen, dass jede Grenze den Versuch herausfordert, die Grenze zu erkennen und zu überschreiten.

Durch die deduktive Vorgehensweise konnte gezeigt werden, dass das Herausfinden der Ursache-Wirkungsstruktur und der intentionalen Struktur für jedes der vier Einzelereignisse zwar nicht die von Dschung Dsi vor 2000 Jahren an das Universum gestellte Frage allgemein beantwortet, aber eine zutreffende Antwort für die Frage der Regieführung für die geschilderten Einzelereignisse liefert.

Die Regieführung lag bei allen drei Einzelereignissen allein beim Menschen, auch wenn man bei der Zerstörung der Reaktoranlage Fukushima Daichii den Eindruck gewinnen könnte, dass es sich um ein Naturereignis handle. Vor der Zerstörung mehrerer Kraftwerksblöcke wurde bereits der Point of no Return bzw. der Rubikon mit der Errichtung und dem Betrieb der Blöcke in einer tsunamigefährdeten Region überschritten. Das bestätigt auch folgendes Zitat:

> „The Fukushima nuclear accident ... cannot be regarded as a natural disaster ... it was profoundly man-made disaster – that could and should been foreseen and prevented. And its effects could have been mitigated by more effective response". (The National Diet of Japan 2012)

(Übersetzung vom Verfasser: Der nukleare Unfall von Fukushima kann nicht als ein natürliches Schicksal betrachtet werden, es war ein vollkommen von Menschen herbeigeführtes Desaster – gegen das Vorkehrungen hätten getroffen werden können, die das Desaster verhindert hätten. Und seine Auswirkungen durch effektivere menschliche Reaktionen abgemildert hätten.)

Hinzu kam noch, dass das operative Personal nach der Überflutung durch Entscheidungen weisungsberechtigter Personen in seiner Handlungsfreiheit beschränkt wurde und sich somit seiner Verantwortung nicht stellen konnte.

Verantwortungsloses Handeln zu unterstellen, würde dem Sachverhalt nicht gerecht. Der Mensch war hinsichtlich der ihm übertragenen Verantwortung so weit eingeschränkt, dass er nicht über ausreichende Antriebskraft und Handlungsfreiheit verfügte. Auch die absichtliche Auslösung seiner Handlung wurde ihm aus der Hand genommen, weil er weisungsbedingt kausale Naturgesetze zwangsläufig ignorieren musste.

Es drängt sich hiermit folgende Frage auf: Kann der Mensch unter diesen Zwängen eine Heuristik, die wir pragmatisch als Optimierungsverfahren einsetzen, umfänglich verwenden?

Kann man wirklich wissen, ob man das nötige Wissen für die zutreffende Entscheidung hat und dieses auch anwenden kann? Wir können sagen, dass wir unsere Entscheidungen überwiegend, zumindest im Alltag, auf der Grundlage von unzureichendem Wissen treffen. Zielführend kann einerseits der Wunsch nach einem positiven Handlungsergebnis sein und damit mögliche dagegensprechende Argumente zurückzudrängen, er kann aber anderseits auch dadurch geprägt sein, dass ein gefürchtetes Ereignis vermieden wird. In beiden Fällen ist es aufgrund des begrenzten Wissens aber möglich, dass im Detail Ereignisabläufe auftreten, mit denen im Moment der Entscheidung nicht zu rechnen war, Bubb (2016), private Mitteilung.

Allgemein kann man sagen, fähigkeitsbasierte Fehler sind häufig darauf zurückzuführen, dass – ohne nachzudenken – „so weiter verfahren wird wie bisher". Fehler auf der fähigkeitsbasierten Ebene ergeben sich, wie bereits festgestellt, weil auf das Wissen, auf Veränderungen zu reagieren, nicht im richtigen Augenblick zugegriffen wird. Regelbasierte Fehler sind recht vielfältig, oftmals charakterisiert durch so etwas wie „Dienst nach Vorschrift", auch dann, wenn die Bedingungen für das Einhalten der Regel nicht oder nicht mehr gegeben sind. Sowohl für regelbasierte Fehler als auch für wissensbasierte Fehler gilt aber ganz besonders, dass oftmals die Zeit zum Nachdenken, ob nun eine andere Regel angewendet werden soll oder aufgrund – und das ist eine weitere Einschränkung – beschränkten Wissens eine Entscheidung getroffen werden soll. Für regelbasierte Fehler fehlt es an dem Wissen darüber, wann Abweichungen von Routinen vorliegen und in welcher Form sie auftreten. Auf wissensbasierter Ebene ergeben sich Fehler aus Veränderungen im Arbeitsprozess, auf die man nicht vorbereitet ist und die man nicht antizipieren konnte.

Oder anderes ausgedrückt: Bei Kausalkonstellationen spielt das Entscheiden über Handlungen nach mentalen Intentionen eine große Rolle. Die Entscheidung zeigt sich im Doppelcharakter von kausalen (konsequentialen) und mentalen Eigenschaften der Handlung. Die Entscheidung stellt einen Zusammenhang von

Ursache und Wirkung her, sie lässt Kausalität wirksam werden und erzeugt damit auch eine Koppelung von Kausalität und Zeit. Dieser Ansatz wird im folgenden Kapitel um die raum-zeitliche Logik erweitert.

Mangelnde Kenntnisse und eingeschränkte Handlungsfreiheit haben schwerwiegende Handlungsfehler verursacht, die bis zur Destruktion der Anlagen geführt haben. Nur im Falle „Der Zauberlehrling" gelang es dem Meister, das Geschehen positiv zu beeinflussen.

Zusammenfassung

Der Mensch muss stets die Grenzen seines Handelns bewusst wahrnehmen und erkennen sowie entsprechend seinen Fähigkeiten verarbeiten; sich dabei vergegenwärtigen, dass die Natur für Überschreitungen ihren Tribut einfordert!

Der Mensch ist in seinen Handlungen den Naturabläufen unterworfen, dabei spielt es keine Rolle ob er sie erkennt oder nicht. Er muss ihnen gehorchen. Im Konfliktfall, wie bei den drei katastrophalen Ereignissen, hat die Natur stets gewonnen und der Mensch war der Verlierer.

Damit stehen wir vor der Frage: Kann der Mensch unter diesen Zwängen, in die er sich selbst in den geschilderten Ereignissen hineinmanövriert hat, einen Entscheidungsprozess umfänglich abschließen?

2.10 Erkenntnislücken

Wir haben uns im vorherigen Abschnitt im Zusammenhang mit Entscheidungen gefragt: „Kann man wirklich wissen, ob man das nötige Wissen für die zutreffende Entscheidung hat und dieses auch anwenden kann?".

Wir haben auch gesehen, dass im Detail Ereignisabläufe auftreten, mit denen im Moment der Entscheidung nicht zu rechnen war. Es sind also zwei Komponenten, die wir betrachten müssen, einerseits das unzureichende Wissen und andererseits die zeitliche Entwicklung des Geschehens. Den Einfluss der zeitlichen Entwicklung des Geschehens werden wir im Abschn. 3.1 aufgreifen. Den Aspekt des unzureichenden Wissens auf Entscheidungen möchten wir mit dem Begriff Erkenntnislücken vertiefen. Die bereits angesprochenen Erkenntnislücken sollen auch zusammen mit dem erreichten Entropieverständnis gesehen werden.

Allgemeiner gesagt: Erkenntnislücken treten im wissenschaftlichen Bereich sehr vielfältig auf. Der Erkenntnisdrang ist eine unerlässliche Voraussetzung, um Erkenntnislücken zu schließen. Erkenntnislücken kann man zwar ex post (im Nachhinein) schließen, die ex ante (im Vorhinein) Dimension bedeutet, wie wir an den drei katastrophalen Einzelereignissen gesehen haben, einen sehr riskanten, meist unvertretbaren Prozess. Das wird besonders deutlich an der Reaktorkatastrophe von Tschernobyl. Hier wurde ein „Experiment" (s. Vorlaufphase in der Kausalkette Tschernobyl) durchgeführt und das Risiko des Experiments der Gesellschaft aufgebürdet; es fand also eine „Vergesellschaftung" von Erkenntnislücken statt. Einen ähnlichen Prozess erleben wir mit der zunehmenden Digitalisierung; sie schreitet fort, ohne dass „Haltestopps" zur hinreichenden Erprobung und Bewährung sowie zur Risikoabschätzung eingelegt werden.

In Kap. 1 wurde das viel zitierte „Schweizer-Käse-Modell" von Reason (1994) angesprochen (vgl. insbesondere Abb. 1.1). Es kennzeichnet, dass durch die vom Menschen gemachten Barrieren die von ihm erdachten Prozessabläufe gewährleistet und damit eine Vergesellschaftung technischer Risiken vermieden werden sollen. Nachdem aber auch die einzelnen Scheiben dieses Modells dem durch die Zunahme der Entropie bedingten Veränderungen und Zerfall unterworfen sind und Gleiches auch für Ereigniskombinationen gilt, ist es eben möglich, dass in besonderen Fällen ein Ereignis „durch die Käselöcher schlüpft", das eigentlich durch die vom Menschen erschaffenen Barrieren verhindert werden sollte. Dieses Modell basiert auf dem Gedanken, dass der menschliche (und jeder biologische) Organismus ein komplexes System mit hohem Informationsgehalt darstellt, das von der Zufälligkeit des thermodynamischen Gleichgewichts erheblich abweicht (Bubb 2007). Der dem Modell zugrunde liegende Gedanke bezieht sich also auf die Auswirkungen des Zweiten Hauptsatzes der Thermodynamik (Zunahme der Entropie und damit der Unordnung).

Über weitere aus den Naturwissenschaften kommende Ansätze fand das Konzept der Entropie Eingang in die Informationstheorie, wonach Entropiezunahme als Informationsverlust bzw. Verantwortungsdiffusion verstanden werden kann. Informationsverlust und Verantwortungsdiffusion haben in den vorliegenden vier Szenarien zu den „Menschlichen Fehlern" geführt, die wir im Kap. 1 mit Erkenntnislücken bezeichnet haben. Schutzbarrieren sollen verhindern, dass Erkenntnis- und Wissenslücken – sprich Informationsverfall und Verantwortungsdiffusion – zu den beschriebenen Unfallgeschehnissen führen können. Verantwortungsdiffusion bezeichnet das Phänomen, dass eine Aufgabe, die offensichtlich zu tun ist, trotz genügender Anzahl und Aufmerksamkeit dafür geeigneter Personen oder Stellen nicht wahrgenommen wird. Der Begriff korrespondiert mit Verantwortung. Verantwortung ist der Informationswert einer Entscheidung. Das ist die Verbindung von Informationsverfall und Verantwortungsdiffusion (Luhmann 2006). Dem Informationsverfall und der Verantwortungsdiffusion kann man nur durch steten Aufwand von Energiezufuhr entgegenwirken und somit das System in dem bestimmungsgemäßen Zustand zur Erfüllung der geplanten Funktionen halten (Bubb 2007).

Übrigens: Das Wort Restaurant ist eine französische Substantivierung aus „restaurer": wiederherstellen, stärken.

Zusammenfassung

Wir haben uns die These des Kausalprinzips zu eigen gemacht, „dass alles Geschehen ausnahmslos in der Natur gültigen Gesetzen unterworfen ist" (Kant 1793). Damit haben wir andere Interpretationen des Kausalprinzips ausgeschlossen und uns der physikalischen Interpretation angeschlossen, dass jede Verursachung in einer bestimmten Form der Energieübertragung besteht. Die

Gesetzmäßigkeiten der Entropie und damit der Energieerhaltung legen einen generellen Ablauf- und Zeitrichtung für natürliche Abläufe fest. Das Kausalprinzip und der durch die Entropie vorgegebene Zeitpfeil (s. Abb. 2.1) sind eine menschliche Erfahrungstatsache. Das kausale Denken basiert offenbar auf einer Grundstruktur unseres Gehirns.

Wir haben in diesem Abschnitt die Erkenntnislücken unter dem Aspekt des Kausalprinzips durch die Entropiezunahme behandelt.

Im Kap. 3 werden wir die Erkenntnislücken erneut aufgreifen und uns damit befassen, wie Entscheidungen unter raum-zeitlichem Aspekt getroffen werden.

2.11 Schlussbemerkung

Naturgemäß geht der Erklärung jedes Geschehnisses die Beschreibung des Geschehens voran. Erst müssen die Was-, Wo- und Wie-Fragen beantwortet sein. Die Antworten auf diese Fragen sind ein wesentliches Werkzeug für eine wissenschaftliche Erklärung der Natur, des Denkens und der Gesellschaft. Erst danach kann man sich mit Erfolg der Wozu-Frage der Verhaltenswissenschaften zuwenden. Die Wozu-Frage bezieht sich eindeutig auf die Intention und adressiert damit den Aspekt des konsequentialen Handlungsgrundes. Ihre Beantwortung stellt immer eine modellhafte Vorstellung dessen dar, was im Kopf des Einzelnen vorgeht. Da solche Modellvorstellungen sehr unterschiedlich sind, ist ihre Beantwortung entsprechend facettenreich.

Mit dem Hinzufügen der Warum-Fragen wird die Unterscheidung von Geisteswissenschaften zu den Naturwissenschaften aufgegeben und damit Antworten gegeben, die, um als wissenschaftlich zu gelten, nicht notwendigerweise kausal sein müssen. Wissenschaft ist beides, beschreibend und erklärend; man kann zwar Beschreibung von Erklärung unterscheiden, aber nicht trennen. Die naturwissenschaftliche Antwort auf eine konkrete Warum-Frage ist immer dann präzise, objektiv und erschöpfend, wenn das betreffende Geschehen in seinen Einzelheiten gut verstanden ist (Falkenburg 2012). Die Beantwortung der Warum-Frage läuft auf das Aufzeigen von Ursachen hinaus, einen wichtigen, jedoch keineswegs ausschließlichen Weg naturwissenschaftlicher Erklärung.

Die Warum-Frage ist auch eine Frage weltanschaulicher Natur, zum Beispiel: „Warum hat mich dieses Schicksal getroffen?" Zufall, Strafe Gottes, Einfluss böser Elemente etc. Mit der Warum-Frage können auch für Spekulationen Tür und Tor geöffnet werden.

Eine vollständige, durch die Gesamtheit der Naturgesetze festgelegte Ursache-Wirkungsstruktur ist eine notwendige, aber keine hinreichende Bedingung, um totale Voraussagbarkeit zu erreichen, und es wäre unfair, die Welt für die Unzulänglichkeit des Menschen verantwortlich zu machen, die mit der intentionalen Struktur aufzuzeigen ist.

In menschlichen Angelegenheiten ist der Zufall immer gegenwärtig und spielt nicht nur hier, sondern generell eine Rolle. Hierfür ein Beispiel: Aufgrund von Luftströmungen und verursacht durch das „Gesetz der Schwerkraft" fallen abgestorbene Blätter vom Baum. Welches Blatt aber wirklich fällt, kann nicht sicher vorhergesagt werden, und dieser Vorgang erscheint infolgedessen „zufällig".

Kausalität verbindet im strengsten Sinn nicht Ursache und Wirkung, sondern verbindet die Zustände eines Systems zu verschiedenen Zeitpunkten. Spätere Zustände sind nicht aus vorausgehenden Ursachen mit Notwendigkeit ableitbar. Die Quantentheorie ist in diesem Sinn ebenfalls indeterministisch. Hinter der beschränkten Prognostizierbarkeit subatomarer Zustände wird dieselbe „Autonomie" vermutet, durch die sich „das Leben" gegenüber den physikalischen Gesetzen seiner Stoffwechselprozesse erhalte und die Bewusstseinsvorgänge vor den neurophysiologischen Abläufen des Gehirns auszeichne (Müller 1996). Wir greifen Müllers „Allgemeine Systemtheorie" auf und zitieren daraus:

> Die Indeterminiertheit der Physik gilt als Zeichen einer inneren Verwandtschaft von Natur-, Lebens-, und Bewusstseinsvorgängen; die Sphären der Realität sind nicht reduzierbar auf ein physikalisches Fundament, sie verhalten sich „komplementär" zueinander. Die „neuen Qualitäten" des Lebens im Unterschied zu seinem stofflichen Substrat werden zum Modell für die Freiheit des Willens und die Spontanität des Handelns gegenüber determinierten Strukturen. (Müller 1996).

Damit kann gesagt werden, dass die Frage nach der Regieführung durch die Feststellung und die Spiegelung der Ursache-Wirkungsstruktur mit der intentionalen Struktur einer Antwort nähergebracht wurde, diese aber nicht abschließend beantwortet werden kann. Auch das Kausalprinzip, ein Spezialfall der Ursache-Wirkungsstruktur, ist ein Faktor, auf den sich jeder Mensch im Rahmen seiner Verantwortlichkeit verlässt. Der Begriff der Verantwortlichkeit fehlt im Bereich der Naturgesetze vollständig, dessen Klärung bleibt ausschließlich der intentionalen Struktur vorbehalten. Dies ist keineswegs eine triviale Aussage. Naturgesetze beschreiben die Abläufe in der Natur, die einer Beobachtung zugänglich sind. Selbst wenn man in solche Abläufe die beobachteten Handlungen von Menschen einbezieht, spielt in den Beschreibungen die Verantwortlichkeit keine Rolle. Erst wenn man menschliches Handeln zu erklären versucht (s. Beantwortung der „Weshalb-, Wozu-Frage"), unterstellt man der Handlung bestimmte Zwecke, Gründe, beides sind keine Ursachen, die mit der Warum-Frage erschlossen werden können, sondern reine intentionale Handlungsabsichten. In Abhängigkeit von dem Ethik/Moralgebäude der Gesellschaft, in der diese Frage beantwortet wird, kann man dieser Handlung Verantwortlichkeit zuordnen. Hinzu kommt die Schwierigkeit, dass nicht entschieden werden kann, ob eine Person aus den jeweils angenommenen Gründen gehandelt hat. Dies kann weder von ihr selbst oder einer anderen Person mit Sicherheit entschieden werden (Struma 2006).

Somit verbleiben für das Handeln des Menschen nur die Vernunft und die Ethik für die Ordnung der Handlungen und für die Regulierung der Macht.

Es gibt nur eine Welt, die Welt, in der wir leben, und wir müssen natur- und geisteswissenschaftlich erklären, wie wir als Teil von ihr existieren (Searle 2006).

Janich (2006) spitzt das Verhältnis zwischen natur- und geisteswissenschaftlichem Ansatz in zwei spiegelbildlichen Fragen pointiert zu.

Ausgehend von den je eignen (vermeintlich unproblematischen) Grundannahmen wird für die jeweils anderen, erklärungsbedürftigen Gegenstände von naturwissenschaftlicher Seite gefragt: Wie kann es in einer Welt der Ursachen vernünftige Gründe geben?, während die geisteswissenschaftliche Seite fragt: Wie kann es in einer Welt der vernünftigen Gründe Ursachen geben?

Im Kap. 3 wird ein Erklärungsversuch mittels der Raum-Zeit-Struktur vorgestellt.

Literatur

Bartelborth T (2007) Kausalitätskonzeptionen. https://www.uni-leipzig.de
Bubb H (2007) Menschliche Zuverlässigkeit und Sicherheit. Ein viertel Jahrhundert im Arbeitskreis des VDI. bubb@tum.de
Bunge M (1959) Causality, the place of the causal principle in modern science. Harvard University Press, Massachusetts
Der Zauberlehrling (2018) http://www.unix-ag.uni-kl.de/~conrad/lyrics/zauber.html. Zugegriffen: 2. Dez. 2018
Determinismus und Kausalität. www.hfrudolph.bplaced.net/Kausal.html. Zugegriffen: 8. März 2019
Eddington AS (1931) Das Weltbild der Physik und ein Versuch seiner philosophischen Deutung. (The nature of the physical world). Friedrich Vieweg, Braunschweig
Ein Held von Fukushima (2013) Frankfurter Allgemeine Zeitung, 11. Juli, S 16
Entropie. https://de.wikipedia.org/wiki/Entropie. Zugegriffen: 27. Febr. 2019
Falkenburg B (2012) Mythos Determinismus. Wieviel erklärt uns die Hirnforschung? Springer Spektrum, Heidelberg
Faust Zitate-Eine Tragödie von Johann Wolfgang Goethe. http://www.tcwords.com/faust-eine-tragodie-von-johann-wolfgang-goethe/. Zugegriffen: 14. März 2019
Franken S (2007) Verhaltensorientierte Führung. Gabler, Wiesbaden
Grawe K (2000) Psychologische Therapie. Hogrefe, Göttingen
Hacker W, Richter P (2006) Psychische Regulation von Arbeitstätigkeiten in Enzyklopädie der Psychologie, Themenbereich D Serie III Bd 2 Ingenieurpsychologie. Hogrefe, Göttingen
Hawking SW (1994) Eine kurze Geschichte der Zeit. Die Suche nach der Urkraft des Universums. Rowohlt, Reinbek
Heckhausen H (1987) Perspektiven einer Psychologie des Wollens. Springer, Berlin, S 121–142
Heidelberger M (1989) Kausalität. Eine Problemübersicht. Habilitationsverfahren an der Universität, Göttingen
Hinsch W (2016) Die Freiheit der Wissenschaft. FAZ, 11. Mai 2016, S N 4
Hopkins A (2012) Disastrous decisions: the human and organisational causes of the Gulf of Mexico Blowout. Cch Australia Limited, Sydney
IAEA Safety Series No. 75-INSAG-1 (1986) Summary report on the post-accident review meeting on the Chernobyl accident
Janich P (2006) Der Streit der Welt- und Menschenbilder in der Hirnforschung. In: Struma D (Hrsg) Philosophie und Neurowissenschaften. Suhrkamp, Frankfurt
Jonas H (1984) Das Prinzip Verantwortung. Suhrkamp, Frankfurt
Kant I (1793) Die Religion innerhalb der Grenzen der bloßen Vernunft. AAVI, 50. Philosophische Bibliothek. Bey Friedrich Nicolovius, Königsberg
Lesch H (2016) Die Elemente, Naturphilosophie, Relativitätstheorie & Quantenmechanik. uni auditorium. Komplett-Media, Grünwald
Lewis GN (1930) The symmetry of time in physics. Science 71:569
Luhmann N (2006) Organisation und Entscheidung. VS Verlag, Wiesbaden
Mackie JL (1975) The cement of the Universe, philosophical books, Bd 16. Clarendon, Oxford

Mohrbach L (2012) Seebeben und Tsunami in Japan am 11. März 2011. VGB PowerTech, Essen
Müller K (1996) Allgemeine Systemtheorie. Springer, Wiesbaden
Nida-Rümelin J, Rath B, Schulenburg J (2012) Risikoethik. De Gruyter, Berlin
Penzlin H (2014) Das Phänomen Leben, Grundfragen der Theoretischen Biologie. Springer
    Spektrum, Heidelberg
Philosophenstuebchen. https://philosophenstuebchen.wordpress.com/2012/01/22/verstand-vernunft-
    4/. Zugegriffen: 12. Dez. 2018
Plank J, Bülichen D, Tiemeyer C (2010) Der Unfall auf der Ölbohrung von BP – Welche Rolle
    spielte die Zementierung? TUM. Lehrstuhl für Bauchemie, München
Prigogine I, Stengers I (1990) Dialog mit der Natur. Serie Piper, München, S 29
Rasmussen J (1986) Information processing and human machine interaction. North Holland,
    New York
Reason J (1994) Menschliches Versagen. Spektrum, Heidelberg
Searle JR (2006) Geist. Suhrkamp, Frankfurt
Sheldracke R (2015) Der Wissenschaftswahn. Warum der Materialismus ausgedient hat. Droe-
    mer, München
Spiegelneuronen. https://www.planet-wissen.de/natur/forschung/spiegelneuronen/index.html. Zuge-
    griffen: 11. März 2019
Struma D (2006) Ausdruck von Freiheit. Über Neurowissenschaften und die menschliche
    Lebensform. In: Struma D (Hrsg) Philosophie und Neurowissenschaften. Suhrkamp, Frank-
    furt
The National Diet of Japan (2012) The official report of the Fukushima nuclear accident
    independent investigation commission. Executive summary. https://en.wikipedia.org/wiki/
    National_Diet_of_Japan_Fukushima_Nuclear_Accident_Independent_Investigation_Com-
    mission. Zugegriffen: 5. Dez. 2018
Whitehead AN (1979) Prozess und Realität aus dem Englischen von Hans Günter Holm. Suhr-
    kamp, Frankfurt a. M.
Wingert L (2006) Grenzen der naturalistischen Selbstobjektivierung. In: Struma D (Hrsg) Philo-
    sophie und Neurowissenschaften. Suhrkamp, Frankfurt
https://de.wikipedia.org/wiki/Konsequentialismus. Zugegriffen: 13. Febr. 2019

Raum-Zeit-Struktur

3.1   Wahrnehmung der Raum-Zeit-Struktur

Im Kap. 1 wurden die vier Einzelereignisse – die Ballade „Der Zauberlehrling“, die Zerstörungen der Kernkraftwerke von Tschernobyl und Fukushima Daiichi sowie die Explosion der Bohrinsel Deepwater Horizon – beschrieben. Dabei haben sich die Fragestellungen nach der Regieführung, dem Drehbuch und dem Ort des Geschehens, der Bühne, herauskristallisiert.

Diesen Fragestellungen haben wir uns in Kap. 2 angenommen. Im gleichen Kapitel haben wir unser Verständnis von der Ursache-Wirkungsstruktur und der intentionalen Struktur erläutert. Für beide Strukturen haben wir aufbauend auf den Strukturen Heuristiken, Verfahren zur Lösung von Problemen, erarbeitet. Mit den beiden Strukturen und den dazugehörigen Heuristiken haben wir auf deduktivem Wege die in Kap. 1 beschriebenen vier Einzelereignisse analysiert. Wir konnten so dem Geschehnisablauf der vier Einzelereignisse die Glieder der von uns vorgestellten Ursache-Wirkungsstruktur bzw. der intentionalen Struktur zuordnen. Die Ballade „Der Zauberlehrling“ haben wir wegen des Fehlens der Ursache-Wirkungsstruktur von unseren weiteren Betrachtungen ausgeschlossen. Die Zuordnungen für die drei Einzelereignisse, die Zerstörung der Kernkraftwerke von Tschernobyl und Fukushima Daichii sowie die Explosion der Bohrinsel Deepwater Horizon, haben wir aus unterschiedlichen Perspektiven beleuchtet und im Hinblick auf die Fragestellung nach der Regieführung „verdichtet“. Die für die Einzelereignisse bestimmenden Handlungsmerkmale geben eine eindeutige Antwort:

Der Mensch handelte in der Abfolge dieser Ereignisse nicht zuverlässig, weil er

- in Tschernobyl die Ursache-Wirkungsstruktur (Neutronenpopulation) aufgrund der Weisungen („par ordre du mufti“) des Lastverteilers, der verantwortlich ist für eine bedarfsgerechte Verteilung elektrischen Energie, beiseitegeschoben hat.

V. Hoensch, *Die Katastrophen von Tschernobyl, Fukushima Daiichi und der Deepwater Horizon aus natur- und geisteswissenschaftlicher Sicht,*
https://doi.org/10.1007/978-3-662-59448-3_3

- in Fukushima Daiichi die probabilistischen Gesetze über die Ursache-Wirkungs-struktur gestellt hat und einer intentionalen Struktur geprägt durch Selbst-zufriedenheit („complacency"), eingebettet in japanische Führungskultur (Anonymität der Entscheidungsfindung, bei der die Rechenschaftspflicht im Dunkelen verbleibt), gefolgt ist.
- durch sein Vorgehen auf der Bohrplattform Deepwater Horizon die Ursache-Wirkungsstruktur (beim Einbringen des Bohrloches) durch Verfolgen seiner intentionalen Struktur (Zeitkaufen) ignoriert hat.

Das Kap. 2 schloss: „Es gibt nur eine Welt, die Welt, in der wir leben, und wir müssen natur- und geisteswissenschaftlich, erklären, wie wir als Teil von ihr exis-tieren".

Janich (2006), vgl. Kap. 2, hat diese Fragestellung zum Verhältnis zwischen natur- und geisteswissenschaftlichem Ansatz noch weiter zugespitzt, indem er for-mulierte:

> Ausgehend von den je eignen (vermeintlich unproblematischen) Grundannahmen wird für die jeweils anderen, erklärungsbedürftigen Gegenstände von naturwissenschaftlicher Seite gefragt: Wie kann es in einer Welt der Ursachen vernünftige Gründe geben?, während die geisteswissenschaftliche Seite fragt: Wie kann es in einer Welt der vernünftigen Gründe Ursachen geben?

Für den naturwissenschaftlichen Ansatz wurden die Grundlagen der Ursache-Wirkungsstruktur mit dem Bindeglied der Entropie als Kausalität erarbeitet.

Die Grundlagen der intentionalen Struktur, basierend auf dem kognitionswissen-schaftlichen Ansatz von Rasmussen (1986), s. Kap. 2, wurden für die Antwort auf die geisteswissenschaftliche Frage herangezogen.

In Kap. 2 haben wir versucht, die Ursache-Wirkungsstruktur und die Struktur des intentionalen Handelns mit dem von Nida-Rümelin (2012), s. Kap. 2, geprägten Begriff des „Konsequentialen Handlungsgrundes" nicht unverbunden neben-einander stehen zu lassen. In diesem Kapitel sollen beide Strukturen durch den raum-zeitlichen Beziehungsrahmen miteinander verbunden werden.

Bevor wir unser Verständnis von dem raum-zeitlichen Beziehungsrahmen vor-stellen, wollen wir diejenigen Komponenten darstellen, die wir für essentiell für das Verständnis des von uns gewählten Beziehungsrahmens halten.

Die Elemente des raum-zeitlichen Beziehungsrahmens werden in folgender Reihenfolge beschrieben:

- Raum-Zeit-Struktur der Physik,
- Sein und Werden, ein dynamischer Ansatz,
- Raum-Zeit-Struktur im Bewusstsein und
- Bewusstsein und Intentionalität.

Oder anders ausgedrückt: Welche Antwort wird uns die Raum-Zeit-Struktur auf die spannende Frage nach der Zuverlässigkeit menschlichen Handelns präsentieren?

Wir können sagen, dass alles an die Zeit gebunden ist, sogar der Sinn der Worte. Wer Natur und Kultur global sehen will, kann Probleme der Zeit nicht übersehen. Sie bestimmt sogar unsere Denkweise. Dafür stehen die folgenden zwei Zitate:

Das erste Zitat aus „Der Zauberberg" von Thomas Mann:

… Was ist denn die Zeit?", fragte Hans Castrop und bog seine Nasenspitze so gewaltsam zur Seite, dass sie weiß und blutleer wurde. „Willst du mir das mal sagen? Den Raum nehmen wir doch mit unseren Organen wahr, mit dem Gesichtssinn und dem Tastsinn. Schön. Aber welches ist denn unser Zeitorgan? Willst du mir das mal eben angeben? Siehst du, da sitzt es fest. Aber wie wollen wir denn etwas messen, wovon wir genau-genommen rein gar nichts, nicht eine einzige Eigenschaft auszusagen wissen! Wir sagen: die Zeit läuft ab. Schön, soll sie also mal ablaufen. Aber um sie messen zu können … warte! Um messbar zu sein, müsste sie doch gleichmäßig ablaufen, und wo steht denn geschrieben, dass sie es tut? Für unser Bewusstsein tut sie es nicht, wir nehmen es nur der Ordnung halber an, dass sie es tut, unsere Maße sind doch bloß Konvention, erlaube mir mal …

Das zweite Zitat aus „Der Rosenkavalier"; Musik von Richard Strauss und Text von Hugo von Hofmannsthal:

Die Marschallin singt:

Die Zeit im Grunde, …, die Zeit, die ändert doch nichts an den Sachen. Die Zeit, die ist ein sonderbares Ding. Wenn man so hinlebt, ist sie rein gar nichts. Aber dann auf einmal, da spürt man nichts als sie. Sie ist um uns herum, sie ist in uns drinnen. … Manchmal hör' ich sie fließen – unaufhaltsam. Manchmal steh' ich auf mitten in der Nacht und lass die Uhren alle, alle stehn … Allein man muss sich auch vor ihr nicht fürchten. Auch sie ist ein Geschöpf des Vaters, der uns alle geschaffen hat.

Beide Autoren behandeln den Zeitverlauf in der Natur und die Zeit des Bewusst-seins sowie dass Raum und Zeit zentrale Kategorien des menschlichen Naturver-ständnisses sind.

Thomas Mann spricht mehr die grundlegenden Fragestellungen im Zusammen-hang mit Zeit und Raum und die Verarbeitung der damit verbundenen Phänomene durch unsere Sinnesorgane an. Hugo von Hofmannsthal beschränkt sich dagegen auf die Auswirkungen der Zeit, das subjektive Zeitempfinden und die daraus fol-genden Reaktionen des Menschen sowie die Zeitmessung.

Beide Zitate zusammen stehen für den alltäglichen Umgang des Menschen mit der Raum-Zeit-Struktur. Die erlebte Zeit ist subjektive Zeit, ist Bewusstsein von Gegenwärtigem, Vergangenem, Zukünftigem. Dabei wissen wir, dass nur der Augenblick real ist, die Vergangenheit ist schon vorbei und die Zukunft noch nicht eingetreten. Mit der gemessenen Zeit halten wir uns im Tagesablauf an die Uhr und im Jahresablauf an den Kalender, um uns im Alltag abzustimmen, vgl. Kap. 2 (Falkenburg 2012).

3.2   Raum-Zeit-Struktur der Physik

Aus der alltäglichen Erfahrung wissen wir, dass man die Position eines Punktes im Raum durch drei Zahlen – Koordinaten – beschreiben kann. Ein Ereignis ist etwas, das an einem bestimmten Punkt im Raum und zu einer bestimmten Zeit geschieht. Deshalb kann man es durch vier Zahlen oder Koordinaten bestimmen. Wiederum ist die Wahl der Koordinaten beliebig.

Die Relativitätstheorie unterscheidet im Grunde nicht zwischen Raum- und Zeitkoordinaten, vgl. Kap. 2 (Hawking 1994).

Was ist Relativität? Leider ist es praktisch unmöglich, zumal im Rahmen dieser Abhandlung, den Begriff der Relativität mit einer knappen Formulierung zu definieren, die exakt ist und ein anschauliches Bild vermittelt. Wir wollen es sprachlich versuchen. Relativität bedeutet Bezogenheit, Bedingtheit und Verhältnismäßigkeit oder relative Gültigkeit. Nach dem Relativitätsprinzip lässt sich jeder physikalische Vorgang in gleichförmig gegeneinander bewegten Bezugssystemen in gleicher Weise darstellen. Die Relativitätstheorie ist eine von Einstein begründete Theorie, nach der Zeit, Raum und Masse vom Bewegungszustand eines Beobachters abhängig und deshalb relative Größen sind.

Werfen wir einen kurzen Blick auf die Relativitätstheorie und die Quantentheorie. Beide Theorien widersprechen sich zum Teil grundsätzlich in ihrer Ordnungsstruktur (Bräuer 2005). Während die Relativitätstheorie noch streng stetig, kausal und lokal ist (stetig: Bewegung kontinuierlich ohne Sprünge; kausal: eindeutiger Zusammenhang zwischen Ursache und Wirkung; lokal: Ursachen pflanzen sich kontinuierlich durch Raum und Zeit fort, maximal mit der Geschwindigkeit von Lichtsignalen), ist die Quantenmechanik sprunghaft, nicht deterministisch und nicht lokal. Die Gemeinsamkeit der Relativitätstheorie und der Quantenmechanik ist die ungebrochene Ganzheit und die Zusammengehörigkeit aller physikalischer Phänomene (Bräuer 2005).

Wir benutzen hier die folgende mathematisch abstrakte Darstellung:

Zeit und Raum erscheinen in den Grundgleichungen der Relativitätstheorie fast völlig gleichwertig nebeneinander und lassen sich daher zu einer vierdimensionalen Raum-Zeit vereinigen. Mathematisch hat man es aber nicht mit einem vierdimensionalen Euklidischen Raum zu tun, dem R^4, sondern mit einem sogenannten Minkowski-Raum, M^4.

Die angemessene mathematische Beschreibung findet die Spezielle Relativitätstheorie in der von Minkowski gegebenen Darstellung in dem nach ihm benannten Minkowski-Raum, bei der Raum und Zeit zur vierdimensionalen Raum-Zeit verschmelzen. Punkte (Ereignisse) in der Raum-Zeit werden als Weltpunkte mit den kontravarianten Koordinaten $x^0 = ct$, $x^1 = x$, $x^2 = y$, $x^3 = z$ erfasst. Kontravariante Koordinaten sind Größen, die sich bei linearen homogenen Koordinatentransformationen in einem n-dimensionalen Koordinatenraum genauso transformieren lassen wie die Koordinaten x^1, x^2, … x^n dieses Raumes. In der Umformulierung Minkowskis wird die spezielle Relativitätstheorie zu einer Theorie der Raum-Zeit-Struktur, deren Gefüge von Weltlinien gebildet wird.

Als Weltlinie wird die vierdimensionale Darstellung der Bewegung von Körpern oder der Ausbreitung von Lichtstrahlen bezeichnet. In diesem Raum haben x und ct keine analogen Strukturen, sondern zum Beispiel x^1 und ict, wobei c die Lichtgeschwindigkeit und i die „imaginäre Einheit" der komplexen Zahl ist. (Minkowski-Diagramm: Mit ct anstelle von Formelzeichen t (von lat. „tempus" [Zeit]) auf der Zeitachse wird die Weltlinie eines Lichtteilchens zu einer Graden mit einer Steigung von $45°$.)

Raum und Zeit sind in der Speziellen Relativitätstheorie nicht völlig identisch, sondern es bleibt die Möglichkeit des thermodynamischen Verhaltens.

Zusammenfassend ist die spezielle Relativitätstheorie eine mathematische Konstruktion unter den Voraussetzungen, die Lichtgeschwindigkeit sei eine Konstante und die dazugehörigen Naturgesetze seien invariant (unveränderlich), s. auch Kap. 2 (Lesch 2016).

Der Allgemeinen Relativitätstheorie liegt das umfassendere allgemeine Relativitätsprinzip zugrunde, das auch beschleunigte Bezugssysteme als gleichwertig ansieht und zur Einbeziehung der Gravitationswechselwirkungen führt.

Die Struktur der Zeit ist eng verbunden mit dem Wirkzusammenhang der Welt. In der Speziellen Relativitätstheorie weicht die Kausalstruktur der Ereignisse nur insofern von der klassischen Form ab, als wegen der Endlichkeit der Lichtgeschwindigkeit nur diejenigen Ereignisse, die innerhalb des Lichtkegels (Die Weltlinie [Bahn in der Raum-Zeit] eines Teilchens kann nur innerhalb des Lichtkegels [Minkowski-Raum] verlaufen.) oder auf diesem liegen, durch eine kausale Kurve, eine „zeitartige" Weltlinie, verbunden werden können. Die zeitliche Abfolge der Ereignisse bleibt jedoch in allen Inertialsystemen (Koordinatensystem, das sich geradlinig mit konstanter Geschwindigkeit bewegt.) gleich. So kommt es in der Raum-Zeit der Speziellen Relativitätstheorie niemals zu einer Umkehrung von Ursache und Wirkung. Es lassen sich auch keine Kausalketten konstruieren, die Ereignisse in der Vergangenheit erreichen. In der Allgemeinen Relativitätstheorie gibt es hingegen einige spezielle Lösungen.

Das scheinbare Fließen der Zeit wird daher von vielen Physikern und Philosophen als ein subjektives Phänomen oder gar Illusion angesehen. Man nimmt an, dass es sehr eng mit dem Phänomen des Bewusstseins verknüpft ist, das ebenso wie dieses sich einer physikalischen Beschreibung oder gar Erklärung entzieht und zu den großen Rätseln der Naturwissenschaft und Philosophie zählt. Damit wäre unsere Erfahrung von Zeit vergleichbar mit der Qualität der Philosophie des Bewusstseins und hätte folglich mit der Realität primär ebenso wenig zu tun wie der phänomenale Bewusstseinsinhalt beispielsweise bei der Wahrnehmung der Farbe Blau mit der zugehörigen Wellenlänge des Lichts.

Damit müssen wir den bereits im Kap. 2 angesprochenen Diskurs zwischen Goethe und Newton nochmals aufgreifen.

Nach Goethe hat Licht jedoch nicht unmittelbar etwas mit Materie zu tun, Licht ist etwas jenseits der Welt unserer bewussten Erfahrung. Es äußert sich in jedem Bereich der Wirklichkeit auf die dem Bereich entsprechende Weise. In der Materie vielleicht in einer schwingenden Bewegung, auf der Retina des Auges

als chemischer Prozess, im Kortex des Gehirns als elektrochemische Neuronen-
erregung und im Bewusstsein als Helligkeit und Farbe. Die Natur des Lichtes
selbst, sein Wesen, kann nicht durch mathematische Ausdrücke erfasst werden.
Man kann sich ihr annähern, indem man aller Erscheinungsformen des Lichtes
gewahr wird, so wie Goethe in seiner Farbenlehre.

Newton findet, dass Licht aus farbigen Lichtern zusammengesetzt ist. Alle Aussagen über die Zusammensetzung des Lichtes sind ja nur Aussagen über willkürliche mathematische Modelle. In der Physik wird Licht je nach Modellvorstellung
angesehen als Strahl, Welle, Teilchen, elektromagnetisches Feld oder Wirkungs-
quantum.

Es ist frappierend, wie Goethes Kritik an der klassischen Physik durch Relativitätstheorie, Quantenmechanik und Chaostheorie eine Bestätigung findet.

Wie in Abschn. 2.7 im Kap. 2 ausgeführt, entspringen Goethes und Newtons Farbtheorien aus zwei unvereinbaren Weltbildern, der subjektiven, der sich der Mensch
nicht entziehen kann (Goethe) und der objektiven rational physikalischen (Newton).

Wir kommen daher nicht umhin, unser naturwissenschaftliches Weltbild für die
Raum-Zeit-Struktur vorzustellen. Die objektiv rationale physikalische Sicht wird
durch die Relativitätstheorie erfasst. In tabellarischer Form ergibt sich fogende
Darstellung.

Relativitätstheorie: In der klassischen Mechanik werden die physikalischen
Vorgänge vom unendlich ausgedehnten Raum und der davon unabhängigen Zeit
beeinflusst, haben aber keinen Einfluss auf die Struktur des Raums und den Ablauf
der Zeit; in der Speziellen Relativitätstheorie laufen physikalische Vorgänge hingegen in einer vierdimensionalen Raum-Zeit ab, was zu den Phänomen der
Längenkontraktion und der Zeitdilatation führt; in der Allgemeinen Relativitätstheorie schließlich bestimmt die Raum-Zeit die Bewegung und die Lage der Materie und umgekehrt.

Klassische Mechanik	Spezielle Relativitätstheorie	Allgemeine Relativitätstheorie
Newton 1687	Einstein 1905	Einstein 1916
Raum x, y, z Zeit t	Raum x, y, z Zeit t	Raum x, y, z Zeit t
	Raumzeit x, y, z, ct	Raumzeit x, y, z, ct
Physikalische Vorgänge	Physikalische Vorgänge	Physikalische Vorgänge

Abb. 3.1 Tabellarische Darstellung der Zusammenhänge von Klassischer Mechanik, Spezieller
Relativitätstheorie und Allgemeiner Relativitätstheorie. (Der Brockhaus 2003)

Wir haben hier dieselben Worte verwendet wie Thomas Mann in „Der Zauberberg": „… die Zeit läuft ab." Ist es korrekt zu sagen, dass physikalische Vorgänge
in dem vierdimensionalen Raumgebilde „ablaufen"? Wir würden ja damit unterstellen, dass etwas mit der Zeit abläuft. Das Raum-Zeit-Gebilde ist ein Etwas, das
existiert. Wir Lebewesen sind aber gezwungen, in diesem Gebilde auf der Zeitachse nur in einer Richtung voranzuschreiten, d. h., dass es ähnlich wie es im
Raumbereich abgegrenzte Bereiche gibt, tatsächlich gibt es auf der Zeitachse
ebenfalls abgegrenzte Bereiche mit einem Beginn (z. B. Geburt) und einem Ende
(z. B. Tod). Diese abgegrenzten Bereiche des Zeitbereiches haben natürlich nicht
nur für alle Lebewesen Gültigkeit, sondern auch für alle anderen Objekte – sei es
in kosmologischer Dimension, sei es im submikroskopischen atomaren Bereich,
Bubb (2017), private Mitteilung.

Nach der Speziellen und Allgemeinen Relativitätstheorie Einsteins ist die Einheit der Zeit allerdings nur lokal und nicht global realisierbar. Sie liegt in der
Eigenzeit bewegter Beobachter, sie gilt nicht für das gesamte Universum. Die
gemessene Zeit ist immer abhängig von dem Bezugssystem, in dem die Zeitmessung vorgenommen wird, etwa die Erde oder das Sonnensystem.

Die objektive, physikalische Zeit ist perspektivisch. Der physikalische Zeit-
begriff ist ein empirisch gut gestütztes Konstrukt der theoretischen Physik.
Das theoretische Fundament der physikalischen Zeit ist die Konstruktion
einer einheitlichen Zeitskala, die von der kleinsten Zeiteinheit der Planck-Zeit
($5391 \cdot 10^{-44}$ s) bis zu etlichen Milliarden Jahren von dem Ereignis des Urknalls
beginnend bis zum heutigen Weltalter reicht.

Die Zeitrichtung, also das, was wir gerne erklärt gesehen hätten, entzieht sich aber
nach wie vor jeder physikalischen Erklärung, vgl. hierzu Kap. 2 (Falkenburg 2012).

Die Physik kann weder die Richtung des thermodynamischen Zeitpfeils noch
die Einheit der kosmologischen Zeit erklären.

Zurück zum Begriff des Zeitpfeils, den wir in Kap. 2 (Abschn. 2.2) eingeführt
haben.

Warum sich die zerbrochene Tasse auf dem Fußboden nicht zusammenfügen
und auf den Tisch zurückkehren kann, wird mit dem Hinweis auf den Zweiten
Hauptsatz der Thermodynamik erklärt. Danach nimmt in jedem geschlossenen
System die Unordnung oder Entropie mit der Zeit zu. Eine intakte Tasse auf dem
Tisch repräsentiert einen Zustand höherer Ordnung, während eine zerbrochene
Tasse auf dem Fußboden einen ungeordneten Zustand darstellt.

Man kann leicht von der Tasse auf dem Tisch in der Vergangenheit zur zerbrochenen Tasse auf dem Fußboden (Gegenwart) in die Zukunft (Mülleimer)
gelangen, nicht aber umgekehrt.

Das Anwachsen der Unordnung oder Entropie mit der Zeit, am Beispiel der
zerbrochenen Tasse, ist ein Beispiel für das, was wir Zeitpfeil nennen, für etwas,
das die Vergangenheit von der Zukunft unterscheidet, indem es der Zeit eine Richtung gibt.

Stephen W. Hawking (1994), s. Kap. 2, stellte 1981 auf einer Konferenz über
Kosmologie der Jesuiten im Vatikan seine Keine-Grenzen-Theorie vor. Er sagte:
„Die Grenzbedingung des Universums ist, dass es keine Grenzen hat." Er führte

thermodynamischer Pfeil, ⟹

die Richtung der Zeit, in der die Unordnung oder die Entropie zunimmt

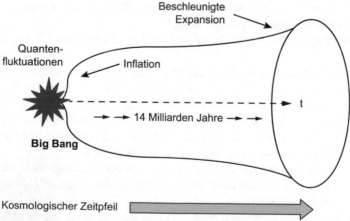

| Vergangenheit | ⟹ ⟹ | Gegenwart | ⟹ ⟹ | Zukunft |

psychologischer Zeitpfeil, ⟹

die Richtung, in der unserem Gefühl nach die Zeit fortschreitet,
in Erinnerung an Vergangenes, im Erleben des Jetzt und in der
Antizipation von Zukünftigem

Bereich des Gedächtnisses   Bereich der Vorschau

Unser Zeiterleben:
Vergangenheit = Erinnerung;
Gegenwart = momentane Gedanken und Handlung;
Zukunft = Erwartung

Beschleunigte
Expansion

Quanten-
fluktuationen   Inflation

Big Bang   ← 14 Milliarden Jahre → →   t

Kosmologischer Zeitpfeil ⟹

Abb. 3.2 Zusammenführung von Abb. 2.1 und der Abb. 5.4 „Kosmologisches Standardmodell des Universums" aus Kap. 2 (Falkenburg 2012) mit dem kosmologischen Zeitpfeil

weiter aus, dass die vorgeschlagene Keine-Grenzen-Bedingung zu der Vorhersage führt, dass die gegenwärtige, in jeder Richtung nahezu gleiche Ausdehnung des Universums außerordentlich wahrscheinlich ist. Erst das kosmologische Prinzip gestattet es, eine universelle, einheitliche, kosmologische Zeitskala zu definieren.

Und damit kommen wir auf die in Kap. 2 bereits angesprochenen Zeitpfeile, den thermodynamischen und den psychologischen Zeitpfeil, zurück und erweitern ihn um den kosmologischen Zeitpfeil. Der Begriff „Zeitpfeil" steht metaphorisch (bildlich) für die Anisotropie (Richtungsabhängigkeit) der Zeit und lässt sich derzeit durch die Naturgesetze noch nicht hinreichend erklären.

Der kosmologische Zeitpfeil ergibt sich aus der Expansion des Universums. Edmund Hubbel entdeckte 1929, dass sich das Universum nicht in einem statischen Ruhezustand befindet, sondern einer Expansion unterliegt. Den Anfang dieser Expansion bildet der „Urknall" vor etwa 14 Mrd. Jahren, bei dem das Universum in einem einzigen winzigen Raum zusammengedrängt war. Aus diesem überdichten, explosiven Gemisch haben sich die Strukturen aus Galaxien und Sternensystemen herausgebildet. Nach diesem globalen Maß temporaler Asymmetrie ist also derjenige von zwei Zeitpunkten der spätere, bei dem die betreffenden kosmischen Strukturen stärker ausgedehnt sind. Diese Expansion beinhaltet Entropiezunahme (Carrier 2009).

Das kosmologische Prinzip ist also konstitutiv für die Einheit der physikalischen Zeit, für den Zeitpfeil und dafür, dass die gegenwärtige Sicht des heutigen Universums überhaupt Sinn macht.

Wir müssen nun, um die Raum-Zeit-Struktur einzufangen, die in Kap. 2 dargestellten Überlegungen von Hawking um den kosmologischen Zeitpfeil erweitern. Wir bitten, die teilweise Wiederholung der Überlegungen Hawkings als eine Unterstreichung aufzufassen.

Nur wenn der thermodynamische, der psychologische und der kosmologische Zeitpfeil in die gleiche Richtung zeigen, sind die Bedingungen für die Entwicklung intelligenter Lebewesen geeignet. Wie bereits gesagt, um zu leben, müssen Menschen Nahrung aufnehmen, die Energie in geordneter Form ist, und sie in Wärme, Energie in ungeordneter Form umwandeln. Deshalb kann es kein intelligentes Leben in der Kontraktionsphase des Universums geben. Aus diesem Grunde beobachten wir, dass der thermodynamische und der kosmologische Zeitpfeil in die gleiche Richtung zeigen. Nicht die Expansion des Universums verursacht die Zunahme der Unordnung, sondern die Keine-Grenzen-Bedingung bewirkt, dass nur in der Ausdehnungsphase die Unordnung zunimmt und damit Verhältnisse schafft, die für intelligentes Leben geeignet sind.

Mit der Gegenwart verbunden ist die Vergangenheit, wie in der herkömmlichen Physik, durch die Kausalität, die Gegenwart mit der Vergangenheit jedoch durch das Bewusstsein (Sheldrake 2015). Was sagt uns Sheldracke damit? Alles Aktuelle ist ein Augenblick der Erfahrung. Wenn er verklingt und ein vergangener Augenblick wird, tritt ein neuer Jetzt-Augenblick an seine Stelle, ein neues Subjekt der Erfahrung. Der eben vergangene Augenblick wird ein in der Vergangenheit liegendes Objekt für ein neues Subjekt – aber auch für andere Subjekte.

Oder wie es Whitehead (1979) sieht, geistige Kausalität würde dann von der Zukunft aus in die Vergangenheit wirken, während physikalische Kausalität von der Vergangenheit in Richtung Zukunft wirkt. Nach Whitehead ist jedes aktuelle Geschehen zweifach bedingt: durch in der Vergangenheit liegende physikalische Ursachen und durch das selbstschöpferische, sich selbst erneuernde Subjekt, das seine eigene Vergangenheit auswählt und auch unter möglichen Zukunftsversionen eine Wahl trifft. Durch sein Bewusstsein bestimmt der Mensch, was er aus der Vergangenheit in seine Gegenwart herüberholt, und wählt auch unter den Möglichkeiten, die seine Zukunft bestimmen. Mit seiner Vergangenheit ist der Mensch durch ein selektierendes Gedächtnis verbunden, mit seiner potentiellen Zukunft durch seine Wahl-Akte (Whitehead 1979). Es lassen sich im Blick auf die unterschiedlichsten Wissensformen und Darstellungen verschiedene Auswahlmöglichkeiten für Zeit anführen, die in ihrer Vielfalt und teilweise Kompatibilität alle auf die grundlegend subjektiv-objektive Konstruktion menschlicher Zeiterlebnisse verweisen.

Selbst die allerkleinsten Prozesse, etwa Quantenereignisse, sind physikalischer und geistiger Natur und von zeitlicher Ausrichtung. Physikalische Kausalität geht von der Vergangenheit in die Zukunft, während sich geistiges Geschehen in die andere Richtung bewegt, nämlich einerseits durch „Erfassungen" von der Gegenwart in die Vergangenheit, aber auch von potentiellen Zukunftsvarianten in die Gegenwart. Es besteht demnach zwischen dem geistigen und dem physikalischen Pol eines Ereignisses eine Zeit-Polarität: physikalische Kausalität von der Vergangenheit zur Gegenwart und mentale Kausalität von der Gegenwart zur Vergangenheit (Sheldracke 2015).

Wir möchten jetzt nochmals auf die in Abschn. 2.3 angesprochene Frage der Regie kommen und damit die vier „Elementarkräfte" ins Blickfeld rücken. Wir hatten ebenso wie Sheldracke (2015) festgestellt, dass alle materiellen Dinge aus Quantenpartikeln bestehen und dass alle physikalischen Ereignisse in dem durch das universale Gravitationsfeld gegebenen Rahmen der Raum-Zeit stattfinden. Wir hatten bereits die Vereinbarkeit der beiden modernen Grundtheorien der Physik, die Quantenmechanik und die Allgemeine Relativitätstheorie, angesprochen. Die Allgemeine Relativitätstheorie hat die Makrostruktur des Universums – Planeten, Sterne und Galaxien – zum Gegenstand und beschreibt die Gravitation, eine der vier „Elementarkräfte". Die Quantenmechanik beschreibt die übrigen drei „Elementarkräfte" – Elektromagnetismus sowie Starke und Schwache Wechselwirkung – und ist auf der atomaren und subatomaren Ebene von größter Genauigkeit. Die Spezielle Relativitätstheorie beschreibt die Relationen, den Vergleich von Bezugssystemen, die sich mit gleichförmiger Geschwindigkeit relativ zueinander bewegen. Die Allgemeine Relativitätstheorie behandelt auch Bezugssysteme, die relativ zueinander beschleunigt sein können. Gravitationsfelder sind beschleunigte Bezugsysteme.

Wir schließen uns der Auffassung von Lesch (2016), s. Kap. 2, an, wonach die vier „Elementarkräfte" die Instrumente zur Regieführung sind. Wir kommen im Zusammenhang mit dem Nachweis von Gravitationswellen wieder auf die Frage der Regieführung zurück.

Die Bedeutung der Quantenmechanik liegt darin, dass sie die elementaren Bausteine dieser Welt erklärt und wie man diese Bausteine zu einer funktionsfähigen Technologie ordnet.

Kurz: Für das hier verwendete naturwissenschaftliche Weltbild steht: Es ist letztendlich der thermodynamische Zeitpfeil, der das Drehbuch schreibt und erklärt, warum wir Erinnerungen an die Vergangenheit haben, nicht aber an die Zukunft. Die „Zeit des Bewusstseins" schließt sich an die „Zeit der Physik (Welt)" an (Carrier 2009).

3.3 Sein und Werden, ein dynamischer Ansatz

Durch Beschreibung von Sein und Werden wollen wir unser Weltbild erweitern.

Die Natur schreitet schöpferisch voran und erschafft qualitativ Neues. Die traditionelle Vorstellung eines Kreislaufs von Werden und Vergehen erhielt durch den Zweiten Hauptsatz der Thermodynamik eine gerichtete Entwicklung. Daraus folgt, dass die Zukunft von der Vergangenheit dadurch verschieden ist, dass die Welt entropisch gleichsam „immer tiefer in die roten Zahlen gerät".

Was heißt das? Ist der Unterschied zwischen Vergangenheit und Zukunft, zwischen unverrückbarer Tatsache und schwankender Hoffnung oder sorgenvoller Angst nicht viel mehr als eine Einbildung?

Auch Lee Smolin (2015) vom Perimeter-Institut stellt fest:

> „Die Zukunft ist jetzt nicht real, und es gibt keine definitiven Tatsachen von ihr. Was real ist, ist der Prozess, durch den zukünftige Ereignisse erzeugt werden."
> Smolin plädiert weiter dafür: „die Zeit - das heißt: die Gegenwart und den Fluss der Zeit - für real anzusehen. Denn ohne diesen Fluss gäbe es keine kausale Beziehungen. Inder natürlichen Welt sei alles real, was im Zeitmoment real ist, der einer von vielen ist,"
> (Smolin 2015)

Smolin glaubt also an einen Vorrang des Werdens über das Sein und der Prozesse über die Strukturen.

Daher soll in diesem Abschnitt die Frage behandelt werden, ob es auch für den Unterschied zwischen Vergangenheit und Zukunft eine Basis im Naturumlauf gibt. Dieser Unterschied geht über die Differenzierung zwischen „früher" und „später" hinaus. Hinzu tritt das „Jetzt", also eines Augenblicks eines Zeitpunktes, der Vergangenheit und Zukunft voneinander trennt und sich von der Vergangenheit in die Zukunft verschiebt.

Carrier (2009) stellt fest: „Die Frage ist, ob dieser Verschiebung des „Jetzt" einem Naturprozess entspricht. Ergebnis ist, dass ein solcher Fluss der Zeit wesentlich an die Perspektive eines Bewusstseins gebunden ist und daher kein objektives Gegenstück besitzt."

Alle Ereignisse, die kausal miteinander verbunden sind, stehen in einer für alle Beobachter gleichen Abfolge. Damit scheint sich die Überleitung von der Zeit der Physik zur Zeit des Bewusstseins auf das „Jetzt" zu konkretisieren.

Wir zitieren Grünbaum (1973):

Die Anisotropie oder Asymmetrie der Zeit beinhaltet, dass Ereignisse eine gerichtete Zeitfolge bilden, so dass deren objektive Anordnung nach „früher" oder „später" möglich ist. Daneben tritt die Unterscheidung zwischen Vergangenheit und Zukunft, die durch die Gegenwart oder das „Jetzt" getrennt werden. Das Jetzt verschiebt sich durch die Zeit und markiert durch seine Bewegung den Fluss der Zeit. Durch die Wanderung des Jetzt werden fortwährend zukünftige Ereignisse gegenwärtig und schließlich vergangen.

Die Grenze zwischen Vergangenheit und Zukunft kann ganz offenkundig nicht fest definiert werden. Das Jetzt ist ein flüchtiger Zeitpunkt; kein Jetzt ist privilegiert, und alle ziehen schnell vorbei.

Auch Goethe hat sich mit dem „Jetzt" (Augenblick) in Faust I, Verse 1699–1702, Studierzimmer, auseinandergesetzt:

> Werd' ich zum Augenblicke sagen:
> Verweile doch! du bist so schön!
> Dann magst du mich in Fesseln schlagen,
> Dann will ich gern zu Grunde gehen!

Das Jetzt hat also vielmehr mit bewusstem Gewahrwerden zu tun, und der Fluss der Zeit besagt nichts weiter, als dass einem „erlebenden Ich" verschiedene Inhalte zu unterschiedlichen Zeitpunkten ins Bewusstsein treten. Das Jetzt ist keine Eigenschaft der physikalischen Zeit, sondern eines erlebenden Wesens. Davon ist auch Richard A. Muller überzeugt. Er sagt. „Was wir als Jetzt erleben, sei ein Moment neuer Zeit, der gerade ins Dasein kommt. Der Fluss der Zeit ist die kontinuierliche Schöpfung neuer Jetzts" (Muller 2016) Rovelli (2016) tritt Muller entgegen. Wir zitieren Rovelli:

> Aber die elementaren Abläufe lassen sich nicht zu einer gemeinsamen zeitlichen Abfolge anordnen. Im kleinsten Maßstab der Raumquanten gehorcht der Reigen der Natur nicht dem Taktstock eines einzigen Dirigenten. Vielmehr tanzt jeder Prozess unabhängig mit dem Nachbarn nach einem eigenen Rhythmus. Das Vergehen der Zeit ist Teil der Welt, entsteht innerhalb der Welt, aus den Beziehungen zwischen Quantenereignissen, die die Welt bilden und selbst ihre eigene Zeit generieren. (Rovelli 2016)

Wir möchten mit dem Zitat, dass „der Reigen der Natur nicht dem Taktstock eines einzigen Dirigenten gehorcht", auf die im Abschn. 3.2 von Lesch übernommene Auffassung zur Regieführung sowie Abb. 3.2 und die darin dargestellte „Quantenfluktuation" und „Inflation" zurückkommen. Könnte durch die Nachweise der Gravitationswellen eine erweiterte Perspektive entstehen?

100 Jahre nach Einsteins Arbeit zur Relativitätstheorie ist der Beweis der Gravitationswellen gelungen. Gravitationswellen werden von beschleunigt bewegten Körpern verursacht. Beschleunigte Massen krümmen also nicht nur den Raum, sondern sie senden zudem auch Gravitationswellen aus, über deren Einfluss die Wissenschaft noch uneins ist. Ob dieses Phänomen unsere Auffassung zur Regieführung, dass das Allerkleinste in das Allergrößte passen muss, verstärkt oder modifiziert, ist vollkommen offen.

Insgesamt heißt das, die Wirklichkeit ist nicht so, wie wir sie sehen. Ein stiller, ruhiger Alpensee besteht in Wirklichkeit aus einem wirbelnden Tanz von Myriaden (unzählig große Menge) winziger Wassermoleküle. Allerdings sagt Rovelli (2016) auch, dass nicht alles an der Zeit eine Illusion sein mag. Er nennt hierzu mindestens drei Aspekte (Rovelli 2016):

> Das temporale Kontinuum: Wie andere Physiker auch, ist Rovelli davon überzeugt, dass die Zeit nicht gleichförmig, homogen und lückenlos vergeht. Sie ist abhängig vom Bezugssystem, wie die Relativitätstheorie gezeigt hat, also für sich genommen nicht objektiv. Das Werden: Der Fluss der Zeit wird nicht aus einer exakten Zustandsbeschreibung abgeleitet, sondern gewissermaßen aus dem Blickwinkel von Statistik und Thermodynamik: „Ein makroskopisches System", wie zum Beispiel wir, „sieht" von den Myriaden (unzählig große Menge) mikroskopischer Variablen (veränderliche Größen) nur statistische Mittelwerte. Erst durch diese statistischen Phänomene entstehen Gedächtnis und Bewusstsein, entsteht so etwas wie Zeit. Objektiv existiert die „Gegenwart" genauso wenig wie ein objektives „Hier". Der Zeitpfeil: Die Zeitrichtung und damit der grundlegende Unterschied von Vergangenheit und Zukunft müssen ebenfalls nicht objektiv sein.

Es ist allen Physikern klar, dass das „Jetzt" eine fundamentale Rolle in der Natur spielt.

Zeh (2001) hat diesen Zusammenhang durch eine treffende Analogie zum Verhältnis von Farben und Licht weiter geklärt:

> Der Begriff des Jetzt scheint ebenso wenig mit dem Zeitbegriff selbst zu tun zu haben wie die Farbe mit dem Licht. … Sowohl Jetzt als auch Farbe sind bloß Aspekte dessen, wie wir Zeit oder Licht wahrnehmen … Jedoch kann weder ihre [der Farben, Einfügung vom Verfasser] subjektive Erscheinung (wie „blau") noch die subjektive Erscheinung des Jetzt aus physikalischen oder physiologischen Ansätzen hergeleitet werden. (Zeh 2001)

An dieser Stelle erscheint eine Abschweifung nötig, die sich mit einer möglichen Verbindung der reversiblen (umkehrbaren) Zeit der Relativitätstheorie mit der irreversiblen (nicht rückgängig zu machen) Zeit des Bewusstseins befasst, nötig. Die irreversible Zeit der Thermodynamik bezieht sich nicht mehr ausdrücklich auf den Begriff des Raums, sondern auch auf den der Zeit. Sie spricht von Umwandlung und nicht mehr von Bewegung (de Rosnay 1997). Die Relativitätstheorie stößt dieses Verständnis um. Es gibt eine Umwandlung des Raums in Zeit, denn Zeit und Raum sind gleichwertig. Man spricht daher von einem Raum-Zeit-Kontinuum. Die Zeit der Relativität jedoch bleibt, wie in der klassischen Physik von Newton, reversibel. Der französische Physiker O. Costa de Beauregard hat in seinem 1963 erschienen Buch mit dem Titel „Le Second Principe de la Science du Temps" (Costa de Beauregard 1963) Grundelemente vorgestellt, mit denen es möglich ist, die reversible Zeit der Relativitätstheorie mit der irreversiblen Zeit der Thermodynamik in Einklang zu bringen, indem er die Gegebenheiten der Thermodynamik, der Informationstheorie und der Physik der Relativitätstheorie integriert.

Zurück zu unserem Weltbild über Sein und Werden.

Beaugard liefert eine sehr bemerkenswerte Hypothese über die Art und Weise, wie das Bewusstsein und das Universum im dialektischen Prozess von Beobachtung und Handeln „miteinander verzahnt" sind. Er benutzt dabei Arbeiten von Szilard und Brillouin; danach sind negative Entropie (Negentropie) und Information gleichwertig, d. h., er verallgemeinert das Prinzip von Carnot. Der Begriff negative Entropie wurde von Erwin Schrödinger in seinem Buch „Was ist Leben?" (Schrödinger 1989) geprägt bzw. von Boltzmann übernommen (Zitat daraus: „Übrigens ist die „negative Entropie" gar nicht meine Erfindung. Sie ist nämlich der Begriff, um den sich Boltzmanns unabhängige Erörterung drehte" (Schrödinger 1989)). Er definiert Leben als etwas, das negative Entropie aufnimmt und speichert. Das bedeutet, dass Leben etwas sei, das Entropie exportiert und seine eigene Entropie niedrig hält: Negentropie ist Import und Entropie ist Export. Auch wenn Schrödinger mit negativer Entropie freie Energie meinte, wie er in einer Fußnote schrieb (Schrödinger 1989), widerspricht das entgegen der oftmals vorgebrachten Auffassung nicht dem Zweiten Hauptsatz der Thermodynamik, da dieser Prozess unter Energiezufuhr (bei Pflanzen etwa durch das Sonnenlicht) stattfindet.

Oder anders gewendet: Information ist Energie, allerdings eine besondere Energieform, die es ermöglicht, Kräfte freizusetzen und Prozesse zu steuern. Jede Information wird mit Energie bezahlt und jeder Zuwachs an Energie mit Information.

Wir haben festgestellt, dass Negentropie und Information gleichwertig sind. Oft werden Information und Nachricht synonym verwendet. Das ist nicht richtig. Man kann eine Nachricht erhalten, von der man schon vorher Kenntnis hatte. In dem Fall besitzt sie keinen Neuigkeitswert und damit auch keine Information. Eine Nachricht ist nur dann mit Information verbunden, wenn vor dem Empfang der Nachricht eine gewisse Unsicherheit über den übermittelten Gegenstand geherrscht hat, die mit dem Erhalt der Nachricht beseitigt wurde. Information ist nach Shannon (Begründer der Informationstheorie) keine objektive Größe, sondern von der vom Untersucher (also subjektiv) zugrunde gelegten Bezugsebene abhängig, vgl. Penzlin (2014) in Kap. 2. Viele Physiker identifizieren Information mit Wissen und Entropie mit Nichtwissen, korrelieren also Informationsgewinn mit Negentropie. „Gerade wie der Informationsgehalt eines Systems ein Maß des Grades der Ordnung ist, ist die Entropie eines Systems ein Maß des Grades der Unordnung; und das eine ist einfach das Negative des anderen", zitiert Penzlin (2014) in Kap. 2 Norbert Wiener. Information ist Ordnung, Organisation, das Nicht-Wahrscheinliche und damit der Gegensatz zur Entropie, die Unordnung, Auflösung, Verfall, das Wahrscheinliche. Entropie ist das Maß des Informationsmangels über ein System. Entropie und Wahrscheinlichkeit sind, wie wir aufgezeigt haben, eng miteinander durch die statistische Theorie verknüpft. Vergleicht man die verschiedenen mathematischen Ausdrücke, stellt man fest, dass Information die Umkehrung der Entropie ist. Sie entspricht einer Anti-Entropie. Deshalb wurde der oben genannte Ausdruck negative Entropie (Negentropie) eingeführt. Information und Negentropie sind also gleichbedeutend mit potentieller Energie. Wir wiederholen: Information ist Energie, eine besondere Energieform, die uns ermöglicht, Prozesse zu schaffen und zu steuern. Diese enge Verbindung zwischen Energie und Information begriff man, als man feststellte, dass man Energie aufwenden muss, um Informationen zu erhalten, und dass andererseits Information ausgewertet werden muss, um Energie zu sammeln und kontrolliert einzusetzen. Jede Information wird mit Energie bezahlt und jeder Zuwachs an Energie mit Information. Die Entropie ist das Maß des Informationsmangels, des Informationsverfalls und der Verantwortungsdiffusion eines Systems. Information ist also das Äquivalent zu negativer Entropie. Jede Erfahrung, jede Maßnahme, jeder Informationserwerb eines Gehirns verbraucht negative Entropie. Man muss also dem Universum eine „Gebühr" bezahlen: die irreversible Entropie. Oder anders ausgedrückt: Gewinn an Information bedeutet immer Verlust an Entropie, muss also durch Entropiezunahme an anderer Stelle bezahlt werden. Das Gehirn kann auch negative Entropie schaffen und damit Organisation, Ordnung und Menge der Information über das System, in dem es sich befindet, anwachsen lassen; das Ganze aber bleibt dem Gesetz des universalen Verfalls unterworfen (de Rosnay 1997).

Anmerkung: „Das letzte Wort über die Frage, ob beide Entropie-Beziehungen, die Shannon'sche und die Boltzmann'sche, tatsächlich einander entsprechen oder nur formal analog sind, ist wahrscheinlich noch nicht gesprochen.", s. Penzlin (2014) in Kap. 2.

Alle Lebewesen, auch der Mensch, befinden sich auf der „Straße ohne Wiederkehr" (de Rosnay 1997) oder mit anderen Worten in einem Prozess der Anpassung. Und diese Anpassung ist die harte Bedingung des Überlebens, denn wir können nur in dem Maß auf die Umwelt einwirken, wie wir die Informationen aus unserer Umwelt auffangen. Der Mensch aber kann die Phänomene nur in dem Sinn beobachten, dass er sie auflöst, da ja jeder Erwerb von Information mit einem Anwachsen der Entropie verbunden ist. Ohne Information wäre alles Schöpferische nicht möglich. Im vierdimensionalen Raum-Zeit-Gebilde schreitet nur das Bewusstsein fort, weil es sich informiert. Aber als Folge der Anpassung des Bewusstseins an seine Umwelt kann das Bewusstsein seine Umwelt nur in der Richtung der wachsenden Entropie (der Richtung der „Zeit") erforschen. Negentropie ist vollkommen neutral und objektiv. Für das Bewusstsein hat jede Information einen Sinn, eine Bedeutung, einen unterschiedlichen subjektiven Wert.

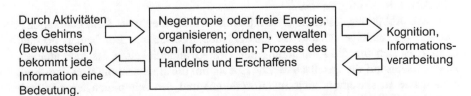

Durch Aktivitäten des Gehirns (Bewusstsein) bekommt jede Information eine Bedeutung.

Negentropie oder freie Energie; organisieren; ordnen, verwalten von Informationen; Prozess des Handelns und Erschaffens

Kognition, Informationsverarbeitung

(Freie Energie ist eine thermodynamische Zustandsgröße eines Systems. Bei einem reversiblen isothermischen Prozess ist die freie Energie derjenige Teil der inneren Energie des Systems, der bei einer Zustandsänderung als Arbeit nach außen abgegeben werden kann. Der Rest der Energie, die gebundene Energie, ist nicht in Arbeit umwandelbar.)

Abb. 3.3 Die beiden Grundaktivitäten des Bewusstseins

Der Begriff der Information existiert bekanntlich nicht in der Physik. Es ist leider richtig, dass der Informationsbegriff in der Literatur mit sehr unterschiedlichem Inhalt und Bezug gebraucht wird, auf der einen Seite im Sinne der klassischen Informationstheorie mit Signal und Nachricht, in anderen Fällen mit Negentropie, „Bedeutung" einer Nachricht oder auch mit „Spezifität" bzw. schlechthin mit Wissen, vgl. Kap. 2 (Penzlin 2014). Wir zitieren aus Penzlin in Kap. 2 (Penzlin 2014): „Dass aus einem Signal eine Nachricht wird verlangt die Mitwirkung eines Bewusstsein besitzenden Individuums … dem dieses Signal Veranlassung gibt, sich für eine bestimmte der ihm möglichen Verhaltensweisen zu entscheiden, zu reagieren."

Wir können zusammenfassend Information als den Inhalt einer Nachricht, die eine Handlung auslöst, definieren. Aber Information darf nicht mit Bedeutung gleichgesetzt werden. Insofern weicht der Shannon'sche Informationsbegriff von dem umgangssprachlichen ab, für den Information immer Information über etwas bedeutet, also einen Inhalt hat.

Bewusstsein, das haben wir festgestellt, ist also der Dreh- und Angelpunkt des dynamischen Ansatzes von Sein und Werden. Zugleich ist Bewusstsein eines der letzten großen Rätsel, mit denen sich die Wissenschaft auseinandersetzt. Heute betrachten wir Bewusstsein nicht als Substanz, sondern als Eigenschaft. Wir haben in Kap. 2 herausgearbeitet, dass uns unser naturwissenschaftliches Wissen nicht allein die Voraussetzungen für die Gestaltung eines „problemfreien" gesellschaftlichen Zusammenlebens bereitstellt. Wir haben auch die Verantwortung, unseren freien Willen verantwortungsvoll einzusetzen. Für den klassischen Determinismus erscheint der freie Wille „unmöglich" im wissenschaftlichen Bereich, während sich die Beobachtung der Natur von selbst versteht. D. h., dass es zwei Grundaktivitäten des Bewusstseins gibt. Die eine entspricht der Umwandlung der Negentropie in Information. Das entspricht dem Bewusstseinsprozess, in dem Information „Erwerb von Kenntnissen" bedeutet. Die andere entspricht der umgekehrten Umwandlung von Information in Negentropie. Das ist der Prozess des Handelns und Erschaffens, in dem Information „Organisationsvermögen" (Gestalten) bedeutet. Auf der einen Seite informiert sich das Gehirn, auf der anderen organisiert, gestaltet es. Der erste Prozess kostet nicht viel Negentropie, er befasst sich mit Messen und Beobachten der Natur. Der andere, umgekehrte Prozess der schöpferischen Tätigkeit kostet Information.

Diese Abbildung zeigt zwei komplementäre Formen von Kommunikationsmitteln; die absteigende und die aufsteigende Information. Bei beiden Formen handelt es sich um die Projizierung der zwei Grundtätigkeiten des individuellen Bewusstseins auf die gesellschaftliche Ebene: um die Beobachtung (mit dem Ziel, Kenntnisse zu erwerben, sich zu informieren) und den schöpferischen Akt (mit dem Ziel, die Welt zu organisieren, die Materie zu gestalten) (de Rosnay 1997).

Die Gesellschaft hat sich ein Massenkommunikationssystem geschaffen, das auf der raschen Verbreitung von Information beruht. Es handelt sich dabei um absteigende Information, die von der Spitze der sozialen Organisation zu ihrer Basis gelangt. Einer der wichtigsten Vorteile dieses Informationssystems ist, dass es eine soziale Rückkoppelung bietet. Ohne diese Rückkoppelung kann es keine Mitwirkung geben; noch weniger eine soziale Gemeinschaft mit einer inneren Bindung.

Aber auch der zeitliche Unterschied zwischen diesen beiden Arten der Bewusstseinsaktivität (Information ↔ Negentropie) ist wichtig, weil mit ihm die aktuelle Zeit, das „Jetzt" angesprochen wird. Die Aktualisationszeit ist sozusagen ein Augenblick, den wir bereits behandelt haben und somit unseren dynamischen Ansatz von Sein und Werden abschließen können.

Kurz: Der Zeitpfeil ist Teil des Naturgeschehens, da geordnete Zustände weniger wahrscheinlich sind als ungeordnete. Der Zeitpfeil der probabilistisch interpretierten Entropie der Physik weist auf Zustände geringer Ordnung. Das Maximum der Entropie entspricht bei gegebenen Bedingungen dem Zustand geringster Strukturiertheit und höchster Unordnung. Letztlich laufen alle diese Bestimmungen, wie festgestellt, im thermodynamischen Zeitpfeil zusammen. Der Weg der Zeit verläuft von der Ordnung zur Unordnung. Und dies beruht auf dem Umstand, dass das Universum als Ganzes diesen Weg beschreitet. Es ist die so bestimmte Irreversibilität (Unumkehrbarkeit), die die Grundlage der Anisotropie der Zeit bildet.

Der Schluss ist also, dass der Fluss der Zeit an die menschliche Erlebniswelt und damit an das Bewusstsein gebunden bleibt und nicht mit physikalischen Gesetzen erklärt werden kann.

Für unsere weiteren Betrachtungen besteht somit die Feststellung, dass Raum und Zeit zentrale Kategorien des menschlichen Naturverständnisses sind.

3.4 Raum-Zeit-Struktur im Bewusstsein

Nachdem das Fundament für unsere Weltanschauung gegossen ist, wollen wir uns mit dem „Organ" befassen, das für die Bildung eines Weltbildes verantwortlich zeichnet, das Gehirn mit dem Bewusstsein. Wir haben beide bereits mehrfach erwähnt, ohne sie detailliert zu behandeln.

Eine kurze Abschweifung oder Hintergrundinformation ist zum Begriff Weltanschauung nötig.

Eine wissenschaftliche Weltanschauung, von manchen Ideologen, wie beispielsweise Marxisten, immer wieder gepriesen, ist eine „contradictio in adjecto" (Widerspruch im Hinzugefügten). Es gibt sie nicht. Es gibt nur wissenschaftliche Weltbilder.

Als physikalisches System unterliegt das Gehirn probabilistischen Gesetzen und physischen Gesetzen. Gesetze sind die Beschreibung von Phänomenen mittels mathematischer Modelle, das ist in beiden Fällen gegeben. Letztlich gibt es aber nur eine Wirklichkeit und nur eine Gesetzlichkeit in dieser Welt. Wenn wir die Wirklichkeit der besseren Handhabbarkeit wegen verschiedenen Gesetzen zuordnen, so handelt es sich um eine vom Menschen getroffene Trennung. Vielleicht lässt sich das Wesen des Bewusstseins wie folgt zusammenfassen – nicht definieren!

Menschen leben in den Sozialgemeinschaften als handelnde Individuen. Dabei lernen sie, ihr subjektives Zeiterleben und ihre Handlungen intersubjektiv aufeinander abzustimmen, wozu auch die Zeitmessung sowie Sprache und die Handlungsregeln gehören, es können auch Unterlassungen in ihrer sozialen Gemeinschaft sein, vgl. dazu Kap. 2 (Penzlin 2014).

Wir wissen, aus den vorherigen Abschnitten, dass das Bewusstsein eine kausale Rolle beim Festlegen unseres Verhaltens spielt. Wir haben auch darauf hingewiesen, dass wir nicht wissen, ob überhaupt freier Wille und Bewusstsein existieren. In gewissen Bereichen der Wissenschaft bestehen erhebliche Zweifel, ob es den freien Willen, ebenso wie das Bewusstsein, überhaupt gibt. Dies ist ein Streit, der bis heute noch zu keinem endgültigen Ergebnis geführt hat. Offensichtlich stehen hier naturwissenschaftliche Beobachtungen und (gegebenenfalls auch sehr alte) philosophische Überlegungen im Widerstreit.

Da fast alle physikalischen Prozesse festen Gesetzmäßigkeiten folgen, sind womöglich auch die Vorgänge im Kopf stets durch vorangegangene neuronale Prozesse determiniert, d. h. festgelegt. Damit stünde das Ergebnis einer Handlungsplanung oder Entscheidung bereits vor ihrem Auftreten fest. Kann man in diesem Fall noch von freiem Willen sprechen? Wir wissen auch, dass freier Wille einige entscheidende Annahmen über die Rolle des Bewusstseins vorausgesetzt, auf die wir noch zu sprechen kommen, eine Realität ist.

In gewissen Bereichen der Wissenschaft bestehen erhebliche Zweifel, ob es den freien Willen, ebenso wie das Bewusstsein, überhaupt gibt. Dies ist ein Streit, der bis heute zu keinem endgültigen Ergebnis geführt hat. Offensichtlich stehen hier naturwissenschaftliche Beobachtungen und, vielleicht, auch sehr alte philosophische Überlegungen im Widerstreit.

Nach deterministischer Sichtweise besitzt jedes Ereignis kausale Ursachen. Kennt man den aktuellen Zustand eines Systems, so kann man (theoretisch) alle zukünftigen vorhersagen. In der Realität ist das oft unmöglich, da die zu berücksichtigenden Randbedingungen zu komplex und nicht exakt bestimmbar sind (s. z. B. Wetterprognosen).

Die üblicherweise vertretene Vorstellung von Willensfreiheit entspricht dem angesprochen Konsequentialismus, d. h., man kann zwischen Handlungsalternativen, Stichwort: „der Zweck heiligt die Mittel", auswählen. Dieses Prinzip ist mit dem Determinismus nicht vereinbar. Das Prinzip der Willensfreiheit fordert, dass die Handlung mit den Motiven und Überzeugungen der Person im Einklang steht und autonom, also nicht unter Zwang, erfolgt.

In der klassischen Physik gilt ein strenger Determinismus. Ausnahmen vom Determinismus finden sich in der Quantenphysik. Selbst bei vollständiger Kenntnis des aktuellen Zustands ist es im Allgemeinen nicht möglich, den Folgezustand exakt anzugeben. Dafür lassen sich nur Wahrscheinlichkeiten angeben.

Wir zitieren Herrmann:

Dennoch gilt: Unser Wille ist (potenziell) frei; frei von Zufall, frei von Zwang, aber bedingt durch unsere Erfahrungen. Deshalb setzt der Determinismus das Konzept der Willensfreiheit nicht außer Kraft, sondern ist im Gegenteil dessen notwendige Voraussetzung. Die Frage ist nicht, ob unsere Entscheidungen in einer Situation vorbestimmt sind, sondern wodurch. (Herrmann 2009)

Zurück zur Darstellung in Abb. 3.1 von Raum und Zeit, die in der Vierdimensionalität keine getrennten Koordinaten sind, sondern in den Relativitätstheorien Einsteins in einem Kontinuum geeint sind oder noch weitergehend eine untrennbare Einheit bilden.

Zur Beschreibung raum-zeitlicher Bezüge braucht man vier Dimensionen, nämlich drei für den Raum und eine für die Zeit. Es existieren die genannten vier Elementarkräfte: Gravitation, Elektromagnetismus, starke und schwache Wechselwirkung. Raum ist eine sehr elementare Grundlage für unser bewusstes Erleben.

Bewusstsein beruht auf wahrnehmen, erkennen und wissen, also auf kognitiven Fähigkeiten. Der Mensch bildet in seinem Bewusstsein Begriffe, und so wird ihm die Welt mit diesen Begriffen bewusst. Bewusstsein entwickelt sich in der Auseinandersetzung mit den alltäglichen Problemen und den großen der Welt. Im Grunde geht es dabei immer um den Kampf ums Überleben, im biologischen und/oder gesellschaftlichen Bereich. Die Wurzel des Bewusstseins ist die Auseinandersetzung mit den Problemen dieser Welt. Indem der Mensch sich selbst als Individuum erlebt, muss er sich dem Überlebenskampf stellen und die immer neuen Probleme durch Entscheidungen lösen. Dabei entwickeln sich das Bewusstsein und die Kultur (Bräuer 2005). Wir zitieren Kurt Bräuer (2005):

Physik ist sicherlich ein wichtiges Resultat der Entwicklung des menschlichen Bewusstseins und eine ganz wichtige Grundlage unserer Kultur. Physik beruht ganz wesentlich darauf, Einzelteile der Welt und deren Beziehungen zu einander zu erkennen und mathematisch zu beschreiben.

Raum und Zeit sind Elemente des Bewusstseins. In einer immerwährenden Gegenwart werden Sinneseindrücke mit bekannten Gedächtnisinhalten identifiziert und in Raum und Zeit erlebt. So erkennen wir die Welt (Bräuer 2005).

Der Mensch erkennt sich und die Welt, allerdings nur ausschnitthaft. Eine ganzheitliche Wahrnehmung der Realität ist den selbstbewussten Menschen nicht möglich. Die unvollständige Wahrnehmung ist die Ursache für Illusion, Konflikte und Leid, stellt Bräuer fest (2005). An dieser Stelle drängt sich die Frage auf; wie kommt das Böse in unsere Welt? Die wir in Anlehnung an Bräuer (2005) beantworten wollen.

Die selektive Wahrnehmung beruht auf Individualität. Raum und Zeit sind Aspekte unserer Individualität. Raum und Zeit sind nicht absolut und nicht unabhängig von unserem Bewusstsein. Raum ist Bewusstseinsraum und Zeit ist Bewusstseinszeit. Wir werden nicht in den Weltenraum hineingeboren, dieser Weltenraum entwickelt sich mit unserer Individualität und damit unser Bewusstsein.

Wir halten grundsätzlich fest: Die Naturwissenschaften bieten kein Weltbild, sondern nur ein Naturbild an, vgl. hierzu Lesch (2016) im Kap. 2. Also das, was die Welt mit ihren Erfahrungen ist.

Mit zunehmender Individualität steigt auch unser Energiebedarf. Darüber sprechen wir in Abschn. 3.7. Offensichtlich stellt die Gebundenheit an Raum, Zeit und Materie für die Menschheit ein Problem dar. Mit unserem Drang nach Wissenserweiterung, zum Schließen von Erkenntnislücken, versuchen wir, dieses Problem „in den Griff zu bekommen". Aber dazu steigern wir wiederum unseren Energiebedarf. Diese Überlegungen führen uns zu einem Weltbild, das wir in Abschn. 3.9 beschreiben.

Die Natur hat alle Lebewesen so entstehen lassen, dass sie, auch wir Menschen, in der Welt bzw. in dem Raum-Zeit-Abschnitt des vierdimensionalen Raum-Zeit-Gebildes hinreichend zurechtkommen (d. h. so, dass die Weiterexistenz der jeweiligen Art von Lebewesen nicht gefährdet ist, sonst wäre das entsprechende Lebewesen ausgestorben). Aufgrund der hohen Komplexität unseres Gehirns sind wir – nur in gemeinsamer Anstrengung mit anderen Denkern und Experimentatoren – in der Lage, über die Sicht, die uns das Zusammenspiel unserer Sinnesorgane liefert und die individuellen Erfahrungen in unserem Leben hinausgehend, eine allgemeinere, damit auch unanschaulichere Sicht der Welt, wie sie uns das vierdimensionale Raum-Zeit-Gebilde vorgibt, zu entwickeln, Bubb (2017), private Mitteilung.

Das Wahrnehmen ist das Bewusstwerden von etwas in der Wirklichkeit Gegebenem – durch die Wahrnehmung wird es für uns Wirklichkeit. Wir nehmen die Welt auf eine bestimmte Art und Weise wahr, die nicht festgelegt ist, sondern mit der Struktur unseres Bewusstseins zusammenhängt. Menschen einer Kultur teilen eine Sicht der Welt, die sich in einer bestimmten, elementaren Auffassung von Wirklichkeit ausdrückt.

Voraussetzung für den Vorgang der Wahrnehmung ist Materie. Denn Wahrnehmung beruht auf Gedächtnis, und Gedächtnis beruht auf Beständigkeit, auf Unveränderlichkeit. Und das sind genau die Eigenschaften der Materie. Sie ist träge, sie beharrt in ihrem Zustand. Und damit ist sie die Grundlage von Gedächtnisleistung und von Bewusstsein. Bewusstsein ist ohne Materie nicht möglich. Wenn wir die Funktionsweise unseres Gehirns auch bei Weitem noch nicht verstehen, so ist es doch Materie in höchster Organisationsform. Umgekehrt ist aber Materie nicht denkbar ohne Bewusstsein. Bewusstsein und Materie sind so miteinander verknüpft (Bräuer 2005).

Die Rahmenbedingungen unserer Wahrnehmung bestimmen auch, wie wir uns der Welt gegenüber verhalten – sie bestimmen unsere Reaktions- und Handlungsmuster.

Für das Phänomen Bewusstsein gibt es mehrere Gedankengebäude oder verschiedene Erklärungsmodelle. Eines haben wir bereits mit den beiden Grundaktivitäten (Negentropie ↔ Information, Abb. 3.3) vorgestellt.

Im Erklärungsmodell der kognitiven Psychologie wird Bewusstsein vor allem im Zusammenhang mit Informationsverarbeitung untersucht. Die Unterscheidung in Verstehen (unbewusst-automatisch), Wahrnehmen (beobachten) und Bewusstsein (bewusst kontrollierte Bewertungs-, Verarbeitungs- und Speicherprozesse) spielt dabei eine wichtige Rolle. Bewusstsein ist eng mit dem Begriff der Aufmerksamkeit verbunden und wird als Orientierungs- und Steuerungsinstanz in Prozessen der Reizverarbeitung bis zur Verhaltensausführung verstanden.

Fröhlich (2005) beschreibt Bewusstsein als „ein hypothetisches Konstrukt, eine dem Kurzzeit- oder Arbeitsgedächtnis vergleichbare Instanz der Informationsverarbeitung, die sich durch ihre eingeschränkte Arbeitskapazität bemerkbar macht."

Die Perspektive hält unser Bewusstsein in der Vergangenheit fest. Wirklichkeit und Bewusstsein sind auf eine Art miteinander verbunden, die nicht gemäß der Ursache-Wirkungsstruktur erfolgt (also Bewusstsein als Ursache von Wirklichkeit oder umgekehrt), sondern sie gehören ursprünglich zusammen und bilden eine Ganzheit.

Unser Zeitbewusstsein spielt eine Schlüsselrolle für die integrativen Leistungen des Bewusstseins und ihre Erklärung aus neuronalen Grundlagen, denn was wir als Gegenwart erleben, ist ja identisch mit unseren Bewusstseinsinhalten. Worauf wir unsere Aufmerksamkeit richten, ist gegenwärtig; was wir in unserer Erinnerung speichern, ist vergangen; worauf sich unsere Pläne und Absichten richten, ist zukünftig, s. hierzu Kap. 2 (Falkenburg 2012).

Damit haben wir unser Verständnis von raum-zeitlichem Verhalten vorgestellt, das unseren weiteren Betrachtungen zugrunde liegt. Das raum-zeitliche Verhalten unterscheidet sich vom mentalen (spezifisch: intentionalem) Verhalten. Für die intentionale Struktur haben wir das Rubikon-Modell herangezogen. Im Abschn. 3.5 möchten wir uns mit dem Dualismus von Bewusstsein und Intentionalität befassen.

3.5   Bewusstsein und Intentionalität

Bereits Aristoteles hat die Handlung als intentionalen Prozess beschrieben. Er unterschied bereits die Handlungsabsicht (Intention) von den vorweggenommenen Handlungszielen und den Handlungsumständen(-bedingungen), vgl. Kap. 2 (Hacker und Richter 2006).

Intentionen lassen sich gegenwärtig wissenschaftlich nicht erklären. Wir verweisen an dieser Stelle nochmals auf den vorwissenschaftlichen Charakter dieser Abhandlung, d. h., wir können nicht wissen, wozu zukünftige Erkenntnisse führen. Umgekehrt sind Intentionen paradoxerweise kausal relevant, aber es ist nicht klar, wie sie sich in die kausale Modellierung empirischer Bedingungsgefüge als kausal relevante Faktoren erfassen lassen.

Wenn wir also von Intentionalität reden, dann diskutieren wir etwas, das in den Kognitionswissenschaften als Aufnahme von Information aus der Umwelt und der dadurch ausgelösten Verhaltensdynamik angesehen wird. Dabei fungiert der

Informationsbegriff als Brückenbegriff. Er schließt die kausale Lücke zwischen physischen und mentalen Phänomenen, also zwischen dem neuronalen Geschehen und kognitiven Leistungen, wie Wahrnehmung, Lernen oder Erinnern oder zwischen Gehirn und Bewusstsein, per analogiam. Hierzu stützen wir uns weitestgehend auf Searle (2006) im Kap. 2 ab. Er sagt, dass ein riesiger evolutionärer Vorteil menschlichen Bewusstseins darin besteht, dass wir zeitgleich eine große Menge Intentionalität („Information") in einem einzigen vereinten Bewusstseinsfeld koordinieren können. Stellen wir uns die Menge koordinierter Informationsverarbeitung vor, wenn wir mit dem Auto unterwegs sind. Denken wir nicht nur an die Koordination von Wahrnehmung und Handlung (beispielsweise, wenn wir uns einer roten Ampel nähern.) Denken wir auch an den ständigen Zugriff auf unbewusste Intentionalität (abschweifende Gedanken während des Autofahrens beispielsweise an das gestrige Abendmenü). All das sind intentionalistische Repräsentationen der Welt, mit deren Hilfe wir die Welt meistern. Handlungen werden aus Intentionen (Gründe, Zwecke) vollzogen, unabhängig davon, welche weiteren bewussten oder unbewussten Mechanismen beteiligt sind.

Kognitive Leistungen vollziehen sich vermittels biologischer Prozesse, sie können aber deswegen nicht mit diesen identifiziert werden, s. dazu Kap. 2 (Struma 2006).

Grundlegend für die Beschreibung intentionaler Prozesse ist die Identifizierung von Zielen, deren hierarchische Organisation und der erforderlichen Rückkoppelungsschleifen. Seit der Mitte der 60er-Jahre des letzten Jahrhunderts haben sich in gegenseitiger Anregung verwandte Konzepte psychologischer Handlungstheorien entwickelt, die die Beschreibung der Verhaltensdynamik gemeinsam haben. Hacker und Richter (2006), vgl. Kap. 2, haben für den Prozess der Handlungsregulation drei „Ebenen" der Ausführungsregulation von Handlungen unterschieden, die intellektuelle (neuartige, komplexe Pläne), die wissensbasierte oder perzeptiv-begriffliche (flexible Handlungsmuster) und die sensumotorische (automatische Steuerung), die jeweils nochmals unterteilbar sind und daher relativ beliebig viele Beschreibungen anbieten.

Rasmussen (1986), s. Kap. 2, hat ebenfalls drei kognitiven Verhaltensebenen vorgestellt (s. Abschn. 2.7, insbesondere Abb. 2.2). Sie bieten eine gute Grundlage zur Identifizierung von operativen Fehlern, die in Bezug zu personellen Anforderungen gesetzt werden. Da innerhalb der Fehlertaxonomie (Einordnung) nicht nur Fehler klassifiziert wurden, sondern bereits auch mit dem thematisch in Verbindung stehenden Unfallentstehungsmodell auch Handlungen einbezogen wurden, wurde eine Differenzierung in unbeabsichtigte und beabsichtigte Handlungen zusätzlich eingeführt.

Searle (2006), vgl. Kap. 2, hat sein Prinzip der individuellen und kollektiven Intentionalität aus der Sprachphilosophie heraus entwickelt und dabei Verhalten angesprochen, das er ebenfalls mit „regelbasiert" bezeichnet, dem aber ein anderes Verständnis als bei Rasmussen zugrunde liegt.

Einzig Searle kennt nur „regelbasiertes" bzw. „regelgeleitetes" Verhalten. Dafür traf er eine wichtige Unterscheidung zwischen der „vorherigen Absicht" (intentional) und der „Absicht beim Handeln" (nicht intentional). Den Begriff des Fehlers kann man auf intentionale Handlungen anwenden, s. auch Kap. 2 (Searle 2006).

Es ist anzumerken, dass die drei vorgestellten Modelle zur Handlungs-regulation, trotz unterschiedlicher Begriffe für die gleiche Handlungsregulation, auf ein gemeinsames Verständnis für den Handlungsbegriff zurückgehen.

Danach erfolgt die Abgrenzung von Handlungen durch das bewusste Ziel, das die mit der Absicht der Realisierung (Intention) verknüpfte Vorwegnahme des Ergebnisses (Antizipation) darstellt. Jede Handlung schließt über die Ziele auch kognitive Prozesse ein.

Hacker und Richter (2006), s. Kap. 2, sagen: „Ziele sind Verknüpfungen wenigstens der kognitiven Vorwegnahme und der motivationalen bzw. volitionalen Vornahme (des Vorsatzes) und der Gedächtnisspeicherung der Vorwegnahmen als Grundlage rückkoppelnder Soll-Ist-Vergleiche."

Ebenfalls gemeinsam ist den drei Theorien, dass „Ebenen" für die Handlungs-regulation zu unterscheiden sind.

Rasmussen spricht von „skill-based", also fähig-(fertig-)keitsbasiertem Ver-halten, wo Hacker und Richter von „sensumotorischer bzw. automatischer Regu-lation" sprechen. Rasmussen spricht von „rule-based" (regelbasiert), wo Hacker und Richter von wissensbasierter Regulation sprechen. Den Begriff „wissens-basiert" („knowledgebased") verwendet Rasmussen dort, wo Hacker und Richter von „intellektueller" Regulation sprechen. Hacker und Richter bezeichnen die mittlere Ebene in ihrem Modell als „wissensbasiert", weil dabei Wissen relativ direkt, also ohne tiefgehende Analyse, nach der gespeicherten WENN-DANN-Re-gel in die Handlung umgesetzt wird. Für Rasmussen liegt auf der mittleren Ebene ebenfalls das „WENN-DANN-Verhalten" vor, bezeichnet diese Ebene aber als „regelbasierte Ebene". Bei dem Modell von Hacker und Richter werden auf „intel-lektueller" Ebene tiefgehende intellektuelle Analysen eingesetzt. Wir erklären uns diese unterschiedliche Terminologie dadurch, dass das Wissen zur Analyse und internen Repräsentation der Situation unterschiedlich in den beiden Modellen ver-standen wird.

Rasmussen sowie Hacker und Richter ist die Aufteilung auf drei Hauptebenen gemeinsam, ebenso wie auch die Zuordnung des Grades der Bewusstheit.

Die vorgestellten drei Handlungsebenen bieten sich auch als Grundeinteilung in Anlehnung an nicht bewusstseinsfähige, bewusstseinsfähige, aber nicht bewusst-seinspflichtige und bewusstseinspflichtige Regulationen an.

Wir möchten zum besseren Verständnis die „Ebenen" der Handlungsregulation tabellarisch darstellen und vorher nochmals unser Verständnis von den drei Handlungsebenen wegen deren Wichtigkeit an einem Beispiel aus dem Alltag beschreiben.

Wenn wir beispielsweise von unserer Wohnung zum Bahnhof gehen, so können wir viele der Vorgänge, die damit notwendigerweise verbunden sind, „unbewusst" durchführen, weil sie fähig- bzw. fertigkeitsbasiert und zur täglichen Routine geworden sind. Treffen wir auf unserem Weg einen Bekannten, so dringt uns dieses Treffen in das Bewusstsein ein, und wir werden den Bekannten – regelbasiert – grü-ßen. Wenn er auch noch anhält und mit uns in ein Gespräch eintreten möchte, so geschieht das zumindest partiell auf der wissensbasierten Ebene.

Dieses Beispiel haben wir auch aus zwei weiteren Gründen aufgenommen. Erstens wird mit diesem Beispiel aufgezeigt, dass sich der raum-zeitliche Handlungsrahmen unerwartet ändern kann, durch das Hinzutreten des Bekannten, und dadurch andere, weitere Ebenen der kognitiven Handlungsregulation angesprochen werden. Zweitens können wir daran sehen, wie Zeitdruck durch unerwartetes Geschehen entstehen kann, wenn man voraussetzt, dass wir einen bestimmten Zug erreichen wollten.

Es drängt sich noch ein weiterer Aspekt förmlich auf, nämlich der in Abschn. 2.6.1.7 angesprochene Schmetterlingseffekt.

Stellen wir uns vor, dass wir nur eine Minute zu spät von unserer Wohnung weggehen und dadurch den Zug verpassen. Wir warten auf den nächsten Zug, der aber wiederum Verspätung hat, wodurch das in diesem Beispiel angenommene, geplante Vorstellungsgespräch verpasst wird, mit dem Ergebnis, dass wir die offene Stelle, um die wir uns beworben haben, nicht bekommen. Wir haben den Schmetterlingseffekt am eigenen Leib erfahren, oder anders formuliert, die Auswirkungen der Chaostheorie erlebt. Eine solche Verkettung von Ereignissen bezeichnen die Mathematiker als „nichtlineare-Phänomene".

Wären wir nur eine Minute früher von unserer Wohnung weggegangen, so hätten wir, das setzen wir in unserem Beispiel voraus, die offene ausgeschriebene Stelle bekommen. Eine Verspätung von nur einer Minute führt zu einer Kettenreaktion, die für uns zu einem ungewollten, negativen Resultat führt. Die Chaostheorie oder der Schmetterlingseffekt besagt, dass minimale Veränderungen der Anfangsbedingungen große Auswirkungen auf das gesamte System haben können. Eine solche Konstellation als Zufall zu bezeichnen, wäre sicherlich zu kurz gegriffen und würde einer Antwort auf die Frage nach der Regieführung ausweichen.

Hier spricht man von Unvorhersagbarkeit, welche dazu führt, dass beispielsweise Wetterprognosen nur bedingt zuverlässig sind, da zu viele Faktoren berücksichtigt werden müssen.

Oder mathematisch gewendet: Nichtlineare Gleichungen lassen sich in sehr vielen wissenschaftlichen Bereichen, wie zum Beispiel der Astronomie und Quantenmechanik, der Biologie und Medizin oder auch den Sozialwissenschaften finden. Der Bereich der Sozialwissenschaften ist für uns besonders spannend und beschäftigt uns im Kap. 4.

Allgemein gilt, die Chaostheorie, sprich der Schmetterlingseffekt, ist neben der Relativitätstheorie und der Quantenmechanik einer der großen wissenschaftlichen Fortschritte des 20. Jahrhunderts.

Lesch (2016) im Kap. 2 spricht das gleiche Phänomen an, betrachtet es aber unter dem Aspekt der Wahrscheinlichkeit und nennt es „Tunneleffekt". Wir zitieren: „Quantenmechanisch haben sie eine verschwindende Wahrscheinlichkeit, dass Sie durch die Wand „tunneln". Wir bleiben bei Lesch: „Aber so oft können Sie gar nicht gegen die Wand rennen, wie Sie die Wahrscheinlichkeit erhöhen müssten, wenn Sie das innerhalb der Lebensdauer des Universums auch nur einmal schaffen." (Lesch 2016).

Tab. 3.1 „Ebenen" der psychischen Handlungsregulation

Handlungsregulationstheorien

Hacker und Richter (2006)				Rasmussen (1986)			Searle (2006)
Ebenen der psychischen Regulation		Analyse und interne Repräsentation der Situation (Tätigkeitsbedingungen) (WENN)	Aktionsprogramme (DANN)	Ebenen der kognitiven Inanspruchnahme	Analyse und interne Repräsentation der Situation (Tätigkeitsbedingungen) (WENN)	Aktionsprogramme (DANN)	Beschreibt das bewusste Befolgen einer kausalen Regel als regelbefolgendes Verhalten. Damit die Regel Verhalten leiten kann, muss der Handelnde sie freiwillig befolgen können
Bewusstheit	Ebenen						
Bewusstseinspflichtig	Intellektuelle Regulation	Intellektuelle Analyse	Strategien; Pläne	Wissensbasiert	Neuartige Situation	Bewusste analytische Prozesse und gespeichertes Wissen	
Bewusstseinsfähig, aber nicht bewusstseinspflichtig	Wissensbasierte Regulation	Wahrnehmen von Situationsmerkmalen/ Abruf (expliziten) Wissens	Handlungsschemata	Regelbasiert	Vertraute Probleme, Lösung mittels gespeicherter Regeln	Bewusstes Verhalten bei bekannten Situationen	
Nicht bewusstseinsfähig	Automatisierte/ automatische (sensumotorische) Regulation	Aufnehmen kinästhetischer Signale/Bereitstellen impliziten Wissens	Automatische/ automatisierte (motorische) Programme	Fertigkeitsbasiert	Gespeicherte Muster aus vorprogrammierten Anweisungen	Analoge Strukturen in raumzeitlichem Funktionsbereich	

Lesch glaubt an „eine große kosmische Beziehung zwischen uns und den Kernen in den Sternen, den Atomkernen." Lesch beantwortet die Frage nach der Regieführung daher wie folgt: „Dann ist es nicht mehr nur das Allerkleinste, das für meine Existenz verantwortlich ist, sondern das Allerkleinste im Allergrößten." (Lesch 2016).

Wir haben uns der Frage der Regieführung bei den drei katastrophalen Einzelereignissen auf deduktivem Wege angenommen. Wir haben ebenfalls bei dem Allerkleinsten, den naturwissenschaftlichen Grundsätzen der Thermodynamik und den Relativitätstheorien, begonnen und beide in Beziehung zu einer sozialwissenschaftlichen Perspektive gesetzt, die wir aus der intentionalen Handlungsstruktur und den raum-zeitlichen Handlungsregulationen gebildet haben.

Zum besseren Verständnis der sozialwissenschaftlichen Perspektive wollen wir uns mit den „Ebenen" der psychischen Handlungsregulation näher befassen, vgl. Tab. 3.1.

Wir müssen vorausschicken, dass der Begriff des Unbewusstseins einer der verworrensten und am schlechtesten durchdachten Begriffe des modernen intellektuellen Lebens ist, vgl. Kap. 2 (Searle 2006). Allgemein nimmt man an, dass unbewusste Schlüsse neben den Empfindungen eine Grundlage der Wahrnehmung sind. Die untere Ebene besteht aus Verstehen (unbewusst-automatisch) oder reflexartigem sowie fähig-(fertig-)keitsbasiertem Verhalten. Unbewusste Handlungen erfolgen reflexartig. Sie entstehen durch langes Üben, wenn immer wieder auf die gleiche Reizkonfiguration eine bestimmte Handlung notwendig ist. Im hochgeübten Zustand und unter stabilen Ausführungsbedingungen wird die kognitive Handlungsvorbereitung von Tätigkeiten, nicht aber die Motivation und Zielbildung, verkürzt zum Abruf fertiger, zur Routine gewordener Programme aus dem Gedächtnis, s. hierzu Kap. 2 (Hacker und Richter 2006). Eine besondere Rolle bildet das durch eine Anordnung oder Weisung geforderte Verhalten, das die Motivation und Zielbildung aus der Handlung verdrängt.

Bei einer Anordnung oder Weisung muss sich das Verhalten nach diesen richten, d. h., der freie Wille ist auszuschalten. Sie legen die Handlung fest oder anders gewendet, das Verhalten muss sich anpassen, um den Gehalt von Anordnung oder Weisung zu erfüllen. In übersteigerter Form liegt es beim militärischen Befehl vor. Das Befolgen von Anordnung, Weisung und Befehl ist mit Strafe bewehrt.

Ein Befolgen einer Anordnung oder Weisung lag in Tschernobyl („par ordre du mufti" seitens des Lastverteilers, „Dispatcher") vor. Die Erfüllung oder besser Nichterfüllung des Fünfjahresplans war die Strafandrohung.

In Fukushima Daiichi stand für die mit Strafe bewehrte Handlung die japanische Führungskultur.

Auf der Bohrplattform Deepwater Horizon kann der enorme Kosten- und Termindruck als mit Strafe bewehrtes Mittel angesehen werden.

Die für die Handlungen vorgegebenen Zwänge wurden in allen drei Fällen verstanden und überwiegend auf bewusstseinsfähiger, aber nicht bewusstseinspflichtiger (Hacker und Richter (2006) im Kap. 2) bzw. regelbasierter (Rasmussen (1986) im Kap. 2) Ebene ausgeführt. Diese begriffliche Zuordnung wurde gewählt, um nicht durch die oben angeführte unterschiedliche Begriffswelt missverstanden zu werden.

Nur diese Erklärung verbleibt letztlich für das Geschehen in den drei genannten Fällen.

Abzugrenzen ist dieses Verhalten aufgrund menschlichen Verstehens vom bewussten Verhalten, mit dem sich die beiden anderen von Rasmussen sowie von Hacker und Richter vorgestellten Ebenen der kognitiven Informationsverarbeitung (regel- und wissensbasierte bzw. wissensbasierte und intellektuelle Regulation) befassen.

Es ist erschwerend, diese unterschiedliche Begriffswelt durchzuhalten. Wir unternehmen daher einen äußerst pragmatischen Schritt. Wir stützen uns auf die Begriffe von Rasmussen, weil sie, wie bereits betont, eine gute Grundlage zur Identifizierung von operativen Fehlern, die in Bezug zu personellen Anforderungen gesetzt werden, bilden.

Das Verhalten auf allen drei Ebenen wird durch Wahrnehmung und Beobachtung sowie durch einen Anstieg der Bewusstheit der Prozesse bestimmt. Die Handlungsregulation wird für die Person durch die Befolgung von Regeln bestimmt, die ihr Verhalten kausal festlegen. Die Regeln für die Handlung werden durch Analyse und interne Repräsentation der jeweiligen Situation gebildet. Beim regelbasierten Verhalten werden vertraute Probleme mittels gespeicherter Regeln gelöst. Beim wissensbasierten Verhalten werden neuartige Situationen mittels bewusster analytischer Prozesse und gespeichertem Wissen gelöst. Die anzuwendende Regel wirkt kausal beim Hervorbringen genau des Verhaltens, das als Befolgen der Regel zählt, s. Kap. 2 (Searle 2006). Nehmen wir beispielsweise die Regel des „Rechtsfahrens", dann muss der Gehalt dieser Regel eine kausale Rolle beim Hervorbringen unseres Verhaltens spielen. Wir denken beispielsweise an das Autofahren. Nicht nur an das alltägliche routinemäßige, das fähig-(fertig-)keitsbasiert geschieht, sondern besonders an das regelbasierte Fahren. Das bedeutet nicht, dass das Verhalten vollständig von der Regel des „Rechtsfahrens" festgelegt ist, s. beispielsweise Überholvorgang. Niemand fährt einfach los, nur um diese Regel zu befolgen, sondern um ein Ziel (Intention) zu erreichen. Die dabei notwendige Koordination haben wir schon im Zusammenhang mit dabei auftretenden Erkenntnislücken (s. Abschn. 2.10) angesprochen, denen wir uns noch unter einem weiteren Aspekt zuwenden werden.

Verhalten muss demnach auch einen intentionalen Gehalt haben, der einen bestimmten Aspekt der Gestaltung festlegt. Regeln befolgt man auf der bewusstseinsfähigen und der bewusstseinspflichtigen Ebene normalerweise freiwillig. Regelbasiertes und wissensbasiertes Verhalten liegt dann vor, wenn der Handelnde die Regel freiwillig befolgen kann. Allgemeiner gesagt: Wir interpretieren die Regel so, dass sie uns ermöglicht, Dinge zu tun, die durch den Gehalt der Regel nicht bestimmt sind.

Die Gesellschaft bestimmt, was als Übereinstimmung mit der Regel anerkannt wird. An dieser Stelle sei auf die geschilderten katastrophalen Ereignisse hingewiesen.

Verhalten auf der fähigkeitsbasierten Ebene findet im Bruchteil von Sekunden bis wenige Sekunden statt. Menschliches Verhalten auf der regel- und wissensbasierten Ebene findet in wenigen Sekunden bis Minuten bzw. wenigen Minuten bis Stunden oder Tage statt.

Unser Reaktionsvermögen ist grundsätzlich unabhängig vom Bewusstsein. Raum und Zeit haben keine Bedeutung. Vieles geht sogar ohne Bewusstsein oder zumindest geht es dann besser. Bewusstes Reagieren auf gefährliche Situationen wäre bisweilen tödlich. Wir müssen schneller handeln, als wir es erleben können. Wir bemerken das Unbewusste nur, wenn es dem Bewussten widerspricht. Das Bewusstsein weiß sich gern identisch mit dem ganzen Menschen und räumt unbewussten Reflexen nur widerstrebend Raum ein. Wirklich froh ist der Mensch, wenn das Bewusstsein nicht eingreift. Er fühlt sich am wohlsten, wenn er nur handelt. Die Konsequenz ist: Wenn wir uns wohlfühlen, regiert nicht das Bewusstsein (Bräuer 2005).

Bei regel- und wissensbasiertem Verhalten ist freier Wille eine Realität.

Ob eine Person aus den von ihr angenommenen Gründen gehandelt hat, kann weder von ihr selbst noch von einer anderen Person mit Sicherheit entschieden werden, vgl. Kap. 2 (Struma 2006).

Wir können Bewusstsein aus physikalischen Gesetzen weder ableiten noch verstehen, obwohl Bewusstsein mit den Gesetzen der Physik vollständig vereinbar ist. Nach unserem Verständnis ist Bewusstsein eine Eigenschaft des Gehirns und somit Teil der physischen Welt. Wir grenzen uns damit von anderen Definitionen insbesondere der neurobiologischen ab, die davon ausgeht, dass durch neurobiologische Versuche das wissenschaftliche Problem des Bewusstseins zu lösen ist.

Kurz gesagt: Es gibt bei regel- und wissensbasiertem Verhalten Lücken infolge willentlichen Bewusstseins. Das Befolgen einer Regel oder einer wissenschaftlichen Erkenntnis zeichnet sich dadurch aus, dass man beide entweder befolgen oder sie brechen kann. Entscheidungsrelevantes Wissen zu regenerieren oder gar zu generieren, die Basis für wissensbasiertes Verhalten, braucht Zeit, die bei allen drei Ereignissen nicht zur Verfügung stand.

Anders gewendet: Zeitdruck führt zu den angesprochenen Erkenntnislücken, mit denen wir uns im Anschluss auseinandersetzen werden.

Das Momentum des Zeitdrucks erscheint uns wichtig für ein vertiefendes Verständnis der drei Einzelereignisse. Deshalb werden wir dieses Momentum unter physikalischem Aspekt betrachten.

Die stillschweigende Konvention, die sich aus der psychologisch angepassten Reihung Vorher-Nachher ergibt, lässt uns eine Abfolge nur dann logisch erscheinen, wenn sie chronologisch ist, d. h. in dem Maß, wie die Zeitrichtung der zunehmenden Entropie entspricht. Damit haben wir, ohne uns dessen wirklich bewusst zu sein, Chronologie und Kausalität miteinander verknüpft. Wir zitieren dazu Grünbaum (1973): „… die Konvention, die die Richtung der Zeit durch die wachsende Entropie definiert, ist untrennbar mit der Akzeptierung der Kausalität als Erklärungsmethode verbunden." Wir schlussfolgern daraus, dass die kausale Erklärung unmittelbar von unserem anpassungsfähigen Zeitempfinden abhängt.

Die Erhaltung eines offenen Systems (lebende Zelle oder menschliche Gesellschaft) läuft auf eine Verlangsamung der Zunahme der Entropie in dem spezifischen System hinaus, d. h. in der hier vertretenen Sichtweise auf Zeitdruck. Durch die Erschaffung von Information, von Organisation der Arbeit, Strukturierung von Handlungen, dem Ausgleich des Verschleißes von Maschinen und konzentrierten Energieeinsatz versuchen wir die Zeit aufzuhalten, indem wir uns dem Zeitdruck aussetzen. In diesem Punkt gleicht der Mensch einem doppelköpfigen Janus. In ihm kreuzen sich zwei verschiedene Wahrnehmungen der Zeitrichtung, er will einerseits den Zeitablauf kompensieren, andererseits will er eine Zeitreserve für sich schaffen. Beides will er durch seine schöpferische Tätigkeit leisten, mit der er potentielle Energie oder potentielle Zeit schafft. Potentielle Energie und Zeit sind Information. Die Erzeugung von Information (von potentieller Zeit) erfolgt in der Entwicklung der Menschheit in immer beschleunigteren Raten, wir denken hierbei an den Krieg der Zeit beispielsweise durch Aktienverkäufe per Computer. Die Negentropie, das objektive Maß der Information, ist wie wir festgestellt haben notwendigerweise in Richtung der entropischen Zeit gerichtet (vgl. Abb. 3.3).

Zusammenfassung

Will man Ziele zu einer bestimmten Zeit erreichen, muss man zwischen verschiedenen Zwängen eine Entscheidung treffen. Jede Entscheidung aber beruht notwendigerweise auf einer Hierarchie der Werte unserer Gesellschaft. Dass wir dabei auf Erkenntnislücken stoßen, ist unvermeidbar. Mit ihnen werden wir uns gleich befassen.

3.6   Raum-zeitliche Erkenntnislücken

Wir haben in Kap. 2, Abschn. 2.8 gesehen, dass sich der Zusammenhang zwischen Ursache und Wirkung oder Kausalität bei der Analyse der drei Einzelereignisse als nicht eindeutig erweist. Diese Aussage gilt nicht nur für die drei Einzelereignisse, sondern generell. Im Bereich des Naturgeschehens fassen wir dieses Phänomen unter evolutionärer Erkenntnistheorie zusammen, die besagt, dass sich die Organismen (auch wir Menschen) an die Gegebenheiten der Umwelt „angepasst" haben und damit halfen, den Fortpflanzungserfolg gegenüber allen Hindernissen zu sichern, so ist unser „Erkenntnisapparat" Schritt für Schritt in Anpassung an die reale Welt geformt worden, s. Kap. 2 (Penzlin 2014). Durch die Erweiterung unseres Wissens – sprich das Schließen von Erkenntnislücken – ist es uns gelungen, ein immer vollkommeneres und umfassenderes Wissen über die Welt zu bekommen. Auf diesem Weg haben wir bisher stetig nur Fortschritte erreicht, aber keinen Endpunkt. Die Rolle von Erkenntnislücken als Motor für den Fortschritt bleibt.

Auch bei den drei Einzelereignissen haben wir Erkenntnislücken durch das Zusammentreffen der Ursache-Wirkungsstruktur und der intentionalen Struktur aufgezeigt, die zu katastrophalen Ergebnissen führten.

Erkenntnislücken gibt es sowohl in der Ursache-Wirkungsstruktur als auch in der intentionalen Struktur. Wenn es Lücken in kausalen Naturgesetzen und in dem von uns verwendeten kognitiven Handlungsmodell gibt, so kann sich unser freier Wille – wie auch immer er in die physische und mentale Welt hineinwirken mag – Kausalitätslücken auswählen, um genau die Kausalketten im Naturgeschehen oder im kognitiven Bereich zu aktivieren, die wir an und für sich mit unseren Handlungen nicht erreichen wollten.

Oder anders ausgedrückt: Wir haben bei der Analyse der drei Einzelereignisse festgestellt, dass inhärent (innewohnend) im technischen System, Kernkraftwerk (Tschernobyl, Fukushima Daichii) und in der Bohrplattform Deepwater Horizon, „schlummernde" unerkannte Erkenntnislücken vorhanden waren, die durch intendierte Strukturen, mit denen Naturgesetze beiseitegeschoben oder gar ignoriert wurden, aufgedeckt worden sind. „Schlummernde" unerkannte Erkenntnislücken waren in Tschernobyl das unvollständige Wissen um das neutronenphysikalische und thermohydraulische Verhalten des Reaktorkerns, in Fukushima Daichii insbesondere der ungeschützte Zustand der Notstromversorgung, auf der Bohrplattform die falsche Bohrtechnik. Die intendierten Strukturen können in den drei Fällen in der gleichen Reihenfolge der Ereignisse mit Erfüllung des Fünfjahresplans, wirtschaftlicher Betrieb des Kraftwerks und Kompensation des enormen Kosten- und Termindrucks angegeben werden. Kurz: Die „schlummernden" Erkenntnislücken wurden durch intendierte Strukturen evoziert, die die Naturgesetze ignoriert haben.

Wiederum anders oder kürzer formuliert: Durch die konsequentialen Handlungsgründe wurde die Überschreitung des Points of no Return nicht erkannt.

Wir hatten bereits im Zusammenhang mit dem Kolonnenfahren beim Straßenverkehr auf die Zeitabhängigkeit des Points of no Return (Abschn. 2.6.1.5) hingewiesen.

Auch bei den drei katastrophalen Einzelereignissen finden wir diese Zeitabhängigkeit, jedoch mit unterschiedlicher Akzentuierung.

Im Falle von Tschernobyl wurde der Versuch auf Anordnung des ukrainischen Lastverteilers um einen halben Tag verschoben. Um die Fortsetzung des Versuchs zu gewährleisten, wurde das letzte verbliebene Sicherheitssystem abgeschaltet und damit der Point of no Return in Abhängigkeit der zeitlichen Anordnung vom Lastverteiler gesetzt.

In Fukushima Daichii war der Point of no Return bereits schon mit Beginn des Kraftwerksbetriebs durch die unzureichende (Kapazität) und vor Tsunami ungeschützte unabhängige Notstromversorgung gebildet.

Auf der Bohrplattform Deepwater Horizon wurde zu viel Verzögerungsmittel dem Zement beigemischt, sodass die Mixtur nach 24 h immer noch flüssig war. Aber nach 15 h begann die Bohrmannschaft damit, die über dem Zement liegende Bohrflüssigkeit durch Meerwasser zu ersetzen. Die Bohrmannschaft setzte also den frühen Point of no Return.

Warum die Überschreitung des Points of no Return von den Operateuren nicht erkannt wurde, bleibt die spannende Frage. In Kap. 4 wollen wir diese Frage beantworten, indem wir uns der häufig verwendeten Redewendung „par ordre du mufti" erneut zuwenden.

Wie Erkenntnislücken durch den raum-zeitlichen Beziehungsrahmen entstehen können, haben wir in den vorangegangenen Abschnitten dieses Kap. 3 beschrieben. Hauptsächlich dadurch, dass unterschiedlich agierende Personen der verschiedenen Hierarchieebenen miteinander im raum-zeitlichen Handlungsrahmen in Konkurrenz treten.

Jetzt wollen wir der Frage nachgehen, ob durch das Zusammentreffen des raum-zeitlichen Beziehungsrahmens mit der intentionalen Struktur ebenfalls „schlummernde" Erkenntnislücken evident werden können.

Erinnern wir uns an Abb. 2.3 und an die Kausalkette Deepwater Horizon in Kap. 2. Nehmen wir an, dass jedes Glied der Ursache-Wirkungsstruktur und der kognitiven Handlungsfolge nach Heckhausen (1987, Zitiert nach Rasmussen 1986), vgl. Kap. 2 durch Bewusstsein erfüllt ist und jeder Schritt die besondere Art von Bewusstsein hat, die eine Lücke offenbart, d. h. willentliches Bewusstsein. Wenn wir weiter, wie bisher, davon ausgehen, dass das Gehirn nicht deterministisch ist, dann müssen wir uns fragen, gibt es irgendetwas in der Natur, das auch nur ansatzweise die Möglichkeit eines nichtdeterministischen Systems andeutet? Einzig der quantenmechanische Teil der Natur enthält eine nichtdeterministische Komponente. Vorhersagen, die auf der Quantenebene getroffen werden, sind statistisch, weil sie Zufallselemente enthalten. Die Quantentheorie besagt, dass sich nur noch die Wahrscheinlichkeit eines Vorgangs beschreiben lässt.

Wir haben mit Abb. 3.1 die Zusammenhänge von Klassischer Mechanik, Spezieller und Allgemeiner Relativitätstheorie dargestellt. Die Allgemeine Relativitätstheorie ist ein Bezugsystem mit gekrümmten Lichtwegen und entspricht einem Gravitationsfeld, vice versa sind in einem Gravitationsfeld die Lichtwege gekrümmt. Das kann man auch messen. Seit dem experimentellen Nachweis 1919/1921 weiß man, dass Massen den Raum krümmen. Nicht nur der Raum, auch das Licht läuft in der sogenannten Raum-Zeit entlang. Bei der Relativitätstheorie spricht man von Projektionen unseres momentanen Weltbildes auf eine Zeit, als es dieses Weltbild und diese Art von Raum und Zeit noch gar nicht gab. Auch die Quantenmechanik weist in diese Richtung. Quantenmechanik beschreibt die zeitliche Entwicklung der Materie.

In der Physik bezieht man sich auf quantitative, berechenbare Zusammenhänge. Diese quantitativen Zusammenhänge beruhen auf unseren objektiven Beobachtungen. Wir zerlegen die Welt in beobachtbare Einzelheiten und setzen sie in räumliche und zeitliche Beziehungen zueinander, die mit Hilfe von Koordinatensystemen berechnet werden.

Diese Berechenbarkeit ist ein ganz besonderer Aspekt unserer individuellen Welterfahrung. Viele andere Aspekte, insbesondere etwas komplexere Systeme, sind nicht berechenbar, weisen aber dieselben Strukturen auf. Und damit wird der Vorgang des Explizitwerdens von Bewusstseinsinhalten für jeden von uns unmittelbar erlebbar (Bräuer 2005). Aber es ist auch bekannt, dass nicht alles der direkten Beobachtung unterliegt, z. B. das Bewusstsein. Wir unterliegen also Beschränkungen, die mit unserer Wahrnehmung der Zeit zusammenhängen. Daraus ergibt sich, dass „die Konvention, die die Richtung der Zeit durch die wachsende Entropie definiert, untrennbar mit der Akzeptierung der Kausalität als Erklärungsmodell verbunden ist" (Grünbaum 1973).

Auch de Rosnay (1997) befasst sich mit der Frage, wie das Bewusstsein und das Universum „ineinandergreifen", und zwar in einem dialektischen Prozess von Beobachtung und Handeln. Er integriert so die Gegebenheiten der Thermodynamik, der Informationstheorie und der Physik der Relativitätstheorie. Er führt weiter aus, dass Entropie das Maß des Informationsmangels über ein System ist. Wie wir bereits festgestellt haben, ist Information auch das Äquivalent zu negativer Entropie. Jede Erfahrung, jede Maßnahme, jeder Informationserwerb des Gehirns verbraucht negative Entropie. Man muss dem Universum eine Gebühr bezahlen: die irreversible Entropie.

John R. Searle sagt:

> Es könnte wohl sein, dass die evolutionäre Funktion von Bewusstsein zumindest teilweise darin besteht, das Gehirn so zu organisieren, dass das bewusste Treffen von Entscheidungen auch stattfinden kann, wenn kausal hinreichende Bedingungen fehlen, selbst wenn die Wirkung bewusster Rationalität genau darin besteht, es zu vermeiden, zufällige Entscheidungen zu treffen, s. Kap. 2 (Searle 2006).

Dort weiter:

> Man sagt damit lediglich, dass nach unserem heutigen Wissensstand das einzige etablierte nicht-deterministische Element in der Natur die Quantenebene ist. Wenn wir daher annehmen wollen, dass Bewusstsein nicht-deterministisch ist, dass die Lücke nicht nur psychologisch, sondern auch neurobiologisch real ist, dann müssen wir angesichts des gegenwärtigen Stands der Physik und der Neurobiologie annehmen, dass es eine quantenmechanische Komponente in der Erklärung von Bewusstsein gibt. (Searle 2006)

Ausgewählte Verhaltensaspekte sollen zu einer weiteren Erklärung von Bewusstsein durch Vertiefung der Unterschiede zwischen den drei Ebenen kognitiver Handlungsregulation führen.

3.7   Ausgewählte Verhaltensaspekte

Wir werden nur diejenigen Verhaltensaspekte behandeln, die für eine Antwort auf die Frage der Zuverlässigkeit menschlichen Handelns bzw. der Regieführung zielführend sein können.

In Kap. 2 haben wir in Abschn. 2.3 den kognitionswissenschaftlichen Ansatz zur Informationsverarbeitung vorgestellt, insbesondere das Modell von Jens Rasmussen zur mentalen Informationsverarbeitung bezüglich des Grades der kognitiven Inanspruchnahme des Menschen. In Abschn. 2.5 haben wir uns mit dem ganzheitlichen kognitiven Modell des individuellen Handelns nach Heckhausen befasst.

Wir möchten vorausschicken, dass der Begriff Kognition ein Sammelname für alle Vorgänge oder Strukturen ist, die mit dem Gewahrwerden und Erkennen zusammenhängen, wie Wahrnehmung, Erinnerung (Wiedererkennen), Vorstellung, Begriff, Gedanke aber auch Vermutung, Erwartung, Plan und Problemlösen.

Kognitive Leistungen vollziehen sich, wie zuvor gesagt, durch biologische Prozesse, sie können aber deswegen nicht mit ihnen identifiziert werden, vgl. dazu Kap. 2 (Struma 2006).

Mit diesem Verständnis können wir weiterhin von den drei kognitiven Verhaltensebenen nach Rasmussen (1986), s. auch Kap. 2 sprechen, die wir um das raum-zeitliche Verhalten erweitern wollen.

Wir haben bereits die drei Verhaltenseben von Rasmussen erweitert, indem wir unter automatisiertem/automatischem (sensumotorischem) Verhalten (Hacker und Richter) bzw. unter fähig-(fertig-)keitsbasiertem Verhalten (Rasmussen) ein unbewusstes, reflexartiges Verhalten, unter wissensbasiertem Verhalten (Hacker und Richter) bzw. regelbasiertem Verhalten (Rasmussen) ein bewusstseinsfähiges, aber nicht bewusstseinspflichtiges Verhalten sowie unter intellektuellem Verhalten (Hacker und Richter) bzw. wissensbasiertem Verhalten (Rasmussen) ein bewusstseinspflichtiges Verhalten nach Erarbeitung der Entscheidungsgründe (Bedarf an Zeit) verstehen. Wir möchten dieses Verständnis um weitere Aspekte des raum-zeitlichen Verhaltens erweitern, nämlich Verstehen, Gewahrnehmung (Wahrnehmung und Beobachtung) und Bewusstsein (Bräuer 2005).

Verstehen haben wir bereits im Zusammenhang mit unbewussten Handlungen angesprochen. Verstehen ist hier nicht akustisch verstanden, sondern beispielsweise als die Erfüllung einer an uns herangetragenen Weisung. Ein solches Verständnis lag im Falle von Tschernobyl vor; hier wurde die Weisung des Lastverteilers „verstanden"; dieses „Verständnis" entsprach aber nicht dem „Verständnis" der physikalischen Zusammenhänge, das wir bei den Operateuren voraussetzen müssen – Stichwort kontrollierte Neutronenpopulation.

Bräuer (2005) unterscheidet neben Verstehen auch Gewahrnehmung. Er versteht darunter die Wahrnehmung eines Vorgangs, z. B. Sonnenuntergang. Diese Beobachtung ist aber nicht mit damit verknüpften Zeitabläufen und/oder physikalischen Gesetzen verbunden. Es ist ein intensives Erleben der Welt, allein in der Gegenwart. Weder Vergangenheit noch Zukunft spielen eine Rolle. Zeit existiert dabei nicht. Der Mensch registriert ein Geschehen ohne eine Bewertung für mögliche Handlungskonsequenzen. Er macht sich keine Gedanken über die damit verbundenen Zeitabläufe und physikalischen Gesetze. Raum hat bei Gewahrnehmung keine Bedeutung. Gedanken und Gefühle stellen sich ein, dies ist der Aspekt der Gewahrnehmung.

Bewusstsein ist eine subjektive Angelegenheit und bedarf nicht unbedingt strenger logischer kognitiver Überlegungen.

Oder allgemein gewendet: Bewusstsein entwickelt sich in der Auseinandersetzung mit alltäglichen Problemen und den großen Problemen der Welt (Bräuer 2005). Es geht dabei immer um den Kampf des Überlebens, im biologischen und/oder gesellschaftlichen Sinn. Wir stehen ständig in irgendwelchen Konflikten und setzen uns auseinander. „Ohne Konflikte ruhen die Gedanken, und dann geht Bewusstsein über in Gewahrsein. Konflikte sind auch immer verknüpft mit Leid" (Plank et al. 2012), s. Öffnen der Büchse der Pandora. Der Mensch erlebt sich selbst als Individuum und muss sich dem Überlebenskampf stellen und die immer

Tab. 3.2 Zusammenführung der Verhaltensebenen unter dem Aspekt raum-zeitlichen Verhaltens

Kognitive Verhaltensebenen nach Rasmussen		
Fähigkeitsbasiertes Verhalten	Regelbasiertes Verhalten	Wissensbasiertes Verhalten
Kognitive Verhaltensebenen unter Einbeziehung raum-zeitlichem Verhalten		
Verstehen	Gewahrnehmung	Bewusstsein
Reflexartig, unbewusst	Registrierung von Geschehnissen ohne Bewertung für eine mögliche Handlung	Bewusste Anwendung wissensbasierter Kenntnisse
Zeitliche Umsetzung		
Verzögerungsfrei, unmittelbar; Bruchteile von Sekunden bis wenige Sekunden	Wenige Sekunden bis Minuten	Zeitaufwand zur Aktivierung der Wissensressourcen

Anmerkung: Das Varieren zwischen den verschiedenen Verhaltensmerkmalen ist kennzeichnend für alle Verhaltenstypen und geschieht in Abhängigkeit von den jeweiligen Wahrnehmungen in der realen Situation auf regel- und wissenbasierter Ebene entsprechend den Entscheidungen nach freiem Willen.

neuen Probleme lösen. Dabei entwickelt sich das Bewusstsein und Unternehmenskultur, die uns im Zusammenhang mit den drei Einzelereignissen interessiert.

Kurz: Raum und Zeit sind Elemente unseres Bewusstseins (Bräuer 2005).

Auf die Zeit bezogen: Wir gehen mit der Zeit um, als wäre sie Raum, ganz entsprechend unserem inneren, bewussten Erleben von Zeit. Zeit ist das bewusste Erleben von Veränderungen. Weil einzelne Bewusstseinsinhalte in allen räumlichen, zeitlichen und kausalen Beziehungen dieselben sind, lassen sich diese mathematisch fassen. Die mathematischen Beziehungen verwechseln wir mit Wirklichkeit und machen es uns so unmöglich, Relativität von Raum und Zeit zu begreifen (Bräuer 2005).

Das in Tab. 3.2 angesprochene Variieren beruht auf Willensentscheidungen, zu der es verschiedene Ansätze gibt, die wir wiederum unter dem Aspekt der Zuverlässigkeit menschlichen Handelns ausgewählt haben.

Der Determinismus bestreitet ganz allgemein die Willensfreiheit, der Indeterminismus behauptet, dass der irrationale „Personenkern" die letztlich sittlichen Entscheidungen trifft, wenn auch das Wollen sonst weitestgehend durch „äußere Faktoren" bestimmt sei. Willensfreiheit wird für das ethisch zurechenbare Handeln (z. B. teilweise im Strafrecht) vorausgesetzt. Psychologisch ist die Willensentscheidung deshalb interessant, weil die Tatsache, dass die Erlebnisbeobachtung den Eindruck vermittelt, dass man auch anders hätte handeln können, als man gehandelt hat.

Esfeld (2017) sagt ebenfalls: „Der physikalische Determinismus sagt nichts über den freien Willen aus." Seine Feststellung: „Unter stabilen Umweltbedingungen könnte man auch in der Biologie und sogar in der Psychologie und in den Sozialwissenschaften deterministische Gesetze konzipieren." Diese Feststellung bedeutet, auf zielgerichtete (teleonomische) Vorgänge (konsequentiale Handlungsgründe) angewendet, dass sie – erstens – durch Programme gesteuert werden und – zweitens – einen Zielpunkt aufweisen, bei dessen Erreichen der

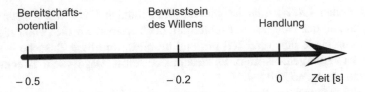

Abb. 3.4 Die bewusste Willensbildung wird eine drittel Sekunde nach dem Bereitschafts-potential erlebt! Diese Abbildung hat in (Bräuer 2005) die Nr. 8–3 und den gleichen Titel

Vorgang beendet ist. Nach Meinung von Penzlin (2014), vgl. Kap. 2 sind in der Natur für zielgerichtete Prozesse interne Programme, die genetisch fixiert sind, verantwortlich. Genauso wie der Thermostat nicht die Temperatur der Wohnung bestimmt, sondern der Mensch, der den „Sollwert" einstellt. Wenn dieser „Soll-wert" zum Konflikt mit dem Wohlfühlen in der Wohnung führt, ist nicht der „Soll-wert" verantwortlich, sondern die Person, die den „Sollwert" eingestellt hat.

Oder unter Übernahme der Schlussfolgerung von Esfeld (2017): „Die Natur gibt uns nicht die Normen für die Gestaltung des menschlichen Lebens und Zusammenlebens vor. Mit dieser Freiheit haben wir Verantwortung, diese Normen selbst zu setzen."

Wir müssen also eine Art „Zwang" in die Interpretation der naturwissenschaft-lichen Gesetze hineinstecken, um die Konsequenzen unserer Willensfreiheit zu erkennen.

Doch dies wird nicht als entscheidendes Argument für die Willensfreiheit angesehen. Deshalb hat man versucht, die Frage der Willensfreiheit mit experi-mentellen Mitten zu lösen.

Seit Benjamin Libet (1985) seine epochalen Experimente Anfang der 80er-Jahre des letzten Jahrhunderts in zwei Versuchsreihen zur Willensfreiheit durchgeführt hat, deren Ergebnisse ein erstaunliches Bild lieferten, wurde über den freien Willen erbittert gestritten.

Mit seinen Versuchsergebnissen zeigt Libet die Komplexität der Bewusstseins-prozesse auf. In der Zeit von einer halben bis zu einer ganzen Sekunde können Gehirnsignale gestört und so bewusste Eindrücke verhindert werden.

Unsere Handlungen setzen unbewusst ein. Selbst wenn wir glauben, uns bewusst zu etwas zu entschließen, ist das Gehirn bereits eine halbe Sekunde vor dem Entschluss aktiv. Nicht das Bewusstsein, sondern unbewusste Prozesse stehen am Anfang (Bräuer 2005).

Das Bewusstsein lässt uns glauben, es treffe Entscheidungen und sei der Urheber dessen, was wir tun. Wenn aber die Entscheidungen getroffen werden, ist es selbst nicht präsent. Es hinkt der Zeit hinterher und sorgt dafür, dass wir nichts davon bemerken. Mit Messungen, insbesondere mit denen von Libet, wird versucht, Bewusstsein als eine materiell verankerte Größe zu verstehen, die auf Aktivitäten im Gehirn beruht. Wie Abb. 3.4 zeigt, kann Bewusstsein nicht primär sein, es steht nicht am Anfang. Irgendeine Aktivität muss schon da sein, bevor das Bewusstsein in Gang kommt. Seltsam daran ist, dass wir den Entschluss erst mit deutlicher Verzögerung bewusst erleben, nachdem er bereits gefasst wurde. Da nur das Bewusste bewusst ist, kann das Bewusstsein nicht bestimmen (Bräuer 2005).

Laut Bräuer (2005): „Es ist wie mit dem blinden Fleck des Auges: Unsere Wahrnehmung der Welt ist zwar fehlerhaft, doch erleben wir die Fehler nicht. Das Bewusstsein stellt sich verzögert ein und tut alles, um diese Tatsache – vor sich selbst – zu verbergen. Es trügt. Es täuscht sich selbst. Das ist sehr zweckmäßig – wenn man genügend Zeit hat."

Die Erforschung von Bewusstseinsprozessen und deren Beziehung zum Gehirn durch Benjamin Libet umfassen zwei Komplexe. Erstens: die Erkenntnis, dass eine Aktivität von einer halben Sekunde Dauer im Gehirn notwendig ist, ehe etwas ins Bewusstsein gelangt. Und zugleich, dass das Bewusstsein einen subjektiven zeitlichen Rückbezug vornimmt. Zweitens: dass das Bewusstsein eines Entschlusses, eine bestimmte Handlung vorzunehmen, ungefähr 0,35 s nach dem Zeitpunkt eintritt, zu dem das Gehirn aktiv geworden ist.

Zusammenfassend liefern beide Aussagen folgendes Bild:

Es muss ungefähr eine halbe Sekunde Hirnaktivität stattgefunden haben, ehe Bewusstsein entsteht. Das gilt für Sinneswahrnehmungen ebenso wie für Entscheidungen. Bei Wahrnehmungen wird das Erlebnis jedoch in der Zeit zurückdatiert, so dass es empfunden wird, als stelle es sich zum Zeitpunkt der Sinnesreizung ein. Bei bewussten Entscheidungen zum Handeln wird der bewusste Entschluss als das erste Glied des Prozesses erlebt, während die Hirnaktivität, die bereits eine knappe halbe Sekunde zuvor begonnen hat, nicht ins Bewusstsein dringt.

Das Bewusstsein präsentiert dem Menschen ein Bild der Welt und ein Bild seiner selbst als handelndem Subjekt in dieser Welt. Beide Bilder sind stark überarbeitet. Das Bild der Sinneswahrnehmung ist es insofern, als Teile des Organismus bereits bis zu einer halben Sekunde lang von ihr beeinflusst wurden, bevor das Bewusstsein davon erfährt. Es verbirgt die eventuell vorhandene subliminale (unterschwellige) Wahrnehmung – und Reaktion darauf.

Bewusstsein ist keine auf oberster Ebene angesiedelte Instanz, die untergeordneten Einheiten im Gehirn Anweisungen erteilt, sondern ein selektierender Faktor, der unter den vielen Möglichkeiten, die das Nichtbewusste anbietet, eine Auswahl trifft. Das Bewusstsein funktioniert, indem es Vorschläge aussortiert und vom Nichtbewusstsein vorgeschlagene Entschlüsse verwirrt. Es ist ausgesonderte Information, einkassierte Möglichkeit (Bräuer 2005).

Libet (1985) hat seine Versuchsergebnisse um das Vetoprinzip weiterentwickelt. Er mutmaßte, dass das Bewusstsein zwar nicht die Handlung beginnen kann, es kann aber beschließen, dass sie nicht realisiert wird. Dass der Vetoprozess meist mit Unbehagen verbunden ist, bedeutet nicht, dass wir ein solches bewusstes Veto nicht ausüben können. Das Veto ist da, auch wenn wir es nicht zur Geltung bringen. Das Vetoprinzip besagt, dass das Veto selbst nicht unbewusst eingeleitet werde, sondern unmittelbar auf bewusster Ebene stattfinde. Diese Vermutung stützte er jedoch nicht auf experimentelle Befunde (Annahme!), sondern verwies stattdessen darauf, dass ihn alternative Schlussfolgerungen dazu geführt haben. Das Vetoprinzip sei uns aus der Geschichte der menschlichen Ethik vertraut. Unter Verweis auf „viele ethische Einschränkungen insbesondere die Zehn Gebote, die

Anweisungen sind, wie man nicht handeln soll", schreibt Libet (1985). Neuere Experimente zur Bewusstheit willentlicher Entscheidungen können dahingehend verstanden werden, dass auch die Vetoentscheidungen unbewusst getroffen und erst nachträglich als freie Entscheidungen empfunden werden. Libets ursprüngliche und weitergehende Interpretation seiner Ergebnisse wäre somit nach Jahrzehnten nachträglich bestätigt worden. Libet Experiment: https://de.wikipedia-org/wiki/Libet-Experiment.

Das Vetoprinzip ist zum Bestandteil der menschlichen Ethik geworden.

Wir verdeutlichen nochmals: Ob eine Person aus den von ihr angenommenen Gründen gehandelt hat, kann zwar weder von ihr selbst noch von einer anderen Person mit Sicherheit entschieden werden.

Aus diesen von Libet (1985) aufgezeigten Sinneseindrücken und Gedächtnisinhalten des Gehirns entwickelt sich in unserem Bewusstsein ein zusammenhängendes Weltbild

Ein Aspekt davon ist das raum-zeitliche Bild unserer erlebten Welt, das wir mit einem Zitat von Bräuer arrondieren möchten:

> Raum und Zeit sind Aspekte unserer Individualität. Raum und Zeit sind nicht absolut und unabhängig von unserem Bewusstsein. Raum ist Bewusstseinsraum und Zeit ist Bewusstseinszeit. Wir werden nicht in den Weltenraum hineingeboren, dieser Weltenraum entwickelt sich mit unserer Individualität und unserem Bewusstsein derselben.
>
> Mit unserer Individualität haben wir einen enormen Energiebedarf … [den wir bereits angesprochen haben] … entwickelt. Offensichtlich leiden wir unter der Gebundenheit unseres bewussten Seins an Raum, Zeit und Materie. Mit unserem physikalischen Wissen versuchen wir, dieses Leid zu mildern. Und der Energiebedarf dafür steigt unablässig. Vielleicht führt uns ein Weltbild, das mehr als die rein physikalischen Aspekte unserer Existenz erfasst, zu anderen Möglichkeiten des Wohlseins. (Bräuer 2005)

Ein weiterer Aspekt, neben der bereits angesprochenen Individualität und der Wahrnehmung unserer Verantwortung, determiniert ebenfalls unser Handeln.

Die Menschen vor unserer Zeit wussten nichts über sich, zumindest haben wir keine Aufzeichnungen darüber, die uns Aufschluss über ihr Denken geben könnten. Sie hatten sicher keine Vorstellung von Individualität, auch nicht von einem Raum, der sie von ihrer Umwelt und anderen Stämmen trennte, und auch nicht von einer Zeit, in der sie geboren wurden und starben und in der Gefahren, Hunger und Schmerzen auf sie warteten. Alle Erkenntnisse, die man von Menschen und Menschenvorläuferarten hat, beziehen sich auf Zugaben in Gräbern. Menschen sind offensichtlich die einzigen Lebewesen, die ihre Toten begraben und auch über ihre Endlichkeit nachgedacht und sich dazu Vorstellungen dazu gemacht haben. Die Menschheit entwickelte irgendwann den Drang zur Selbsterkenntnis und damit auch den Drang, Grenzen zu überschreiten. Die zentrale Erkenntnis daraus ist die, die in der biblischen Schilderung der Vertreibung aus dem Paradies enthalten ist: Indem der Mensch vom „Baum der Erkenntnis" gegessen hat, hat er über sein Sein nachgedacht und ist deshalb aus dem Paradies vertrieben worden, Bubb (2017), private Mitteilung.

Nach Hegel fordert jede Grenze den Versuch heraus, sie zu überschreiten. Der Mensch schuf sich eine Bühne, in der er sich selbst erleben konnte. Und die Grundlage dieser Bühne sind Raum und Zeit.

Auf dieser übt sich der Mensch in Selbstdarstellung und betont dabei seinen Drang nach zunehmender Individualität. Individualität ist für ihn zu einem hohen und wichtigen Wert in der heutigen westlichen Gesellschaft geworden. Die Individualisierung wird überwiegend in einer Einheit von Drehbuch, Regie und Darstellung forciert. Das Individuum schreibt sich selbst sein Drehbuch und benutzt dabei häufig spontan gebildete Meinungen, die so gebildeten Meinungen werden heute mit dem Begriff postfaktisch (gefühlsmäßig) umschrieben, d. h., sie sind nicht mit wissenschaftlichen Fakten unterlegt. Faktoren für die Regieführung sind Mehrheitsfähigkeit, Resonanz in den Medien, Betonung der Individualität durch egozentrisches Vertreten der Eigeninteressen und Sympathieerwerb in der Gruppe.

Mit seiner Selbstdarstellung versucht der Mensch, Drehbuch und Regieführung in Einklang zu bringen. Gelingt es ihm, ist sein Weltbild durch Zufriedenheit mit seiner Umwelt geprägt. Gelingt es ihm nicht, ist sein Verhalten durch Selbstzweifel bestimmt, die bis hin zum „Bösen" führen können.

Anders gesagt: Die Fliehkräfte innerhalb der Gesellschaft nehmen zu. Die Individualität steigert den Selbstwert und reduziert gleichzeitig den gesellschaftlichen Zusammenhalt.

Es gibt kein gemeinsames, akzeptiertes Wertesystem der sozialen und kulturell verbundenen Gemeinschaft und damit auch keinen allgemeinen Konsens für die Bewertung der vorgestellten drei Einzelereignisse.

Bräuer (2005) erklärt das Phänomen der zunehmenden Individualisierung so: „Die Menschen identifizierten sich mit den akzeptablen Aspekten ihrer raum-zeitlichen Existenz und sie projizierten anders von sich weg, hinein in die Natur und die Mitmenschen. Und so kam wohl das Böse in die Welt, als Projektion des eigenen archetypischen Schattens."

Wir machen uns dieses, zugegebenermaßen pessimistische Urteil, zu eigen, weil der Egoismus des „Bösen" eine dominierende Rolle spielt (sehr anschaulich dargestellt in der Rolle des Baron Scarpia, Chef der Polizei in der Oper „Tosca", ein Musikdrama von Giacomo Puccini) und alle Forderungen diese Art des Egoismus zurückzudrängen ungehört verhallen. Diesen Ansatz werden wir im Kap. 4 vertiefen.

Neben diesem Mangel an einem durch die Mehrheit der Menschheit getragenem konsensfähigem Beurteilungssystem soll noch ein weiterer Aspekt angesprochen werden, der mit der zunehmenden Individualität einhergeht, der damit bereits angesprochene einhergehende steigende Energiebedarf.

Der Energiebedarf vergrößert sich mit steigender Individualität, sogar dramatisch.

Heiner Bubb (1986) stellte in seiner Antrittsvorlesung am 10. November 1986 das nachstehende Beispiel vor, das darauf abzielte, dass ganz im Sinn der auch im kosmologischen Bereich beobachteten beschleunigten Zunahme der Entropie auch im persönlichen Umfeld Entwicklungsvorgänge so verlaufen, dass die Entropiezunahme forciert wird. „Bei einer historischen Betrachtung ist auch tatsächlich zu bemerken, dass sich der Mensch durch Energieverbrauch unabhängig zu machen versucht von den Zufälligkeiten der Natur", schreibt er (Bubb 1986).

> Ein Vergleich der für das Zurücklegen der Strecke von 100 km benötigten Energiemenge eines Fußgängers und eines PKWs zeigt indirekt den Gewinn der Entropievermehrung. Er zeigt aber auch – an dem Beispiel des Strebens nach höherer Reisegeschwindigkeit -, dass unsere Bedürfnisse offensichtlich so beschaffen sind, dass sie nur durch Energieverbrauch und die damit verbundene Entropievermehrung befriedigt werden können. (Bubb 1986)

Wir zitieren weiter:

> Die Steigerung der Entropiezunahme ist dennoch zu erwarten, da die entsprechende Nutzung von immer mehr Individuen vorgenommen wird und da auch immer wieder neue Bedürfnisse entstehen werden, die durch weiteren Energieverbrauch befriedigt werden können. (Bubb 1986), vgl. hierzu auch Abb. 3.5.

Die Steigerung der Entropiezunahme wird auch durch Nutzung immer komfortabler Verkehrsmittel von immer mehr Individuen verstärkt, die damit zu weiterem Energieverbrauch führt.

Wir möchten diese Entropievermehrung auch unter dem Aspekt sehen, Energie zu konzentrieren und zu kanalisieren, d. h. die Zeit aufhalten, sie daran zu hindern, sich zu verlieren.

Oder anders formuliert, den Zeitablauf aufzuhalten und in der Intensität des Augenblicks (Wir erinnern an das bereits verwendete Zitat [Abschn. 3.3]): „Werd ich zum Augenblicke sagen: Verweile doch! Du bist so schön! Dann will ich gern zugrunde gehen!", vgl. anzuhalten und nicht der Endlichkeit zuzustreben.

Mit diesem Beispiel wird die Verknüpfung des Zeitablaufs und der Energie erkennbar. Das diesen Zusammenhang beschreibende Gesetz ist sehr einfach: Ein „Zeitkaufen oder Zeitgewinn" wird mit Energie bezahlt. Man benutzt einen Pkw,

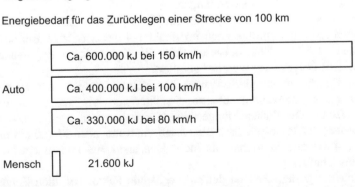

Vergleich Fußgänger – PKW

Energiebedarf für das Zurücklegen einer Strecke von 100 km

Auto
- Ca. 600.000 kJ bei 150 km/h
- Ca. 400.000 kJ bei 100 km/h
- Ca. 330.000 kJ bei 80 km/h

Mensch 21.600 kJ

Abb. 3.5 Energieverbrauch von Fußgänger und PKW für das Zurücklegen einer Strecke von 100 km; entnommen aus (Bubb 1986). Die Abbildung ist nicht maßstäblich

um schneller, bequemer an sein Ziel zu kommen, man setzt Montagebänder und Automation ein, um schneller produzieren zu können und um über mehr Freizeit zu verfügen. Die gewonnene Zeit muss mit zusätzlichem Energieverbrauch bezahlt werden. Diese in das gesamte soziale System gesteckte Energiemenge muss stets erhöht werden, um das wirtschaftliche Wachstum steigern zu können und vermeintlich Zeit zu gewinnen. Es ist die schöpferische Tat, die es ermöglicht, das Verrinnen der Zeit zu kompensieren, denn jede Maschine, jede Konstruktion, die es ermöglicht, das Verrinnen der Zeit zu kompensieren, ist gleichbedeutend mit potentieller Zeit.

Eine andere Sichtweise soll hier nicht unerwähnt bleiben: Der Mensch hat seine Körperkräfte durch technische(n) Energietransport und -umwandlung verhundertfacht. Damit hat sich auch das Gefahrenpotential verhundertfacht, und entsprechend ist auch die Verantwortung der Entwickler und Benutzer technischer Systeme gestiegen. Solange dieser Kreis von Personen sich seiner so gesteigerten Verantwortung bewusst bleibt und ausreichende Sicherheitsmaßnahmen trifft, ist deren Handlung vertretbar. Erst wenn ein „saloppes" Verantwortungsbewusstsein überwiegt, wird deren Vorgehensweise zur Bedrohung. Die Vorgehensweise „der Zweck heiligt die Mittel", also die konsequentialen Handlungsgründe, wie bei den drei Einzelereignissen geschehen, ist dagegen nicht vertretbar.

Zu welchem Preis?

Die Entropie steigt, Fehler werden häufiger. Irgendwann ist die „Zeitreserve" des Systems erschöpft; Stichwort Alterungsmanagement. Das System hat seine Endlichkeit erreicht.

Beim Desaster Deepwater Horizon musste BP am Ende 45 Mrd. US\$ als Schadensersatz für die bisher größte Umweltkatastrophe der US-Geschichte zahlen – in etwa das Tausendfache dessen, was das Unternehmen durch die fahrlässige Abkürzung von Sicherheitsauflagen und „Zeitkaufen" einsparen wollte.

Die Kosten für die Reaktorkatastrophe im japanischen Kernkraftwerk Fukushima Daiichi werden 2016 mit 177 Mrd. EUR angegeben. Ebenfalls mehr als das Tausendfache der durch die nicht „anforderungsgerechte" Auslegung der Notstromanlage eingesparten Aufwendungen.

Im Sarkophag von Tschernobyl ruht ein Untoter. Bis zu 200 t Uran und Plutonium sollen Experten zufolge noch im Reaktor 4 des zerstörten Kernkraftwerks schlummern. 1,5 Mrd. EUR kostete allein die Konstruktion der neuen Hülle, 700 Mio. EUR Folgekosten werden kalkuliert.

Unsere Epoche, die so gierig danach ist, „Zeit zu kaufen", d. h. zu gewinnen, wird durch das „Zeitkaufen" ebenso charakterisiert wie durch die Eroberung des Universums. Die Entscheidungen, die hierzu getroffen wurden bzw. werden, erfolgen unter der Prämisse, dass die Gesellschaft nur noch Menschen und nicht die Natur sowie alle Menschen als Individuen anerkennt und so ein kollektives Gedächtnis schafft.

Allgemeiner gesagt: Zeit ist der entscheidende Faktor bei allen Fragen unserer sozialen Gemeinschaft. Physikalisch betrachtet, betrifft dies alle Perspektiven menschlicher Existenz, weil uns Zeit durch physikalische Abläufe und als subjektives Empfinden quasi „aufgenötigt" wird.

3.8 Raum-zeitlicher Beziehungsrahmen für die drei Einzelereignisse

In Kap. 2 haben wir die dort entwickelte Heuristik mit der Metapher des Bogen-schießens von Mario Bunge (1959), s. Kap. 2 unterlegt, um so die Glieder der Ursache-Wirkungsstruktur verdeutlichen zu können.

In diesem Abschnitt wollen wir ähnlich vorgehen. Wir stellen eine Meta-pher zum raum-zeitlichen Handeln vor und entwickeln dabei Parameter für das raum-zeitliche Verhalten, mit denen das Geschehen der drei Einzelereignisse – die Reaktorkatastrophen von Tschernobyl und Fukushima Daiichi sowie die Explosion der Bohrinsel Deepwater Horizon – beurteilt werden soll.

Als Metapher wird die Benutzung öffentlicher Transportmittel, hier der Linien-bus, verwendet, die Witzleben (1997) in seiner Dissertation von H.-J. Engler „Handeln, Erkennen und Selbstbewusstsein bei Kant und Fichte" (Engler 1982) übernommen hat. Diese Metapher wird für die Erklärung des raum-zeitlichen Ver-haltens modifiziert.

Wenn man einen Bus benutzen möchte, wählt man sich entsprechend der Terminvorgabe zum Erreichen des Zielortes – Intention – den dazu passen-den Bus aus. Mit der kalkulierten Zeitvorgabe für den Fußweg von dem Auf-enthaltsort bewegen wir uns zur Bushaltestelle. Wir bilden den Bus an einer bestimmten Zeitstelle in unserem raum-zeitlichen Handlungsraum ab, der durch unser Bewegungstempo und den bereits auf der Fahrstrecke befindlichen Bus gebildet wird. Sehen wir den Bus bereits in einiger Entfernung von uns, müssen wir die Geschwindigkeit des Busses und damit seine Entfernung von der Bus-haltestelle abschätzen und das Tempo unserer Bewegung so einrichten, dass wir die Bushaltstelle beim Eintreffen des Busses „just in time" und in der richtigen Reihenfolge, erst der Fahrgast, dann der Bus, „just in sequence", erreichen. Der Busfahrer wird die Haltestelle nicht anfahren, wenn er keinen potentiellen Fahr-gast sieht bzw. kein Fahrgast aussteigen will. Der Handlungsraum steht also zum Zeitpunkt seiner Eröffnung, dem Beginn der Handlung, noch nicht fest. Er ist abhängig von der gegenseitigen Erreichbarkeit. An diesem trivialen Fall sind weitere Strukturen erkennbar, die die Variablen des raum-zeitlichen Verhaltens erkennbar machen.

Die Tatsache, dass der Linienbus kommt, ist zunächst eine Beobachtung in unserem raum-zeitlichen Handlungsraum. Wir nähern uns der Haltestelle und sind uns sicher, dass wir bei richtig taxierter Geschwindigkeit des Busses die-sen rechtzeitig vor dem Bus erreichen werden. Diese Beobachtung ist aber auch gleichzeitig ein handlungsrelevantes Ereignis, das davon abhängt, wie der Fahrer des Busses sich verhält. Fährt er schneller, ergeben sich Veränderungen für unsere Handlungsparameter, damit die Erreichbarkeit sichergestellt bleibt. Die Sicher-stellung unserer Intuition ist somit abhängig von dem raum-zeitlichen Verhalten dritter Personen, hier Busfahrer. Die Metapher zeigt einerseits, dass durch unsere raum-zeitlichen Beobachtungen unser Handlungsraum fixiert ist und andererseits ein Koordinationsprodukt darstellt, das wir nur partiell beeinflussen können.

Allgemeiner gesagt, sind für den Beobachter nicht alle relevanten Informationen zugänglich, wie z. B. die aktuelle Geschwindigkeit des Busses, unvorhersehbare Ereignisse wie ein zufälliges Treffen einer bekannten Person. Dies gilt auch für Parameter, die aus den Handlungen anderer Personen folgen, die nicht antizipierbar sind. Es könnte ja sein, dass der Busfahrer wartet, um uns als Fahrgast aufzunehmen, oder dass er an der Haltestelle vorbeifährt, weil der Bus überfüllt ist oder er unbedingt seinen Fahrplan einhalten will. Wir haben hier zwei Handlungsräume, den des Busfahrers und unseren eigenen, die beide zusammenpassen müssen, damit unsere Intention – rechtzeitiges Erreichen des von uns ausgewählten Zielortes – zum Erfolg führt. Wir können aber nur die Parameter unseres raum-zeitlichen Handlungsraumes beeinflussen.

Die Lage ist deshalb so komplex, weil der Raum unserer Handlung zugleich beobachtbarer Handlungsraum weiterer Personen sein kann, die in unseren raum-zeitlichen Handlungsraum andere Handlungselemente einfügen, die mit dem anfänglichen Handlungsraum nicht in Beziehung standen. Die Bestimmung des Handlungsrahmens kann aber erst a posteriori erfolgen, was eine Analyse erschwert. Für die Analyse gibt es gewisse Standards, wir konzentrieren uns auf die Zuverlässigkeit, die aus der subjektiven Perspektive erfolgt. Damit kommt eine Größe ins Spiel, die eine ethische Qualität besitzt und die konstitutiv für das individuelle Handeln ist. Die ethische Dimension verlangt, dass die eigene Zielsetzung priorität ist und die Ziele der anderen dieser Priorität folgen.

Damit sind die eigenen Ziele dem Zweifel entzogen, und die Ziele anderer Personen werden zu Variablen. Da diese Strategie von allen Beteiligten befolgt werden kann, wird jeder der Beteiligten seine Werte verfolgen, die er für unverzichtbar hält, und andere Werte, die für ihn offener und daher verhandelbar sind, zurückstellen. Dieser gegenseitige Wertbildungsprozess ist aber für reale Entscheidungssituationen nicht wirklich prognostizierbar, genauso wenig, wie es der Grenzpunkt des Abbruchs der Entscheidungssituation, z. B. infolge von Resignation, ist. Aber der Wertbildungsprozess ist und bleibt ein Teil des Handelns.

Bevor wir uns den Handlungsräumen der drei Einzelereignisse zuwenden, wollen wir den raum-zeitlichen Handlungsraum „Linienbus" übersichthalber verdichten.

Zentraler Handlungsraum für den Busfahrer und den potentiellen Fahrgast ist die zeitgerechte Erreichbarkeit der Bushaltestelle, quasi des Koordinationspunktes.

Der Handlungsraum des Busfahrers wird durch die Fahrstrecke, den Fahrplan und die Fahrgäste aufgespannt. Unvorhersehbares lassen wir außer Acht.

Der Handlungsraum des potentiellen Fahrgastes wird durch seine eigene Geschwindigkeit und seine Beobachtung determiniert, bezüglich unvorhersehbarer Einflüsse verfahren wie ebenso.

Kurz: Unser Handeln unterliegt dem Überlappungs- und Akzeptanzbereich anderer, unseren raum-zeitlichen Handlungsraum beeinflussender Körper und Personen.

Der Raum der Handlung kann für das nichtfeststellbare „weltoffene" Wesen des Menschen nur durch sein Bewusstsein konzipiert werden. Seine Handlung wird zu einem raum-zeitlichen Geschehen, das nicht durch Kausalbeziehungen in einem deterministisch vorausgesetzten Handlungsraum erklärbar ist.

Oder physikalisch betrachtet: Der raum-zeitliche Beziehungsrahmen ist ein physikalisches Gebilde, um das Verhalten orts- und zeitabhängiger Körper beschreiben zu können, das auch von kommunikationsabhängigen Größen (Personen) beeinflusst werden kann. In dem raum-zeitlichen Beziehungsrahmen wird das Geschehen durch die Lage und Bewegung der Körper unter physikalischen/kommunikativen Einflüssen beschrieben. Die Beschreibung legt auch den Bezugspunkt fest. Dies ist notwendig, weil verschiedene Beobachter das gleiche Geschehen unterschiedlich beschreiben.

Es wird hier die Auffassung vertreten, dass es keinen anderen eindeutigen Weg gibt als die Ursache-Wirkungsstruktur – bestehend aus Vorlaufphase, Erzeugung eines inneren Zustandes (Ursache), Hinzutreten eines äußeren Systems, Point of no Return, auslösendes Ereignis (Kausalprinzip), probabilistische Einflussfaktoren, Wirkung – um das Geschehen aufzuzeigen und beurteilen zu können.

Die Beurteilung der Variablen im raum-zeitlichen Beziehungsrahmen ist und bleibt komplex, weil sie von unseren eigenen Intentionen und damit unseren Zwecken, Wünschen, Handlungszielen usw. und unserem eigenen Beobachtungsraum geprägt wird. Vice versa gilt das auch für den oder die raum-zeitlichen Handlungsräume anderer sozialer Gruppierungen oder Individuen, von denen unser Handlungsraum beeinflusst wird bzw. werden kann.

Trotzdem wird hier ein Versuch unternommen, die drei Einzelereignisse an den Parametern des raum-zeitlichen Handelns zu spiegeln.

3.8.1   Tschernobyl

Zentraler Handlungsraum war der Reaktorkern von Block 4 in Tschernobyl (Stichwort: Energieerzeugung), sowohl für den Load-Dispatcher, dessen Aufgabe die verbrauchergerechte Verteilung der elektrischen Energie über die Netzstruktur ist, als auch für den Operateur von Block 4, dem die Kontrolle der Neutronenpopulation obliegt. Der Load-Dispatcher legte „par ordre du mufti" (unser Verständnis zu diesem Begriff haben wir in Kap. 2 dargelegt) den Versuchsablauf so fest, dass eine verbrauchergerechte Versorgung mit elektrischer Energie gewährleistet blieb. Sein Handlungsraum okkupierte den Handlungsraum des Block-Operateurs. Er war ihm entzogen und somit für den Operateur nicht möglich, die Einhaltung der Gesetze der Neutronenphysik (Stichwort: Xenonvergiftung) sicherzustellen.

Unter raum-zeitlichen Aspekten liegt hier eine vollständige Besetzung des Handlungsraumes des Block-Operateurs durch den Load-Dispatcher vor.

Anmerkung: Die Bedeutung, die wir dem von uns öfters verwendeten Ausdrucks „par ordre du mufti" zumessen, wird ausführlich im Kap. 4 erläutert.

3.8.2 Fukushima Daiichi

Der erste der insgesamt sieben Tsunamis traf 41 min nach dem Seebeben am Standort ein. Nach dem Auftreten der größten mehr als 14 m hohen Flutwelle versagten 12 von insgesamt 13 Notstromdieselaggregaten (s. Abb. 2.6, Kap. 2).

Offensichtlich wurde der Notstromfall infolge Einwirkungen von außen nicht im Rahmen einer probabilistischen Sicherheitsanalyse (PSA) untersucht. (Die Unvollständigkeit der Sicherheitsanalyse haben wir schon im Zusammenhang mit möglichen Wasserstoffexplosionen angesprochen.) Es kann mit Sicherheit davon ausgegangen werden, dass 41 min nicht ausreichten, die Notstromdieselaggregate gegen Überflutung zu schützen. Aber die 41 min waren sicher ausreichend, um eine alternative Einspeisung von elektrischer Energie über kurzfristig zu installierende oder nicht genutzte Reserve- und Fremdnetze sicherzustellen. In den Blöcken 5 und 6 von Fukushima Daiichi funktionierte während Erdbeben und Tsunami wohl mindestens eines der beiden Notstromaggregate. Dieses reichte, um die beiden Reaktoren ausreichend zu kühlen. Dennoch: Der rettende elektrische Strom von Block 5 und 6 war nur wenige Hundert Meter weg. Möglicherweise hätte dieser gereicht, um in den Blöcken 1 bis 4 zumindest die allernötigsten Sicherheitssysteme (Licht im Kontrollraum und je eine Einspeisepumpe für den einzelnen Block, notfalls im Rotationsverfahren unter den Blöcken) mit elektrischer Energie zu versorgen.

Warum hat man in den 41 min keine Stromschiene gebaut, die die elektrische Energie von einem Generator zu den anderen Blöcken geleitet hätte?

Als weitere Möglichkeit zur Energieversorgung des Kraftwerkes steht für den Fall, dass Notstromfälle infolge Störungen durch externe Ereignisse verursacht werden, eine außerhalb des Bereichs äußeren Einwirkungen aufgestellte Gasturbine mit der Möglichkeit des Kaltstartes (ohne Fremdenergie) zur Verfügung, die mit der Anlage durch ein geschütztes Erdkabel verbunden ist. Offensichtlich gab es in Fukushima Daiichi diese Möglichkeit der von externen Ereignissen unabhängigen Energieversorgung nicht. (In Deutschland ist diese Möglichkeit vorhanden.)

Schon bei der Standortwahl des Kraftwerkes Fukushima Daiichi hatte man die historischen Daten für Erdbeben und Tsunamis nicht umfassend ausgewertet. Also wäre es dringend geboten, eine solche Gasturbine dort aufzustellen, wo die Gefahr durch Tsunami anhand historischer Daten ausgeschlossen werden konnte, vgl. hierzu auch Abb. 3.6.

Dadurch, dass der Sicherheitsgedanke bereits bei der Auswahl des Standortes für die Anlage und der Auslegung der Notstromversorgung keine Berücksichtigung fand, verfügten die Operateure in Fukushima Daiichi über keinen Handlungsraum. Es ist hart zu sagen, die Operateure waren den Auswirkungen der Tsunamiwellen vollständig ausgeliefert.

Kurz gesagt: Es bestand für die Operateure in Fukushima Daiichi keinerlei Handlungsraum.

Abb. 3.6 An der Küste Japans stehen Hunderte dieser Markierungssteine mit der Aufschrift: „Bau nicht unterhalb dieses Steins" bzw. „Bei Erdbeben, achte auf Tsunamis!". (picture alliance/ ASSOCIATED PRESS)

3.8.3 Deepwater Horizon

Wir haben schon erläutert, dass der Sicherheit dienende Barrieren mit Zeitverlust, anderen Unannehmlichkeiten und zusätzlichem Aufwand verbunden sind. Der Mensch gleicht einem doppelgesichtigen Janus. Er ist der Ort, an dem sich zwei qualitativ verschiedene Wahrnehmungen der Zeitrichtung begegnen. Dennoch ist es seine individuelle schöpferische Tat, die es ermöglicht, das Verrinnen der Zeit zu kompensieren, wie es die Betriebsmannschaft auf der Bohrplattform Deepwater Horizon erstrebte. In diesem Streben schränkte die Betriebsmannschaft ihren eigentlichen Handlungsraum so stark ein, dass sie die Entwicklung insbesondere der explosiven Gaswolke nicht mehr überschauen konnte und damit auf die Ölkatastrophe, unterstützt von der Aufsichtsbehörde, „zusteuerte".

3.8.4 US-Airways-Flight 1549

Wir kommen nicht umhin, auch ein positives Beispiel für die Nutzung des Handlungsraums anzuführen.

Am 15. Januar 2009 fliegt ein Airbus A-320 (US-Airways-Flight 1549) in New York mitten hinein in einen Gänseschwarm, die Vögel zerschellen am Rumpf, geraten in die Triebwerke. Beide fallen sofort aus. Der Kapitän greift zum Steuerknüppel und übernimmt die Maschine mit den Worten: „Mein Flugzeug". Der Kopilot nickt zustimmend: „Dein Flugzeug". Eine eindeutige Zuordnung des Handlungsraumes. Es folgen 3 min und 28 s, die in die Luftfahrtgeschichte eingehen. Am Ende sind 155 Menschen bei einer Notwasserung mitten in New York auf dem Hudson River gerettet. Es war die beste Entscheidung unter diesen Umständen.

Die Piloten haben unterschiedliche „ditching (landen auf dem Wasser) checklists" (Romero 2009). Pilot und Co-Pilot entschieden sich für die kürzere Checkliste, weil dem Piloten auffiel, dass sein Co-Pilot beim Abarbeiten der Checklisten ständig zwischen den Anzeigen am Bildschirm und dem Handbuch wechseln musste. Dem Piloten erschien die Kombination beider Systeme unlogisch. In 3 min und 28 s, die vom Einschlag der Vögel bis zum Aufsetzen auf dem Hudson River vergingen, wäre der Co-Pilot nicht in der Lage gewesen, die Checkliste abzuarbeiten. Nur eine abgekürzte Checkliste war bei der geringen Flughöhe anwendbar, weil die Einflussparameter wie z. B. Größe und Richtung der Wellen, die Flughöhe, die Sinkgeschwindigkeit des Flugzeugs nicht in den Checklisten enthalten waren. Wie kann ein Mensch in einer Zeit von 3 min und 28 s richtige Entscheidungen treffen?

Der Pilot verzichtete auf all die Informationen, die ihm der Bordcomputer bereitgestellt hatte. Er nahm das Heft des Handelns selbst in seine Hand, nur so konnte er die richtigen Entscheidungen zum richtigen Zeitpunkt treffen.

Die Flugelektronik ist ein zweischneidiges Schwert. Die Systeme werden immer präziser, verlangen daher auch extrem schnelle und zeitgerechte Entscheidungen. Diese werden durch den Autopiloten in den Hintergrund gedrängt, aber sie sind überlebensnotwendig, wie uns der Flight 1549 zeigt.

Dieses Spannungsverhältnis formt unser Weltbild.

3.9   Unser Weltbild

Unsere Epoche, die so gierig danach ist, Zeit zu gewinnen, legt sich durch die Eroberung der Zeit und des Raumes in ihrem raum-zeitlichen Handeln Fesseln an, die zu erkennen eigentlich gesellschaftlicher Konsens sein müsste.

Wir verfügen über computergesteuerte Kommunikations- und Transportmittel und strengen uns an, immer weitere Maschinen zu entwickeln, um Zeit zu sparen. Die Computer arbeiten im Nanosekundenbereich (eine Nanosekunde verhält sich zu einer Sekunde wie zu 30 Jahren). Die Schlussfolgerung daraus ist: Die für das Funktionieren der hochkomplexen Prozesse nötige Informationsmenge übersteigt unsere Fähigkeit, sie zu verarbeiten, auch wenn wir dabei vom Computer unterstützt werden.

Wir müssen dahin kommen, wie wir im Zusammenhang mit Zeitdruck festgestellt haben, dass wir vom Handlungsziel bestimmte Operationen dem Menschen vorbehalten lassen und nicht von Maschinen bestimmt werden. Nur so ist es den Verantwortlichen möglich, Entscheidungen zu treffen, Zeit und Ressourcen zuzuordnen und letztlich Zeitabläufe zu organisieren.

Der Abschluss des Flight 1549 war nur dadurch möglich, dass es sich für Pilot und Co-Pilot um eine von ihrem Ziel bestimmte Operation handelte. Das ermöglichte beiden, die richtige Auswahl zu treffen, die kurze verbliebene Zeit entsprechend der Flugphasen einzuteilen und den Flug wie durch ein Wunder zu beenden.

Wir möchten nochmals unterstreichen, dass wir unsere Handlungsziele und den Zeitpunkt, wann wir ihn erreichen wollen, klar festlegen und diese Chronizität während unserer Handlung ständig überprüfen. Will man Ziele zu einer bestimmten Zeit erreichen, muss man zwischen verschiedenen Zwängen eine Wahl treffen. Jede Wahl beruht notwendigerweise auf einer Hierarchie der Werte und damit auf dem freien Willen.

Daran sollten wir festhalten!

Wir haben versucht, eine Erklärung unseres Weltbildes zu geben, das mentalen Phänomen einen angemessenen Platz in der natürlichen Welt, abgebildet durch die Ursache-Wirkungsstruktur und das Raum-Zeit-Kontinuum, lässt. Wir haben mentale Phänomene in all ihren Facetten – Bewusstsein, Intentionalität, freier Wille, mentale Handlungsründe, Verstehen, Gewahrnehmung, Beobachtung, unbewusstes und bewusstes Handeln etc. – unter der Prämisse angesprochen, dass sie Teil der physikalischen Welt sind.

Searle sagt: „Wir sollten Bewusstsein und Intentionalität genau so als Teil der natürlichen Welt verstehen wie Photosynthese und Verdauung. ...", weil Bewusstsein und andere mentale Phänomene biologische Phänomene sind. Sie entstehen durch biologische Prozesse und sind bestimmten Arten von biologischen Organismen zu eigen.", vgl. Kap. 2 (Searle 2006).

Dies ist unsere Sichtweise von einem wissenschaftlichen Weltbild. Wissenschaft bezeichnet nach unserer Auffassung Methoden, wie man etwas über etwas, das eine systematische Erforschung zulässt, herausfindet. Unser kognitionswissenschaftliches Weltbild beruht auf Intentionalität und Konsequentialismus und damit auf denkgesetzlichen Strukturen, die von der Willensfreiheit geprägt sind.

Wir kommen auf eine frühere Feststellung zurück, dass wir nicht in vielen Welten leben und auch nicht in zwei verschieden Welten, einer mentalen und einer raum-zeitlichen Welt, einer wissenschaftlichen Welt und einer alltäglichen Welt. Es gibt nur eine Welt, in der wir alle leben, und diese müssen wir uns bei unseren Handlungen stets vergegenwärtigen.

Durch seine mentale, geistige Fähigkeit – durch seine Bewusstseinsfähigkeit – gewinnt der Mensch eine Schöpferkraft, mit der er verantwortlich umgehen muss.

Literatur

Bräuer K (2005) Gewahrsein, Bewusstsein und Physik: Eine populärwissenschaftliche Darstellung fachübergreifender Zusammenhänge. Logos, Berlin

Bubb H (1986) Energie, Entropie, Ergonomie, Eine arbeitswissenschaftliche Betrachtung. (Eichstätter Hochschulreden 60). Minerva Publikation, München

Bunge M (1959) Causality, the place of the causal principle in modern science. Harvard University Press, Cambridge

Carrier M (2009) Raum-Zeit. De Gruyter, Berlin

Costa de Beauregard O (1963) Le Second Principe de la science du temps. Éditions du Seuil, Paris

de Rosnay J (1997) Das Makroskop, Systemdenken als Werkzeug der Ökogesellschaft. rororo sachbuch, Reinbek

Der Brockhaus Naturwissenschaft und Technik (2003) F. A. Mannheim, Leipzig und Spektrum Akademischer Verlag, Heidelberg

Engler H-J (1982) Handeln, Erkennen und Selbstbewusstsein bei Kant und Fichte. In: Poser H (Hrsg) Philosophische Probleme der Handlungstheorie. Alber, Freiburg i. Br.

Esfeld M (2017) Erkenntnistheorie Wissenschaft, Erkenntnis und ihre Grenzen. Spektrum der Wissenschaft 8.17. Springer, Heidelberg

Falkenburg B (2012) Mythos Determinismus. Wieviel erklärt uns die Hirnforschung? Springer Spektrum, Heidelberg

Fröhlich WD (2005) Wörterbuch Psychologie. Deutscher Taschenbuch Verlag, München

Grünbaum A (1973) Philosophical problems of space and time. Reidel, Dordrecht

Hacker W, Richter P (2006) Psychische Regulation von Arbeitstätigkeiten in Enzyklopädie der Psychologie, Themenbereich D Serie III Bd 2 Ingenieurpsychologie. Hogrefe, Göttingen

Hawking SW (1994) Eine kurze Geschichte der Zeit. Die Suche nach der Urkraft des Universums. Rowohlt, Reinbek

Heckhausen H (1987) Perspektiven des Willens. In Heckhausen H, Gollewitzer PM, Wienert FE (Hrsg) Jenseits des Rubikons. Der Wille in den Humanwissenschaften. Springer, Berlin, S 121–142

Herrmann C (2009) Determiniert – und trotzdem frei. Gehirn & Geist 11:52–57

Janich P (2006) Der Streit der Welt- und Menschenbilder in der Hirnforschung. In: Struma D (Hrsg) Philosophie und Neurowissenschaften. Suhrkamp, Frankfurt

Lesch H (2016) Die Elemente, Naturphilosophie, Relativitätstheorie & Quantenmechanik. uni auditorium. Komplett-Media, Grünwald

Libet B (1985) Unconscious cerebral initiative and the role of conscious will in voluntary action. Behav Brain Sci 8:529–539

Libet Experiment: https://de.wikipedia-org/wiki/Libet-Experiment

Mackie JL (1975) The cement of the Universe, Philosophical Books, Bd 16. Clarendon, Oxford

Muller RA (2016) Now – the physics of time. Norton, New York

Nida-Rümelin J, Rath B, Schulenburg J (2012) Risikoethik. De Gruyter, Berlin

Penzlin H (2014) Das Phänomen Leben, Grundfragen der Theoretischen Biologie. Springer Spektrum, Heidelberg

Plank J, Bülichen D, Tiemeyer C (2012) Der Unfall auf der Ölbohrung von BP – Welche Rolle spielte die Zementierung? TUM, Lehrstuhl für Bauchemie, Garching

Rasmussen J (1986) Information processing and human machine interaction. North Holland, New York

Romero F (2009) Learning from Flight 1549: How to Land on Water. TIME, Saturday, 17. Jan. 2009

Rovelli C (2016) Die Wirklichkeit, die nicht so ist, wie es scheint. Rowohlt, Reinbek

Schrödinger E (1989) Was ist Leben? Die lebende Zelle mit den Augen des Physikers betrachtet. Piper, München, S 130

Searle JR (2006) Geist. Suhrkamp, Frankfurt

Sheldracke R (2015) Der Wissenschaftswahn. Warum der Materialismus ausgedient hat. Droemer, München

Smolin L (2015) Im Universum der Zeit. Pantheon, München

Struma D (2006) Ausdruck von Freiheit. Über Neurowissenschaften und die menschliche Lebensform. In: Struma D (Hrsg) Philosophie und Neurowissenschaften, Suhrkamp, Frankfurt

Vaas R (2016) Die vertrackte Gegenwart. bild der wissenschaft 12-2016, Leinfelden-Echterdingen, S. 30–35

Whitehead AN (1979) Prozess und Realität aus dem Englischen von Hans Günter Holm. Suhr-kamp, Frankfurt a. M.

Witzleben F (1997) Bewusstsein und Handlung. Ficht-Studien-Supplementa, Bd 9. Rodopi, Amsterdam

Zeh HD (2001) The thysical basis of the direction of time, 4. Aufl. Springer, Berlin

https://emilybezar.bandcamp.com/track/die-zeit-die-ist-ein-sonderbar-ding-time-is-weird-ri-chard-strauss. Zugegriffen: 6. März 2019

http://www.tcwords.com/faust-eine-tragodie-von-johann-wolfgang-goethe/. Zugegriffen: 14. März 2019

https://laemmchen.blog/2016/01/17/die-zeit-auf-dem-zauberberg/. Zugegriffen: 6. März 2019

Bewertung und Ausblick

4

4.1 Natur- und Geisteswissenschaften im Widerstreit

Wir haben an die Ballade „Der Zauberlehrling" erinnert, die Reaktorkatastrophen von Tschernobyl und Fukushima Daiichi sowie die Explosion der Bohrplattform Deepwater Horizon beschrieben. Und daraus geschlussfolgert, dass unbeabsichtigte Folgen durch die Nutzung technischer Systeme eine unvermeidliche Begleiterscheinung sind. Mit dieser unbefriedigenden Erklärung haben wir uns nicht abfinden können und wollen uns daher die naheliegende Frage nach der Regieführung stellen. Auch dieser Frage konnten wir uns wegen ihrer Komplexität nicht direkt nähern. Wir haben deshalb einen deduktiven Lösungsansatz gewählt, indem wir, ausgehend von dem grundlegenden Modell der Welt, uns mit der Ursache-Wirkungsstruktur und der Raum-Zeit-Struktur befasst haben. Wir haben beide Strukturen an intentionalen Strukturen gespiegelt und zusammengeführt. Mit dem beschriebenen natur- und geisteswissenschaftlichen Ansatz haben wir die drei vorgestellten Einzelereignisse analysiert. Wir erinnern uns, die Ballade „Der Zauberlehrling" haben wir ausgeschieden, weil auf sie die Ursache-Wirkungsstruktur nicht angewendet werden konnte.

Dies führte dazu, dass wir das Verhältnis zwischen natur- und geisteswissenschaftlichem Ansatz in zwei Fragen gefasst haben: „Wenn die naturwissenschaftliche Seite fragt: Wie kann es in einer Welt der Ursachen vernünftige Gründe geben, während die geisteswissenschaftliche Seite fragt: Wie kann es in einer Welt der vernünftigen Gründe Ursachen geben?" (Janich 2006). Für den naturwissenschaftlichen Ansatz wurden die Ursache-Wirkungsstruktur und die Raum-Zeit-Struktur als Erklärungsversuch zur Beantwortung dieser beiden, zugegeben, pointierten Fragen herangezogen.

Die Beschränkung auf die drei so verbliebenen Einzelereignisse haben wir beibehalten. Die drei Einzelereignisse aber zusätzlich in einem geisteswissenschaftlichen Ansatz aus der kognitiven Perspektive nach dem Modell des willentlichen

© Springer-Verlag GmbH Deutschland, ein Teil von Springer Nature 2019
V. Hoensch, *Die Katastrophen von Tschernobyl, Fukushima Daiichi und der Deepwater Horizon aus natur- und geisteswissenschaftlicher Sicht*,
https://doi.org/10.1007/978-3-662-59448-3_4

Handelns, mit der Bildung einer Handlungsabsicht (Intention) untersucht, um der Beantwortung der Frage nach der Zuverlässigkeit und damit der uns interessierenden Frage nach der Regieführung für menschliches Handeln näherzukommen.

Es ist der Sinn dieses Buches, die Handlungsfreiheit auf individueller, gruppenspezifischer und gesellschaftlicher Ebene, mit ihren jeweiligen Zwängen auf diesen Ebenen, in Beziehung mit der Zuordnung von Kausalität durch menschliches Handeln zu setzen. Für Kausalität haben wir die physikalische Einheit der Entropie vorgestellt. Warum gerade Entropie? Entropie besteht aus zwei Teilen, einem irreversiblen Teil, den wir nicht beeinflussen können, und einem reversiblen Teil, den wir durch unsere Handlungen gestalten können. Der Zweite Hauptsatz der Thermodynamik gibt uns also die Möglichkeit des Gestaltens.

Die Tatsache, dass wir zwei erfolgreiche Theorien haben, die Allgemeine Relativitätstheorie und die Quantenmechanik, ist Ausgangsbasis unserer Überlegungen. Quantenmechanik und Allgemeine Relativitätstheorie bilden die beiden großen Fortschritte der Physik des 20. Jahrhunderts. Die Quantenmechanik hat die elementaren Bausteine unserer Welt erkannt und wie mit diesen elementaren Bausteinen eine Technologie konstruiert, realisiert und genutzt werden kann. Dieser Prozess wird mit dem thermodynamischen und dem psychologische Zeitpfeil anschaulich. Der psychologische Zeitpfeil (s. Abb. 3.2) beschreibt unsere subjektive Unterscheidung zwischen vergangenen und zukünftigen Ereignissen. Wir können uns an die Vergangenheit erinnern, aber nicht an die Zukunft. Der thermodynamische Zeitpfeil (s. Abb. 3.2) beruht auf dem Zweiten Hauptsatz der Thermodynamik: Die Zukunft ist die Zeitrichtung, in der die Entropie zunimmt.

Die Quantenmechanik beschreibt die Welt im ganz Kleinen – das Allerkleinste.

Die Allgemeine Relativitätstheorie erlaubt eine unglaubliche Möglichkeit, das gesamte Universum – das Allergrößte – zu berechnen. Der kosmologische Zeitpfeil veranschaulicht dieses Phänomen. Das Universum hat mit dem Urknall begonnen und dehnt sich möglicherweise seither aus. Ob es sich bis in alle Ewigkeit ausdehnen wird, ist nicht sicher. Nach den derzeit vorherrschenden Berechnungen und Theorien sieht es so aus. Somit kann man die vergangene Zeit an der Größe des Universums ablesen: Die Zukunft ist die Richtung des größeren Universums.

Prigogine und Stengers (1993) schreibt, indem er auf Neumann hinweist, dass dieser festgestellt habe, dass es nur eine Einheit gebe, die außerhalb der Quantentheorie stehen könne: das menschliche Bewusstsein. Mit der Gegenwart verbunden ist die Vergangenheit, wie in der herkömmlichen Physik, durch die Kausalität, die Gegenwart mit der Vergangenheit jedoch durch das Bewusstsein, vgl. Kap. 2 (Sheldracke 2015). Mit dem Zusammenhang von Bewusstsein und Quantenmechanik befasst sich auch die Forschung. Neuere Forschungen insbesondere der Neurophysiologin Stephanie Tuss und Bern (2013) zum genannten Libet-Experiment bestätigen, dass anscheinend bis zur Beobachtung durch die Experimentatorin bzw. zur Entscheidung durch die Versuchsperson das gesamte System, MRI (Magnetresonanzspektroskopie) – Scanner und Computer –, in einem quantenmechanischen Überlagerungszustand etwas erklärt, dass bisher für nicht möglich gehalten wurde. Die berühmte Katze von Schrödinger würde damit quasi

Wirklichkeit. Die unselige Katze taucht in jedem Buch über die begrifflichen Schwierigkeiten der Quantenmechanik auf. Demnach wäre es unser Bewusstsein, das durch unsere Beobachtungen für den Zusammenbruch der Wellenfunktion und den Tod von Schrödingers Katze verantwortlich wäre.

Einen ähnlichen Zusammenhang von Relativitätstheorie und Bewusstsein bestätigt Goff (2017). Er bezieht sich auf Arthur Eddington, der als Erster die Allgemeine Relativitätstheorie von Einstein bewiesen hat. Eddingtons Annahme: Materie könne Bewusstsein besitzen, der Beweis dafür sei das menschliche Gehirn, sagt Golf.

Die Ergebnisse von Tuss und Bern (2013) und Goff (2017) geben Hinweise darauf, dass Quantentheorie und Relativitätstheorie mit dem Bewusstsein in Verbindung stehen. Auch wenn wir bei Weitem nicht alle Zusammenhänge von Quantenmechanik und Relativitätstheorie mit dem Bewusstsein verstehen, so ist sicher das Gehirn Materie in höchster Organisationsform.

Dass das Allerkleinste im Allergrößten die richtige Passung findet, dafür hat der Mensch durch sein bewusstes Handeln zu sorgen. Oder anders: Menschliches Handeln muss die Naturgesetze in Kenntnis der Denkgesetze anwenden.

Das ist unser Verständnis zur Frage der Regieführung. Dass es trotz der Passung vom Allerkleinsten im Allergrößten zu den beschriebenen katastrophalen Wirkungen kommen konnte, dafür steht der von Lesch beschriebene „Tunneleffekt". Die Wahrscheinlichkeit dafür, dass er eintritt, haben wir mit der Zunahme von Entropie, Informationsverfall oder Verantwortungsdiffusion begründet.

Der Tunneleffekt findet seine Entsprechung im „Schweizer-Käse-Modell", das wir in Kap. 1, Abb. 1.1 behandelt haben.

Der Konsequentialismus bezieht die Wahrscheinlichkeit einer Folge menschlichen Handelns in die Entscheidungsfindung ein. Beim Konsequentialismus geht es um Konsequenzen des Handelns, mit denen eine bestimmte Wirkung durch kausale Eingriffe herbeigeführt werden soll. Wir erinnern uns: Im Konsequentialismus wird der Kausalbegriff nicht von den Naturwissenschaften übernommen und auf das menschliche Handeln angewendet, sondern umgekehrt verfahren, d. h., dem menschlichen Handeln wird Kausalität zugeordnet. Der Konsequentialismus bedient sich auch des Bewusstseins, indem er drei Arten von Intentionalität kennt. Die motivierende Intentionalität erstreckt sich über die gesamte Ursache-Wirkungsstruktur und wird mit dem Eintritt der kausalen Wirkung erfüllt. Die vorausgehende Intentionalität (Entscheidung) wird mit jedem Handlungsschritt der Ursache-Wirkungsstruktur erfüllt oder wegen probabilistischer Faktoren nicht erfüllt. Die begleitende Intentionalität bestätigt oder korrigiert die Ergebnisse der vorausgegangenen Entscheidungen.

Anders ausgedrückt: Es geht um Zwecke, Ziele, Gründe, Wünsche, Intentionen etc., die nicht mit Ursachen verwechselt werden dürfen. Mit Intentionen soll eine bestimmte Wirkung durch kausale Eingriffe herbeigeführt werden. Und jeder Wirkung geht eine Ursache voraus. Somit ist der Konsequentialismus ein geeigneter Ansatz, den Widerstreit von Natur- und Geisteswissenschaften aufzulösen.

Unser naturwissenschaftliches Verständnis haben wir nicht auf die Ursache-Wirkungsstruktur beschränkt. Wir haben es um die Raum-Zeit-Struktur erweitert und sind so zu der Auffassung gelangt, dass die drei Zeitpfeile durch unser Bewusstsein verschmolzen werden. Das Bewusstsein hilft uns, Intentionalität zu erklären und damit zu verstehen, wie bewusstes Handeln (Intention) zu Erkenntnislücken führen kann, die im vorliegenden Fall zu den katastrophalen Ereignissen geführt haben. Diese Lücken wurden durch Verdrängung der Naturgesetze evoziert. Wir kamen zu dem Ergebnis, wenn man Ziele zu einer bestimmten Zeit erreichen will, muss man zwischen verschiedenen Zwängen eine Wahl treffen.

Oder allgemeiner dargelegt: Der Mensch ist in seinen Handlungen den Naturabläufen unterworfen. Er muss ihnen gehorchen. Im Konfliktfall, wie bei den drei katastrophalen Ereignissen, hat die Natur stets gewonnen und der Mensch war der Verlierer. Oder unter Einbeziehung der Zeit formuliert: Die Zukunft ist eine Verknüpfung von kausalen Einflüssen der Vergangenheit mit unvoraussagbaren Elementen – unvoraussagbar nicht nur, weil es praktisch unmöglich ist, die zu einer präzisen Voraussage nötigen Daten zu erlangen, sondern weil keine mit unserer Erfahrung kausal verbundenen Daten existieren.

Dieses Verständnis ist für uns so fundamental, dass wir nochmals komprimiert unser naturwissenschaftliches Verständnis der Ursache-Wirkungsstruktur und des Raum-Zeit-Kontinuums für die Ausformung von Intentionen unserer Handlungen beschreiben wollen.

4.2 Erklärungen durch die Ursache-Wirkungsstruktur

Mit Mathematik und Physik haben wir ein grandioses Modell geschaffen, das bestimmte Aspekte der Welt in einen logischen, mathematischen Zusammenhang stellt und uns viel Macht über die Natur verleiht, s. Kap. 3 (Bräuer 2005). Die vom Menschen geschaffene Mathematik erfasst auf geniale Weise ganz bestimmte Aspekte der Natur, nicht jedoch die Natur selber. Objektive kausale Bezüge in Raum und Zeit erlauben eine mathematische Behandlung, die zu den Grundgesetzen der Physik führt. In Raum und Zeit äußeren sich die Wirkungen physikalischer Kräfte. Es gilt:

Energie (oder Arbeit, was physikalisch dasselbe ist) = Kraft • Weg
Impuls = Kraft • Zeit
Impuls = Masse • Geschwindigkeit

Alle drei Beziehungen können im physikalischen Begriff „Wirkung" zusammengefasst werden:

Wirkung = Kraft • Weg • Zeit
Wirkung = Impuls • Weg
Wirkung = Energie • Zeit

Der Begriff „Wirkung" erfasst raum-zeitlich Energie, Impuls und Kraft. Damit wird Wirkung zum zentralen Begriff. Raum-zeitliche Bezüge erlauben uns das bewusste Erleben einer äußeren und inneren Welt. Damit ist die Frage der Regie-führung angesprochen, die eingesetzt wird, um unbewusste Weltinhalte bewusst zu machen.

Das Zusammenwirken von Bewusstsein und Physik beschreibt die fest-gestellten Wirkungen. Es ist die Objektivität unseres räumlichen und zeitlichen Welterlebens und der damit verknüpften Kausalität.

Die Hamilton-Bewegungsgleichungen legen das zukünftige Verhalten des Systems vollkommen fest, wenn für einen bestimmten Zeitpunkt alle Orts- und Impulskoordinaten bekannt sind. In dieser Tatsache drückt sich der für die klas-sische Mechanik charakteristische Determinismus aus. Andersdargestellt: Sie beschreibt die Abhängigkeit der Wirkung von den räumlichen und zeitlichen Koordinaten.

Die andere Gleichung, die Kontinuitätsgleichung, eine partielle Differenzial-gleichung, ist ein mathematischer Ausdruck für einen Erhaltungssatz über bestimmte extensive Größen, der besagt, dass die Zunahme einer solchen Größe innerhalb eines durch eine geschlossene Fläche begrenzten Raumgebietes gleich der Differenz aus Zeit- und Abfluss durch diese Fläche ist. Die Kontinuitäts-gleichung gilt beispielsweise in der Quantenmechanik für die Wahrscheinlichkeits-dichte. Anders formuliert: Die Kontinuitätsgleichung basiert auf dem statistischen Zusammenhang zwischen Ursache und Wirkung.

Beide Gleichungen kann man mathematisch zu einer linearen Gleichung, der quantenmechanischen Schrödinger-Gleichung, zusammenfassen. Indem man auf die Lösungen der Schrödinger-Gleichung zurückgreift, kann man an jeder Stelle die Werte der Wahrscheinlichkeitsfunktion ablesen, also die Wahrscheinlichkeit einer Wirkung feststellen (Experimentell mit dem Quanteninterferometer), vgl. Kap. 3 (Bräuer 2005).

Ebenso bekannt wie die Schrödinger-Gleichung ist die Beziehung:

$$\text{Energie} = \text{Masse} \cdot (\text{Lichtgeschwindigkeit})^2$$

Sie besagt, dass Masse und Energie einander entsprechen. Auf dieser Beziehung beruht letztlich die Funktionsweise von Kernreaktoren. Masse wird verringert und eine korrespondierende (enorme) Energiemenge wird freigesetzt.

Die Ursache-Wirkungsstruktur hilft uns mittels einer wissenschaftlichen Erklärung, Faktoren zu identifizieren, die kausal relevant für das Zustandekommen von Ereignissen sind. Wir haben dazu eine Heuristik, bestehend aus: Vorlaufphase, Ursache, Erzeugung eines inneren Zustands, Hinzutreten eines äußeren Systems, Point of no Return, auslösendes Ereignis, Kausalprinzip, probabilistische Einfluss-faktoren und Wirkung, für die drei Einzelereignisse aufgestellt, die die kausale Relevanz der verschiedenen Faktoren aufgezeigt. Wir haben teils deterministische, teils probabilistische Gesetzmäßigkeiten herangezogen, um uns der Komplexi-tät der drei Einzelereignisse zu nähern und deren zeitlichen Ablauf zu erklären. Wir haben die kausal relevanten Faktoren aufgezeigt, die wirksam geworden sind, damit die in Kap. 1 geschilderten Ereignisketten zu dieser dramatischen Realität werden konnten.

Entscheidend ist, dass ihr Zusammenwirken einen Prozess bewirkt, der nicht vollständig durch die Ursache-Wirkungsstruktur determiniert ist, so doch hochgradig wahrscheinlich ist und der zumindest retrospektiv nicht ohne die Einbeziehung der intentionalen Struktur rekonstruiert werden kann.

Oder anders gesagt: Die strenge Ursache-Wirkungsstruktur bedeutet, dass die Wahrscheinlichkeit für eine Wirkung genauso groß sein muss wie die Wahrscheinlichkeit der korrespondierenden Ursache.

Der Zusammenhang zwischen Ursache und Wirkung, die Kausalität, erweist sich als nicht eindeutig. Unsere materielle Wirklichkeit bietet Möglichkeiten an, von denen wir eine als Tatsache manifestieren. Die Grundbausteine der Materie, also die Atome oder Elektronen oder Kernbauteilchen erweisen sich als „nichtobjektiv". Ihre Wirkungen sind kontextabhängig. Manchmal wirken sie wie Wellen und manchmal wie Teilchen, je nachdem, wie man sie beobachtet, vgl. Kap. 3 (Bräuer 2005).

Der Begriff der Entropie ermöglicht einen Weg aufzuzeigen, durch den das Zustandekommen der behandelten Einzelereignisse erschlossen werden kann.

Entropie, die zur Zunahme von Unordnung führt, ist stets an den Faktor Zeit gebunden. Beobachten wir einen aktuellen Zustand niedriger Entropie, also hoher Ordnung, eine Zeit später, ohne dass zwischenzeitlich Energie in das System geflossen ist, wird die Entropie zum späteren Zeitpunkt höher sein. Somit kann die Entropie auch als Verbindungselement, als Kausalität, für die Ursache-Wirkungsstruktur angesehen werden.

Wir haben durch unsere Erklärungen der Ursache-Wirkungsstruktur und der intentionalen Struktur aufgezeigt, dass der Prozess, durch den die physikalische Außenwelt in die dem Bewusstsein vertraute Welt des täglichen Lebens übergeht, außerhalb des Bereiches der physikalischen Gesetze liegt. Und uns so ein Verständnis für die drei Einzelereignisse geschaffen, das uns die Antwort auf die eingangs gestellte Frage nach der Regieführung ermöglicht.

Zusammenfassend zitieren wir (Janich 2006):

> Der Mensch zeigt nicht bloß kausal erklärbares Verhalten (im Sinne des englischen behaviour, wie es etwa in den Reflexen vorliegt, ...; im Unterschied zum „Verhalten" im Sinne von Handlungsweisen, dem das englische conduct entspricht, wie etwa bei den Handlungsketten, die ein Mensch beim täglichen Weg von zu Hause zur Arbeitsstätte mit dem Auto absolviert). Der Mensch zeigt, dass er handelt und zwar zweckrational, und unter anderem eine semantisch gehaltvolle und geltungtragende Sprache beherrscht – ...

Der Zeitfaktor taucht in der Ursache-Wirkungsstruktur nicht auf. Er kommt mit der Raum-Zeit-Struktur ins Spiel, der wir uns jetzt zuwenden.

4.3   Erklärungen durch die Raum-Zeit-Struktur

Raum ist mathematisch im engeren Sinne gesehen ein sich in drei Dimensionen (Länge, Breite, Höhe) ohne feste Grenzen ausdehnendes Gebiet – ein Anschauungsraum. Diesen Anschauungsraum beschreibt der dreidimensionale euklidische Raum R^3. Raum in der Physik ist ein grundlegender Begriff zur Erfassung der gegenseitigen Anordnung von Körpern. Die Aufeinanderfolge und Dauer von Bewegungsabläufen und physikalischen Prozessen im Raum drückt sich in der Zeit als ordnender Parameter aus, s. Kap. 3.

Wir haben mehrfach darauf hingewiesen, dass sich die Eigenschaften der Zeit zwar beschreiben, aber nicht erklären lassen. Deshalb haben wir die Raum-Zeit-Struktur mit der Relativitätstheorie, einer Zusammenfassung der drei Raumdimensionen mit der Zeit als vierte Koordinate zu einem vierdimensionalen Raum (Raum-Zeit-Kontinuum), beschrieben. Der Begriff der Raum-Zeit ist Ausdruck der engen Verknüpfung von Raum und Zeit in den beiden Relativitätstheorien und ermöglicht so deren einheitliche Beschreibung, vgl. Kap. 3. Der Speziellen Relativitätstheorie liegt quasi eine pseudoeuklidische Metrik (auf den Meter als Maßeinheit bezogen) zugrunde, die die Erweiterung des euklidischen Raumes der klassischen Physik um die zeitliche Dimension zum Minkowski-Raum M^4 beschreibt (ebene Raum-Zeit). In der Allgemeinen Relativitätstheorie ist die Metrik prinzipiell nichteuklidisch, und der metrische Tensor (Begriff der Vektorrechnung, Vektoren sind physikalische Größen, die neben dem Betrag die Angabe von Richtung und Richtungssinn beinhalten) hängt von den Koordinaten ab. Die Allgemeine Relativitätstheorie liefert als geometrische Theorie der Gravitation eine vollständige relativistische Beschreibung des Gravitationsfeldes. Dies führt zu einer gekrümmten Raum-Zeit (Raum-Zeit-Krümmung), s. Kap. 3. Die Allgemeine Relativitätstheorie wird durch eine ganze Reihe experimenteller Nachweise in ihren Vorhersagen bestätigt.

Kant dachte, dass die zeitliche Einheit unseres Ichs eine ursprüngliche Leistung unseres Bewusstseins ist, ein Vermögen, Einheit in der Mannigfaltigkeit der Sinneserlebnisse zu stiften. Die heutige Neurophysiologie und Kognitionspsychologie geben ihm recht; sie zeigen, dass unsere Zeitwahrnehmung auf diskontinuierlichen Vorgängen beruht, so dass unser Erleben „der" Zeit in Form eines kontinuierlich verstreichenden Zeitflusses ein Konstrukt unseres Bewusstseins sein muss – was auch immer dieses Bewusstsein ist, das zu erklären hartnäckig nicht gelingt, vgl. Kap. 2 (Falkenburg 2012). Wir zitieren Bräuer im Kap. 3:

> Es ist wie mit dem blinden Fleck des Auges: Unsere Wahrnehmung der Welt ist zwar fehlerhaft, doch erleben wir die Fehler nicht. Das Bewusstsein stellt sich verzögert ein und tut alles, um die Tatsache – vor sich selbst – zu verbergen. Es trügt. Es täuscht sich selbst. Das ist sehr zweckmäßig – wenn man genügend Zeit hat. (Bräuer 2005)

Der Ansatz von Kant hilft, den angesprochenen Widerstreit zu versöhnen, aber nicht vollständig aufzuklären. Deshalb wollen wir nochmals auf den angesprochenen Widerstreit mit der Unterscheidung von Gründen und Ursachen zurückkommen. Ursachen sind objektiv; sie gehören zu den physischen Phänomenen. Gründe dagegen sind subjektiv; sie gehören zu den mentalen Phänomenen. Wie betont, man darf physische Ursachen nicht mit mentalen Gründen verwechseln.

Gründe kann man als bewusste Erlebnisform von Gehirnprozessen ansehen.

Ursachen haben nichts mit der Erlebnisform zu tun, sie können nur deterministisch durch die Ursache-Wirkungsstruktur erschlossen werden, vgl. Kap. 2 (Penzlin 2014).

Der Mensch nimmt die Wirklichkeit wie durch einen Spiegel wahr. Oder anders dargelegt: Im Menschen betrachtet sich das Universum wie durch einen Spiegel. Oder reziprok gesagt: Das Universum kann als kontinuierliche Erweiterung des menschlichen Körpers aufgefasst werden.

Die Menschen können nur in dem Maß auf ihre Umwelt einwirken, wie sie Informationen aus ihrer Umwelt empfangen. Ohne Information wäre alles Gestalterische unmöglich. Wenn das raum-zeitliche Handeln fortschreitet, so ist es das Bewusstsein, das sich informiert. Das Universum wird in seiner ganzen zeitlichen Dimension entfaltet. Die Zeit ist etwas Gegebenes, sie verrinnt nicht. Aber als Folge der Anpassung des Bewusstseins an die Entwicklung unseres Universums kann das Bewusstsein diesen Prozess zum Erwerb von Information nur in der Richtung der wachsenden Entropie und damit der Zeitrichtung begleiten.

Der Erwerb von Information, die Formung von Organisation, das Kompensieren des Verschleißes an Maschinen, der Einsatz den Menschen entlastender Werkzeuge etc., bedingen einen konzentrierten Einsatz von Energie mit dem Zweck, Zeit „zu kaufen, sprich zu gewinnen". Jede schöpferische Tat ermöglicht es, das Verrinnen der Zeit zu kompensieren, jede neu entwickelte Maschine schafft Zeit, eine potentielle Zeit, und potentielle Zeit ist Information. Mit der Erzeugung von Information nimmt andererseits die Entropie zu, Fehler werden damit häufiger.

Unsere Epoche, die so gierig ist, Zeit „zu kaufen", wird durch dieses zeitgewinnende Handeln ebenso charakterisiert wie durch die Eroberung unseres Raums.

Man kann das Geschehen im raum-zeitlichen Beziehungsrahmen auch als Zusammenspiel von Naturereignissen und Handlungen betrachten.

Naturereignisse sind determiniert, sie unterliegen streng der Ursache-Wirkungsstruktur. Handlungen sind eher unterdeterminiert. Der Mensch kann unter den einschränkenden Bedingungen des raum-zeitlichen Beziehungsrahmens mit seinem Verhalten entsprechend „federnd" reagieren. Das bedingt aber auch, dass der Mensch zu seiner eigenen Unfreiheit beiträgt und damit seine Willensfreiheit selbst einschränkt.

Auch hier kommen wir zu dem Schluss, dass es Gründe, Einstellungen wie Wünsche, Befürchtungen, Meinungen, Hoffnungen, Intentionen etc. sind, die uns helfen sollen, in der kausalen Welt zurechtzukommen, was leider bei den katastrophalen Ereignissen nicht der Fall war.

4.4 Erklärungen durch die intentionale Struktur

Den Widerstreit von Natur- und Geisteswissenschaften haben wir von der naturwissenschaftlichen Seite durch die Erklärungen der Ursache-Wirkungsstruktur und der Raum-Zeit-Struktur aufgezeigt. In diesem Abschnitt werden wir diesen Widerstreit unter dem geisteswissenschaftlichen Aspekt betrachten und dazu intentionale Strukturen heranziehen.

Teleologische (zielgerichtete) Erklärungen unterstellen Intentionen, und diese sind vom Standpunkt der wissenschaftlichen Erklärung aus irreduzibel (nicht ableitbar).

Wissenschaftliche Erklärungen, egal ob sie deduktiv-nomologisch (deduktiv-nomologisch ist eine formale Struktur der wissenschaftlichen Erklärung eines Kausalzusammenhangs mittels natürlicher Sprache) oder probabilistisch sind oder auf kausal relevanten Mechanismen beruhen, lassen das Zustandekommen unserer Pläne, Absichten und Handlungen im Dunkeln. Erklärungen sind entweder wissenschaftlich oder auf das Handlungsziel ausgerichtet, aber nicht beides, das eine schließt das andere aus, wie wir es durch die Gegenüberstellung der Ursache-Wirkungsstruktur und der intentionalen Struktur für die drei Einzelereignisse gesehen haben. Damit wird die Wichtigkeit der eingeführten Unterscheidung von Gründen und Ursachen zum wiederholten Male unterstrichen. Nochmals: Gründe sind nicht Ursachen, zwischen beiden ist streng zu unterscheiden.

Ob eine Person aus den von ihr angenommen Gründen, Zwecken – nicht Ursachen – gehandelt hat, kann weder von ihr selbst, geschweige denn von einer anderen Person mit Sicherheit entschieden werden.

Als physikalisches System unterliegt das Gehirn darüber hinaus neben physischen Gesetzen auch probabilistischen Gesetzen.

Probabilistische Gesetze erlauben keine Prognosen für Einzelereignisse, sondern nur solche für statistische Gesamtheiten. Alle Aussagen über den Einzelfall, auf die eine probabilistische Erklärung zielt, sind mit dem Induktionsproblem behaftet. Sie führen zu induktiven Schlüssen, die nicht zwingend sind, was das Auftreten eines Einzelereignisses innerhalb einer gewissen Zeitspanne betrifft. Ein probabilistisches Gesetz sagt gerade nicht vorher, ob und wann ein bestimmtes Ereignis eintreten wird. Auch die Erklärung eines vergangenen Einzelereignisses bleibt lückenhaft; denn warum ein Ereignis zu einem bestimmten Zeitpunkt eintrat und nicht früher oder später oder gar nicht, bleibt ungeklärt (s. „Tunneleffekt").

Wir können nicht Denkgesetze wie Naturgesetze behandeln, denn sie sind Gesetze, denen man unbedingt folgen soll, damit derartige Ereignisse wie die drei geschilderten katastrophalen Ereignisse nicht auftreten, aber, wie wir ebenfalls gesehen haben, nicht unbedingt befolgt wurden. Das Befolgen ist eine Empfehlung, aber kein Muss. Andererseits muss der Naturwissenschaftler die Gesetze des Denkens antizipieren, bevor er die Naturgesetze anwendet. Eine physikalische Maschine ist eine Konstruktion unter Befolgung der Naturgesetze, der Konstrukteur kann aber nicht zur Gänze die Hintergründe des intentionalen Handelns des Operateurs antizipieren.

Bennett und Hacker (2006) stellen fest:

> Theorien und Hypothesen im naturwissenschaftlichen Sinn kommen in der Philosophie nicht vor. Denn in den Wissenschaften dienen Theorien der Erklärung von Phänomenen, und Hypothesen werden zu ihrer Erklärung eingesetzt. Es muss möglich sein, wissenschaftliche Theorien in der Erfahrung zu prüfen. Sie können wahr (oder falsch) sein, aber genauso gut können sie auch nur Annäherungen an die Wahrheit darstellen. Die Philosophie dagegen klärt, was sinnvoll ist und was nicht. Sinnbestimmungen gehen der Erfahrung voraus und werden von wahren Urteilen genauso vorausgesetzt wie von

falschen. In der Philosophie kann es keine Theorien geben, aus denen man Hypothesen über Ereignisse ableiten oder mit deren Hilfe man erklären kann, warum die Dinge so ablaufen, wie es faktisch geschieht.

(Janich 2006) geht auf den Unterschied Natur- und Geisteswissenschaften ein, indem er ausführt:

> Das natur- und das geisteswissenschaftliche Menschenbild schließen sich gegenseitig aus: Der Mensch … ist in naturwissenschaftlicher Perspektive letztlich auch nur naturgesetzlich-kausal funktionierende Materie; in geisteswissenschaftlicher Perspektive bleibt der erkennende Mensch … in seinen Erkenntnissen über Geist und Gehirn von Kulturleistungen … abhängig.

Dieser Feststellung werden wir im Zusammenhang mit der Behandlung von Organisationen, deren Unternehmenskultur oder spezifischer Sicherheitskultur, nachgehen.

Wir bleiben noch bei Janich, weil wir seine Ausführungen zum Unterschied von Gründen und Ursachen teilen: „Oder kurz, in einer Welt der Ursachen gibt keine (davon unabhängigen) Gründe, und in einer Welt der Gründe gibt es keine (davon unabhängigen im Sinne von unerkannten) Ursachen" (Janich 2006).

Diese beiden Einschränkungen weisen uns einen Ausweg, den Widerstreit aufzulösen. An die Stelle des Widerstreites stellen wir eine sinnvolle Art der Komplementarität und der Kooperation natur- und geisteswissenschaftlicher Aspekte.

Abschließend: Wir können intentionale Strukturen von Handlungen nicht dadurch erklären, dass jemand etwas will.

4.5 Auflösung des Widerstreits von Natur- und Geisteswissenschaften

Diese zusammenfassende Feststellung leitet uns hin zu dem angesprochenen Doppelcharakter von Handlungen. Der Doppelcharakter wird einerseits durch die Ursache-Wirkungsstruktur und das raum-zeitliche Verhalten und andererseits durch den von Nida-Rümelin geprägten Konsequentialismus geformt. Für die Ausformung des Konsequentialismus steht das willentliche Handeln des Menschen durch die Verfolgung von Zielen (Konsequenzen), das Umsetzen von Plänen und Absichten in die Tat. Willensfreiheit wird durch äußere Umstände und andere Entscheidungträger, aber auch durch den Handelnden selbst begrenzt. Wir haben gesehen, dass zur Erklärung der drei katastrophalen Einzelereignisse die Ursache-Wirkungsstruktur und das raum-zeitliche Verhalten nicht ausreichen. In die Erklärungen mussten wir auch die Intentionen und somit die Gründe oder eine andere Antriebskraft einbinden, wie es mit der Ursache-Wirkungsstruktur und dem raum-zeitlichen Verhalten nicht geschieht. Die Freiheit der Handlung, die Antriebskraft des Handelnden und der absichtliche bzw. angeordnete Entschluss zur Überschreitung des „Rubikons" unterscheiden sich völlig von den

Elementen der beiden naturwissenschaftlichen Strukturen. Der Determinismus schließt Willensfreiheit aus. Bei regel- und wissensbasiertem Verhalten ist dagegen freier Wille Realität. Wir erinnern uns an Searle (2006) im Kap. 2, der sagt, dass das Bewusstsein das Gehirn so organisiert, dass das bewusste Treffen von Entscheidungen auch stattfinden kann, wenn kausal hinreichende Bedingungen fehlen. Beim Bogenschützen war dies nicht der Fall. Er traf die Entscheidung, die Bogenspannung zu lösen und hat damit den Point of no Return überschritten. Damit war die kausale Bedingung für das auslösende Ereignis, der Vollzug der Entscheidung, erfüllt. Bei der Reaktorkatastrophe von Tschernobyl fehlten dagegen die kausal hinreichenden Bedingungen für die Entscheidung, den Versuch nach einer halbtägigen Unterbrechung fortzuführen, weil sie durch die Veränderungen des neutronenphysikalischen Zustandes nach Überschreitung des Points of no Return während der Unterbrechung des Versuchs nicht gegeben waren. In Fukushima Daichii wurde die Anlage mit einer unzureichenden und ungeschützten Notstromanlage betrieben und dadurch der Point of no Return überschritten. Das auslösende Ereignis, die Tsunamiwelle, zeigte auf, dass die kausalen Bedingungen für den Betrieb des Kraftwerks nicht gegeben waren. Auf der Bohrplattform Deepwater Horizon wurde der Point of no Return durch die falsche Bohrtechnik gebildet. Der verfrühte Austausch der über dem Zement liegenden Bohrflüssigkeit durch Meerwasser im Bohrloch zeigte, dass die kausalen Bedingungen für die Entscheidung des Bohrtrupps, den Austausch vorzunehmen, fehlten.

Man könnte es so zusammenfassen: Alle drei Einzelereignisse zeigen deutlich, dass die jeweiligen Intentionen dazu führten, dass die Überschreitung des Points of no Return nicht erkannt bzw. das auslösende Ereignis willentlich herbeigeführt wurde bzw. durch ein Naturereignis herbeigeführt werden konnte. Letzteres geschah in Fukushima Daiichi.

Bei Nida-Rümelin finden wir mit dem Konsequentialismus im Kap. 2 (Nida-Rümelin et al. 2012) einen Ansatz, den Widerstreit zu überwinden. Er formuliert, in welcher Weise man ein konkretes Verhalten zu einem Zeitpunkt an einem bestimmten Ort als eine Handlung beschreibt, hängt sowohl von der Kausalität der Handlung und dem raum-zeitlichen Verhalten als auch von den Intentionen des Handelnden ab. Diese Feststellung sehen wir als entscheidend an, weil es danach für eine Handlung nicht nur eine zielführende Intention gibt, sondern in seinem Modell aus unterschiedlichen Intentionen gebildet werden, die sowohl kausal und raum-zeitlich als auch mental wirken. Nida-Rümelin löst somit den Widerstreit auf, indem er die handlungskonstitutive Intentionalität als komplex betrachtet. Wir haben uns mit dieser Komplexität in Abschn. 2.9 unter Einbeziehung des Rubikon-Modells des Handelns (Abb. 2.3, Kap. 2) befasst. Danach schließt die Intention den kausalen und raum-zeitlichen Charakter der Handlung und den mentalen (spezifischer: intentionalen) Charakter der Handlung ein. Wir haben festgestellt, dass der Handlungsgrund (motivierende Intention) im Rubikon-Modell des Handelns links des Rubikons steht und die vorausgehende Entscheidung links des Rubikons gebildet wird und mit der zentralen Entscheidung zur Überschreitung des Rubikons führt. Die begleitenden Intentionen (Verhaltenskontrolle) erstrecken sich auf die drei weiteren Schritte nach der Überschreitung des Rubikons im Rubikon-Modell. Zur Verdeutlichung: Handlungen bestehen aus der Ursache-Wirkungsstruktur und der motivierenden Intention (beide Begriffe im Singular). Darüber hinaus werden Handlungen durch das raum-zeitliche Verhalten und die begleitenden Intentionen (Verhaltenskontrolle) (beide Begriffe im Plural) geformt. Dabei verstehen wir die begleitenden Intentionen als Verhaltenskontrolle. Die Verhaltenskontrollen beziehen sich auf die gesamte Handlung und bestehen aus mehreren in sich geschlossenen Regelkreisen nach dem Rubikon-Modell des Handelns. Wir haben die Differenzierung von Handlung bzw. Verhalten und Intention mit den drei Einzelereignissen erläutert und festgestellt, dass der katastrophale Endzustand bei den Einzelereignissen auf einen Mangel in der begleitenden Verhaltenskontrolle zurückgeführt werden kann und dass die motivierende Intention durch die am Ende des Geschehens stehende katastrophale Wirkung nicht erfüllt wurde. Die vorausgehenden (handlungsleitenden) Intentionen werden durch jeden Handlungsschritt erfüllt und haben Einfluss auf das raum-zeitliche Verhalten während des jeweiligen Handlungsschritts. Diese Zusammenhänge sollen hier graphisch dargestellt werden, s. Abb. 4.1.

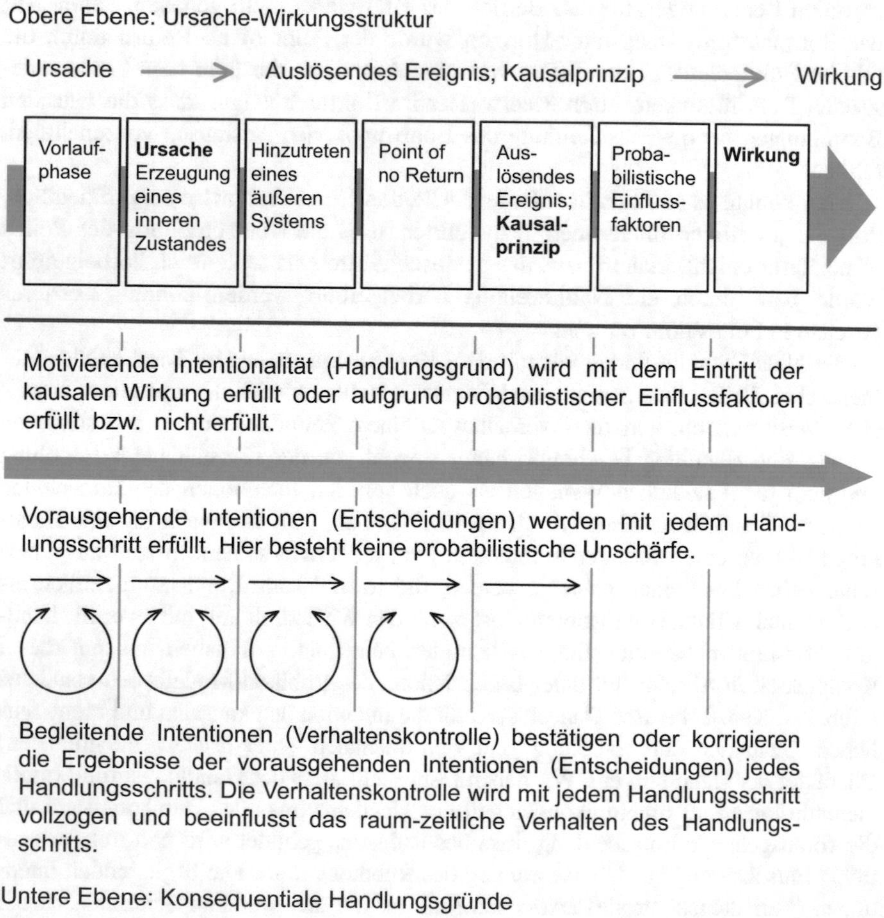

Obere Ebene: Ursache-Wirkungsstruktur

Ursache ⟶ Auslösendes Ereignis; Kausalprinzip ⟶ Wirkung

| Vorlauf-phase | **Ursache** Erzeugung eines inneren Zustandes | Hinzutreten eines äußeren Systems | Point of no Return | Aus-lösendes Ereignis; **Kausal-prinzip** | Proba-bilistische Einfluss-faktoren | **Wirkung** |

Motivierende Intentionalität (Handlungsgrund) wird mit dem Eintritt der kausalen Wirkung erfüllt oder aufgrund probabilistischer Einflussfaktoren erfüllt bzw. nicht erfüllt.

Vorausgehende Intentionen (Entscheidungen) werden mit jedem Handlungsschritt erfüllt. Hier besteht keine probabilistische Unschärfe.

Begleitende Intentionen (Verhaltenskontrolle) bestätigen oder korrigieren die Ergebnisse der vorausgehenden Intentionen (Entscheidungen) jedes Handlungsschritts. Die Verhaltenskontrolle wird mit jedem Handlungsschritt vollzogen und beeinflusst das raum-zeitliche Verhalten des Handlungsschritts.

Untere Ebene: Konsequentiale Handlungsgründe

Abb. 4.1 Zusammenwirken von Ursache-Wirkungsstruktur, raum-zeitlichem Verhalten und mentalen Intentionen

Wie dargestellt, erstreckt sich die motivierende Intentionalität über die gesamte Ursache-Wirkungsstruktur. Die vorausgehenden Intentionen finden ihre Bestätigung mit dem Abschluss des jeweiligen Handlungsschritts und enden mit dem auslösenden Ereignis. Die begleitende Verhaltenskontrolle ist ein Regelkreis für jeden Handlungsschritt und endet mit dem Point of no Return. Dies trifft auch für das raum-zeitliche Verhalten zu. Beim auslösenden Ereignis ist ein Eingriff nicht mehr möglich, das Geschehen nimmt seinen Lauf.

Wir bleiben noch bei dem Zusammenwirken von Natur und Geist. In der Antike galt die Formel „weder von Natur noch gegen die Natur". Diese Formel besagt, dass der Mensch nicht nur den Ursachen der Natur ausgesetzt ist, sondern dass auch seine Handlungsgründe unter gegebenen Bedingungen von ihm selbst gesetzten Prinzipien folgen können. In diesem Rahmen kann der Mensch sein Leben gestalten. Struma (2006) beschreibt dies so:

> Der besondere Stellenwert der menschlichen Lebensform ist in der Überlagerung der natürlichen Ordnung durch künstliche Ordnungen begründet. Personen sind nicht nur externen Zwängen und Einflüssen ausgesetzt, sondern können mittelbar durch die Entwicklung und Etablierung künstlicher Ordnungen eigene Verhaltensweisen initiieren. … Die Fähigkeit, künstliche Ordnungen in der Welt zu etablieren, unterscheidet die menschliche Lebensform gleichwohl in eminenter Weise von anderen animalischen Lebensformen.

Personen sind gleichermaßen Ursachen unterworfen und für Gründe, Zwecke, Ziele etc. empfänglich.

Das hier vorgestellte Konzept der Willensfreiheit ist nicht grenzenlos, sondern verfolgt die mit dem Konsequentialismus vorgegebenen Ziele. Willensfreiheit unterstellt keinen Gegensatz von Freiheit und Determination. Menschliche Freiheit manifestiert sich als innere Determination durch Gründe (Struma 2006).

Die von uns beschriebenen Libet-Experimente widersprechen keineswegs dem vorangegangenen Verständnis von Willensfreiheit. Zwar deutet Libet seine Experimente als Beleg dafür, dass kein freier Willensakt die Handlungen einleitet (vgl. die Kausalkette Bogenschuss in Kap. 2). Er räumt aber ein, dass Personen immerhin die Möglichkeit hätten, die vom Gehirn in Gang gesetzten Bewegungen aufzuhalten. Diese ebenfalls von ihm skizzierte Vetofunktion erfülle in Handlungsabläufen ersichtlich Steueraufgaben (Struma 2006).

Wir schließen diesen Abschnitt mit einem Zitat von Einstein ab: „Der intuitive Geist ist ein heiliges Geschenk und der rationale Verstand sein treuer Diener. Wir haben eine Gesellschaft geschaffen, die den Diener verehrt und das Geschenk vergessen hat."

Die Natur und die Gesellschaft „thermodynamisch" zu sehen ist, den Wettbewerb zwischen Strukturbildung und Zerfall zu begreifen. Die Strukturbildung spiegelt sich in dem Bestreben nach Selbstverwirklichung und im Ausschöpfen der

Willensfreiheit wider. Beides liegt im Widerstreit. Selbstverwirklichung geht auf die individuellen Veranlagungen zurück. Die Willensfreiheit wird durch die „Gurtbänder", die die Gesellschaft der Selbstverwirklichung gewährt, entfaltet oder begrenzt. Dadurch wird Konfliktpotential geschaffen. Die Gesellschaft bildet das übergeordnete System für die Willensfreiheit, das sich gegen die entropischen Zerfallserscheinungen verteidigen muss. Dies geschieht durch den kulturellen Rahmen für das Zusammenleben in der Gesellschaft. Dieser Rahmen führt anderseits zur Einschränkung der Willensfreiheit, da sich individuelle und gesellschaftliche Interessen oft widersprechen. Die Kunst besteht nun darin, diese sich widerstreitenden Interessen durch Entscheiden in Einklang miteinander zu bringen.

Wir wollen im Abschn. 4.6 darstellen, welchen Zwängen der Mensch beim Umgang mit diesem Geschenk unterliegt. Der Mensch hat die Möglichkeit, unter den einschränkenden Bedingungen, die ihm von seiner Umgebung (Natur), seinen und den Wünschen, Zielen etc. anderer Personen vorgegeben werden, sein Verhalten zu verändern. Das schließt aber auch ein, dass die Menschen zu ihrer eigenen Unfreiheit beitragen und wider ihre besseren Einsichten und Gründe, wie bei den drei katastrophalen Einzelereignissen, handeln. Wir wollen diese Einschränkungen der Willensfreiheit durch die Mechanismen von Entscheidungen erklären.

4.6 Entscheiden

Wir möchten an den Anfang dieses Abschnitts ein Ereignis aus dem beruflichen Alltag der Fertigung in der Automobilzulieferindustrie stellen.

Dieses Ereignis bezieht sich auf die Herstellung von Airbags. Der Airbag (Luftsack) ist ein Bestandteil der passiven Sicherheit im Automobil.

Der Airbag erfüllt seine Aufgabe durch folgende Funktionskette:

1. Zum Zeitpunkt „null" geschieht der Crash.
2. 25 ms (Millisekunden) später aktiviert der elektronische Sensor die Zündpille des Fahrermoduls (wir beschränken uns auf den Fahrer, d. h., andere Airbags im Fahrzeug funktionieren nach dem gleichen Prinzip).
3. Nach 30 ms ist die Abdeckung des Fahrermoduls aufgerissen, und der Airbag wird aufgeblasen.
4. Nach ca. 55 ms ist der Fahrerairbag vollständig aufgeblasen, und der Fahrer taucht ein.
5. Nach 85 ms ist der Fahrer maximal in den Airbag eingetaucht und bewegt sich wieder vom Lenkrad weg.
6. Nach 150 ms ist das gesamte Unfallgeschehen abgeschlossen, die Insassen befinden sich in der Ausgangsposition und der oder die Airbags sind weitgehend entleert.

Es gibt verschiedene Airbag-Einheiten. Unser nachstehendes Beispiel bezieht sich auf Airbag-Einheiten mit Hybridgasgeneratoren, die aus einem Druckgefäß mit einem komprimierten Gas und einer pyrotechnischen Baugruppe, die zum Auslösen und Aufheizen des ausströmenden Gases dient, bestehen. Auf die Herstellung derartiger Airbag-Einheiten bezieht sich folgendes Ereignis.

Bei der Montage der Airbags wurde bei der Handhabung durch leichte Kühlung der Hand festgestellt, dass vom Druckgefäß Gas ausströmte. Der Monteur informierte davon eine Person seines Vertrauens, die ihrerseits den letztlich verantwortlichen Entscheidungsträger von diesen Beobachtungen unterrichtete. Dieser Entscheidungsträger entschied, die Montage der Airbags fortzuführen, ohne das beobachtete Kühlen der Handfläche aufzuklären und die defekten Druckgefäße einzubauen, obwohl zwischenzeitlich das Gefühl des Monteurs durch Blasentests im Wasser (aufsteigende Blasen) bestätigt wurde, dass das Druckgefäß sich langsam, aber stetig entleerte.

Wir möchten diese Beobachtung hier nicht kommentieren, geschweige denn extrapolieren, sondern daran die Mechanismen von Entscheidungen aufzeigen.

Bevor wir uns den Mechanismen von Entscheidungen zuwenden, möchten wir darauf hinweisen, dass die skizzierte Beobachtung aufzeigt, wie schwer eine formelle, rechtlich abgesicherte Teilhabe am Entscheidungsprozess nachweisbar ist. Ebenso ist der zu dieser Entscheidung führende Kommunikationsprozess kaum nachweisbar, weil er abseits der schriftlich festgelegten organisatorischen Wege erfolgte. Die zunehmend spezialisierten Kenntnisse für den Arbeitsprozess flexibilisieren den Entscheidungsspielraum der Mitarbeiter und der Entscheidungsträger. Dadurch wird ein ständiger Dialog zwischen den Führungskräften, ihren Mitarbeitern und der Unternehmensleitung notwendig. Der Dialog kann patriarchalisch (Stichwörter: „par ordre du mufti" und „Ukas"), also eindimensional oder kooperativ (Stichwort lat. „pater familiae", wörtlich „Familienvater"), also mehrdimensional, geführt werden. Die Redewendung „par ordre du mufti" haben wir schon erklärt, wollen aber hinzufügen, dass solche auf Autorität beruhenden Entscheidungen und Anweisungen auf die Betroffenen stets demotivierend wirken. Manchmal sind sie jedoch unumgänglich. Es wäre dann im Detail zu untersuchen, inwieweit die jeweils vorhandene Führungsstruktur dazu geführt hat, einen Widerspruch von den Betroffenen zu unterbinden. Den Begriff „pater familiae" müssen wir erklären. Der „pater familiae" besitzt zwar als Führungspersönlichkeit die letzte Entscheidungsgewalt und hat folglich auch die ungeteilte Verantwortung zu tragen, ist aber an Recht, Sitte, Unternehmenskultur, Gewohnheit und Ethik, Moral gebunden. Dieser Verantwortung kann die Führungspersönlichkeit nur gerecht werden, wenn sie den Hinweisen aus der „familia" nachkommt, die Beratung und die Zusammenarbeit mit der „familia" pflegt und fördert, also einen kooperativen Führungsstil praktiziert.

Beim Führungsstil, unabhängig von dessen Ausformung, geht es letztlich um Einfluss oder die Möglichkeit (Macht) dazu. Die Wortwurzel von „Macht" stammt nicht von „machen", sondern von „(ver-)mögen". Macht ist somit die Möglichkeit oder Potenz (das Können!), etwas in Bewegung zu setzen. Damit berührt sich der Begriff Macht mit dem der Führung, bei dem die „Bewegungswirkung" Dahms

(1963) ein entscheidendes Definitionsmerkmal ist. Wir haben die „Bewegungs-wirkung" mit den drei Zeitpfeilen, dem thermodynamischen, dem psycho-logischen und dem kosmologischen, beschrieben.

Der Machtbegriff lenkt die Aufmerksamkeit auf Gegebenheiten, die in der Organisation zu lokalisieren sind. Macht dient der Unsicherheitsabsorption, die im Unternehmen vermieden werden soll. Dabei stimmt das Machtprofil einer Orga-nisation nicht mit der formalen Über- und Unterordnung in einem Unternehmen überein.

Als alltagssprachlicher Begriff lässt sich Macht nicht auf eine einzelne seiner vielen Verwendungsmöglichkeiten eingrenzen. Wir verwenden den Begriff Macht im Sinne von Kausalität (Ursache-Wirkungsstruktur), Steuerung (raum-zeitliches Verhalten), Motivation (intentionale Struktur) und Verursachung (konsequentiale Handlungsgründe). Macht dient zur Steuerung von Informationen in Organisatio-nen. Durch diesen Steuerungsprozess von Informationen unterscheidet sich das organisatorische System von dem vorherigen Zustand. Diesen Unterschied des Systemzustandes zu verschiedenen Zeitpunkten haben wir als Entropiezunahme beschrieben. Oder wie ausführlich dargelegt: Informationsverarbeitung ist Erzeugung von Negentropie.

Oder anders ausgedrückt: „Entscheidungen können nur kommuniziert wer-den, wenn auch abgelehnte Möglichkeiten mitkommuniziert werden, denn anders würde nicht verständlich werden, dass es sich überhaupt um eine Entscheidung handelt (Luhman 2006)".

Wir bleiben bei Luhmann und fangen mit einem weiteren Zitat von ihm das Phänomen der Zeit ein:

> Entscheidungen markieren eine durch sie selbst bewirkte Differenz von Vergangenheit und Zukunft. Sie markieren damit die Irreversibilität der Zeit. Bemerkenswert ist, dass dies in der Form von Ereignissen geschieht, die selbst an Zeitpunkte gebunden sind, also weder reversibel noch irreversibel sind. (Luhman 2006)

Jede Entscheidung setzt die durch den thermodynamischen und kosmologischen Zeitpfeil geprägte „Universalzeit" voraus, die kontinuierlich die Unterscheidung von Vergangenheit und Zukunft in eine andere, eine neue Gegenwart überführt (Luhman 2006). Das meint natürlich, die Gegenwart als den Ort von wirklichen Entscheidungen ernst zu nehmen, also auch vom Ringen um diese Entscheidung mit Blick auf eine offensichtlich für alle riskant gewordene Zukunft.

Kausalität ist ebenfalls mit Zeit verbunden, weil Ursachen früher auftreten müssen, bevor Wirkungen eintreten können. Luhmann stellt fest: „Elemen-tare Kausalität im Sinne eines Bewirkens von Wirkungen durch Ursachen ist also immer ein Zeit in Anspruch nehmendes, Zeitdifferenzen überbrückendes Geschehen (Luhman 2006)".

„Kausalität scheint demnach nichts anderes zu sein als die in bestimmter Weise schematisierte Zeit, so wie es in anderer Weise auch für Raum gilt.", fährt Luhmann fort (2006).

Wir haben aufgezeigt, dass Entscheidungen zu den katastrophalen Resultaten bei den drei Einzelereignissen geführt haben.

Nochmals in Kürze: Für den RBMK-Reaktor in Tschernobyl wurde entschieden, den geplanten Versuch auf „Biegen und Brechen" durchzuziehen. Für die Anlage Fukushima Daiichi wurde die Entscheidung getroffen, die Anlage in einer durch Tsunami gefährdeten Küstenregion zu errichten und ohne ausreichende Schutzmaßnahmen zu betreiben. Auf der Bohrplattform Deepwater Horizon wurde entschieden, eine falsche Bohrtechnik einzusetzen, um den Termin- und Kostendruck aufzufangen.

Entscheidungen werden oft hingenommen, weil man den Entscheidungsträger nicht verletzen möchte. Der Entscheidungsträger ist somit auch abhängig vom Entscheidungsempfänger. Nie würde, wie durch unsere obige Beobachtung aufgezeigt, im System eine Erforschung des wirklichen Geschehens in zielführender Richtung zugelassen werden, denn so eine Erforschung würde das System zum Erliegen bringen, außerdem scheitert sie daran, dass man nicht feststellen kann, wie Entscheidungen „wirklich" zustande kommen. Zudem kommt hinzu, dass jede Entscheidung das „Jetzt" voraussetzt, das zwischen Vergangenheit und Zukunft steht. In der Gegenwart der Entscheidung stellt die Vergangenheit disponible Ressourcen zur Verfügung, die auch anders verwendet werden können. Die unbekannte Zukunft wird als Intention eingebracht. Solche offenen Entscheidungsprämissen werden akzeptiert und durch die Unternehmenskultur „kanalisiert". Die klassische Organisationstheorie dagegen geht davon aus, dass die Organisation die Entscheidungen produziert. Sie beruft sich dabei auf die offiziellen Stellenbeschreibungen, wonach es der Organisation um Entscheiden auf regel- und wissensbasierter Ebene geht. Aber faktisch geht es um die Transformation einer unbekannten Situation in die festgeschriebene Welt der Organisation. Und das kann nur durch Personen im Rahmen der Grundsätze der Unternehmenskultur geleistet werden. Wie unsere obige Beobachtung und die drei Einzelereignisse zeigen, können Entscheidungen nur aktuell, immer in der Gegenwart, getroffen werden und sind daher von dem zeitlichen „unsicheren" Verlauf betroffen. Entscheidungen selbst bleiben aber ein Mysterium – aber ein bekanntes und wohl vertrautes, das jeden Tag erlebt werden kann (s. Airbag). Man sieht deshalb Entscheidungen als eine „qualitas occulta, hidden quality" oder menschlichen Beitrag – alle drei Begriffe stehen für Eigenschaften, verborgene Qualitäten von Geschehnissen (Luhman 2006).

Könnte man auch von Zufälligkeit der Entscheidung sprechen?

Oder nach der Entscheidungstheorie von Daniel Kahneman, dass Entscheider im Allgemeinen und Manager im Besonderen sich gar nicht nach den Vorschriften der Modelle rationalen Entscheidens richten können, der Arbeitsalltag lässt ihnen schlicht dazu einfach keine Zeit. Diesen Zeitdruck überspielt das Management durch einen „besonderen Stil" der Entscheidungsverkündung vor sich selbst und den Ausführenden. Damit sind wir beim Kern des Problems von Entscheidungen angelangt. Es geht beim Entscheiden um das Problem der Einschätzung des Risikos, das sich auf die dazugehörigen Beobachtungen, wie unsere Beobachtungen bei der Fertigung des Airbags, also auf Beobachtungen zweiter Ordnung, beruft. Die Entscheidungen, die schlussendlich den weiteren Verlauf der Handlung bestimmen, werden dem kollektiven Gedächtnis zugerechnet, auch wenn sie von Individuen getroffen worden sind. Entscheidungen sind an Macht gebunden, und dazu ist ein ausdifferenziertes Funktionssystem notwendig, eine hierarchische Ordnung.

Wir zitieren erneut Luhmann (2006): „Entscheidungen sind nur möglich, weil die Zukunft unbestimmt, also unbekannt ist. Und eben das macht das aus, was man üblicherweise Zukunft nennt." Wir stellen fest, dass das Unbekanntsein der Zukunft eine unerlässliche Bedingung für den Entscheidungsprozess ist. Das macht die Beantwortung der Warum-Frage auch so schwierig. Die Organisation – sprich das Unternehmen – ist letztlich auf das individuelle Gedächtnis angewiesen, und das führt oft zu divergierenden Antworten, weil die an der Entscheidung beteiligten Personen vor dem Hintergrund unterschiedlicher Wahrnehmung miteinander kommunizieren. Bei der Rekonstruktion von Ereignissen sollte daher besser die Warum-Frage nicht gestellt werden, sondern eine Interpretation des Geschehens anhand der Ursache-Wirkungsstruktur, des raum-zeitlichen, des intentionalen und des konsequentialen Verhaltens vorgenommen werden.

Ein Systemgedächtnis existiert ebenso wenig wie ein Unternehmenswissen nicht, beide greifen auf das persönliche Gedächtnis und das Wissen ihrer Mitglieder zurück. Dies wird durch die Gedächtnis- und die Wissensfunktion bestätigt, die für risikogeneigte Entscheidungen notwendig sind, die durch den oder die Entscheidungsträger getroffen werden müssen. Solche Entscheidungen müssen Unsicherheiten absorbieren, die nur von den Entscheidungsträgern abgewogen werden können. Daraus folgern wir, dass es keine einzig richtigen Entscheidungen gibt und dass Entscheidungen über Entscheidungsprämissen (s. Vorlaufphase in der Ursache-Wirkungsstruktur und motivierende Intention der intentionalen Struktur) sich auf das Gedächtnis und auf eine eventuelle Korrektur der Entscheidungen einstellen müssen. Entscheidung, Wissen und Gedächtnis bedingen einander also wechselseitig (Luhman 2006). Das Gedächtnis ist auf die Unterstützung durch das Bewusstsein angewiesen. Letzteres verweigert sich aber hartnäckig jeder wissenschaftlich geschlossenen Erklärung, wie wir festgestellt haben. Wir möchten daran erinnern, dass bewusstes Handeln auf der regel- und wissensbasierten kognitiven Verhaltensebene erforderlich ist. Entscheidungen auf diesen beiden Ebenen zielen auf die Differenz zwischen Vergangenheit und Zukunft ab. Ohne Entscheidungen gäbe es auf diesen beiden Ebenen kein prognostizierbares Handeln, also keine Planung des Verhaltens auch für den Fall des Gegensteuerns bei Fehlentscheidungen. Entscheidungen ändern auch nichts an dem Unbekanntsein der Zukunft. Dieses Problem kann auch nicht durch die Beschaffung von mehr Informationen gelöst werden, weil diese immer in der Vergangenheit gesucht werden und das Unbekanntsein der Zukunft zwar differenzieren, aber nicht beseitigen (Luhman 2006). Genau diese Unsicherheit wird mit dem Begriff Risiko zum Ausdruck gebracht. Der Risikobegriff bezeichnet (im Unterschied zum Begriff der Gefahr) eine Form der Beobachtung von Entscheidungen

(Luhman 2006). „Risikobewusstsein ist mithin eine funktional äquivalente Einstellung auf Zukunft, mit der das Entscheiden sich selbst überhaupt ermöglicht; … (Luhman 2006)."

Wir möchten diese Erklärung von Luhmann auch anders darstellen: Wäre diese Unsicherheit bei Entscheidungen nicht gegeben, würden verheerende Folgen eintreten, wenn die Zukunft bekannt wäre. Dadurch würde jede Art von Entscheidungen überflüssig, weil geschieht, was determiniert ist. Die Entscheidungen sind selbstverständlich Gegenstand der Kritik, wie wir sie bei der Analyse der drei Einzelereignisse erhoben haben. Damit sind wir beim Thema Verantwortung. Der Entscheidungsträger trägt die Verantwortung für seine Beurteilung, seine Beurteilungskriterien und seine Situationseinschätzung zum Zeitpunkt seiner Entscheidung. Auch diese Verantwortung muss immer auf Personen zugeschnitten werden. Diese können wegen der Zeitpunktsbindung der Entscheidung die Entscheidung zur Risikominimierung erst dann treffen, wenn man die Überschreitung des Points of no Return erkannt hat und dann entsprechend gegensteuern könnte. Aber all dies ist, mit Ausnahme des Bogenschützens, bei den beschriebenen Kausalketten nicht geschehen.

Der Bogenschütze traf die Entscheidung, die Bogenspannung zu lösen, damit hat er den Point of no Return herbeigeführt, erst mit dem Vollzug der Entscheidung hat der Bogenschütze das auslösende Ereignis, die Unumkehrbarkeit für den Treffer „ins Schwarze" herbeigeführt. In Tschernobyl wurde das letzte verbleibende Sicherheitssystem nach der Weisung des Load-Dispatchers (Verteiler für die elektrische Energie innerhalb eines bestimmten Territoriums) vom operativen Personal abgeschaltet, der Point of no Return war gesetzt. Die Entscheidung des Load-Dispatchers, den Versuch nach einer etwa halbtägigen Unterbrechung fortzusetzen, schuf das auslösende Ereignis, die Katastrophe war unabwendbar.

Die Anlage Fukushima Daiichi wurde ohne ausreichenden Schutz der unabhängigen Notstromversorgung betrieben, einer Entscheidung der Unternehmensleitung folgend. Die Tsunamiwelle, das auslösende Ereignis, stellte diesen Auslegungsfehler bloß.

Auf der Bohrplattform Deepwater Horizon hat die Bohrmannschaft entschieden, der Bohrflüssigkeit zu viel Verzögerungsmittel zuzusetzen, der Point of no Return war damit überschritten. Eine weitere Fehlentscheidung der Bohrmannschaft, der verfrühte Austausch der Bohrflüssigkeit durch Meerwasser, führte zur explosiven Gaswolke, die durch einen zufälligen Zündfunken, das auslösende Ereignis, gezündet wurde.

Zusammenfassung

Fehlerhafte Entscheidungen führten bei den drei Einzelereignissen zur Überschreitung des Points of no Return.

Oder anders formuliert: Den Entscheidungsträgern mangelte es zum Zeitpunkt ihrer Entscheidung an Risikobewusstsein. Dazu haben in allen drei Fällen gesetzte Termine geführt. Je straffer die Zeitplanung ist und je knapper die Fristen bemessen sind, desto störempfindlicher wird das System.

Zeitdruck beeinflusst die kognitive Qualität der Informationsverarbeitung und führt außerdem zu der Tendenz, Sicherheitsvorschriften zu „überlisten", wenn deren Beachtung in der spezifischen Situation als unverhältnismäßig empfunden wird.

Unter Zeitdruck werden leicht erreichbare Informationen vor schwer erreichbaren Informationen bevorzugt. Bevorzugt werden auch schnelle Entscheidungskompetenzen, anstatt das Problem gründlich zu analysieren, das natürlich Zeit braucht. Auch so entsteht Zeitdruck, der entmutigend wirkt, der dazu führt, dass ein unbequemer Verdacht unterdrückt oder beiseitegeschoben wird.

Die Zerstörung der drei Anlagen verdeutlicht weiterhin, dass Zeit zur Beschaffung von Informationen notwendig ist, um eine an einen Zeitpunkt gebundene Entscheidung treffen zu können.

Wir möchten den Einfluss von Entscheidung anhand der drei Einzelereignisse nochmals detaillierter darstellen, bevor wir uns mit dem mehrfach angesprochenen Aspekt der Unternehmenskultur auseinandersetzen.

4.6.1 Tschernobyl

Für die Ursache-Wirkungsstruktur steht das neutronenphysikalische Verhalten des graphitmoderierten Siedewasser-Druckröhrenreaktors, dem offensichtlich während des Versuchs durch den Operateur nicht die genügende Aufmerksamkeit geschenkt wurde. Im Versuchsverlauf führte die Neutronenpopulation zu einem „überkritischen" (Neutronenüberschuss) und damit unbeherrschbaren Reaktor.

Der raum-zeitliche Beziehungsrahmen kann mit „Machtausübung" („par ordre du mufti") durch den Load-Dispatcher, erklärt werden. Die Erfüllung seiner Weisung führte zur Abschaltung des letzten verbliebenen Sicherheitssystems. Eine Wiederholung des Versuchs wäre erst nach einigen Jahren möglich gewesen, weil der Versuch eine spezielle neutronenphysikalische Konfiguration des Reaktorkerns voraussetzt.

Die intentionale Struktur (hier insbesondere die Vorlaufphase) war geprägt durch das Versuchsziel, nachzuweisen, dass die Rotationsenergie des auslaufenden Turbosatzes ausreicht, für den Fall einer unplanmäßigen Netzabschaltung mit Reaktorschnellabschaltung, die Hauptkühlmittelpumpen mit elektrischer Energie für Nachkühlzwecke zu versorgen (Erfüllung des Fünfjahresplans).

Die konsequentialen Handlungsgründe wurden durch die Weisungen des Load-Dispatchers geschaffen, dessen Aufgabe es ist, die elektrische Stromversorgung der Ukraine, auch während der Versuchsdurchführung, aufrechtzuerhalten. Kurz: Die Steuerung des Versuchsablaufs lag vollständig in der Hand des Energieverteilers (Load-Dispatcher, und damit wurden die Operateure des Reaktors zu „Befehlsempfängern" degradiert.

Wir müssen nochmals die Vorlaufphase und die konsequentialen Handlungsgründe detaillieren. Zur Vorlaufphase. Die Wahl fiel auf die RBMK-Reaktoren wegen deren Wirtschaftlichkeit, entsprechend den Beschlüssen der Minister der

Sowjetunion vom 19. Juni 1969 und 14. Dezember 1970. Baubeginn von Block 4 von Tschernobyl (der durch die Katastrophe zerstörte Block) war am 01. April 1979, fertiggestellt im Jahre 1983, Netzsynchronisation am 22. Dezember 1983, Aufnahme des kommerziellen Betriebs am 26. März 1984. Konsequentiale Handlungsgründe: Zum Inbetriebnahmeprogramm gehörte auch die experimentelle Absicherung des Störfallkonzeptes durch den Versuch, wie er am 26. April 1986 durchgeführt wurde. Er wurde aber nicht während der Inbetriebnahme durchgeführt, weil sonst der Termin zur Netzsynchronisation (22. Dezember 1983), entsprechend dem Fünfjahresplan, nicht eingehalten worden wäre. Durch die Entscheidung, den Versuch zu einem späteren Zeitpunkt durchzuführen, wurde der Reaktor in Betrieb genommen, dessen Sicherheitsnachweise nicht vollständig waren. Diese Entscheidung führte direkt zu einem „Damoklesschwert", das ständig über der Anlage schwebte. Den weiteren Fehlentscheidungen und den Weisungen des Load-Dispatchers während des Versuchs am 26. April 1986 müssen wir einen weiteren Aspekt hinzufügen. Die Weisungen wurden keineswegs vom operativen Personal ohne „Murren" entgegengenommen. Nur durch die Androhung von Entlassung (pure Erpressung) folgte das operative Personal den für sie unverständlichen Weisungen.

Damit ist die Frage nach der Regieführung und Zuverlässigkeit für die Reaktorkatastrophe von Tschernobyl eindeutig beantwortbar: Es sind die auf Fehlentscheidungen zurückgehenden Weisungen.

Eine Strategie und Praxis staatlicher Aufsicht ist nicht feststellbar.

Angemerkt sei, dass 2017 noch vier RBMK-Reaktoren der 1. Generation, 6 RBMK-Reaktoren der 2. Generation und ein RBMK-Reaktor der 3. Generation nach einer Vielzahl von Modifikationen, die insbesondere die Reaktorabschaltsysteme betrafen, in Betrieb waren. Langfristig ist zudem ein Austausch der Druckröhren im Reaktorkern vorgesehen.

4.6.2   Fukushima Daiichi

Die Ursache-Wirkungsstruktur wird mit dem unzureichenden Schutzzustand der Anlage beschrieben. Die Anlage war nicht ausreichend gegen anlageninterne Störfälle und gegen externe Ereignisse geschützt. Das Auslegungskonzept war weder probabilistisch noch deterministisch ausgewogen.

Das Erdbeben (Tsunami) traf auf eine unzureichend geschützte Anlage, die in einer Region errichtet wurde, die als durch Tsunami gefährdet schon in der Vergangenheit galt. Die 41 min, die dem Operateur als raum-zeitlicher Bezugsrahmen zur Verfügung standen, um auf den Ausfall der Notstromversorgung vorbereitet zu sein, wurden offensichtlich mangels fehlender Handlungsanweisungen nicht genutzt. (41 min vergingen von der Registrierung des Erdbebens vor der Ostküste von Honshu bis zum Eintreffen der Tsunamiwelle am Kraftwerksstandort.) Danach war der Handlungsraum auf null geschrumpft, weil die Anlage infolge Überflutung praktisch über keine elektrische Energie verfügte.

Für die intentionale Struktur steht der wirtschaftliche Betrieb einer Anlage. Prägendes Element der praktizierten intentionalen Struktur ist die fehlende Rechenschaftspflicht, die die Frage der Verantwortung im Dunkelen lässt, ein für die japanische Führungskultur typisches Element. Sie führte zu einer Selbstzufriedenheit („complacency"), die zudem durch nicht hinterfragte Betriebsergebnisse gestützt wurde.

Die Erdbebengefahr war bekannt, ebenso wie der gefährdete Standort. Gutachten und Gegengutachten sollten die Gefahr „abmildern". Auch hier bestand durch „überzeugende" Betriebsergebnisse keine Veranlassung, das Betriebsergebnis nach konsequentialen Handlungsgründen zu hinterfragen.

Die Entscheidungen während der Errichtung und des Betriebs der Anlage Fukushima Daichii, die hauptsächlich in der Vorlaufphase der Ursache-Wirkungsstruktur sowie in der motivierenden Intention der intentionalen Struktur liegen, sind auf psychologische Faktoren zurückzuführen, die dem Menschen helfen, ihre Überzeugungen und Handlungen und somit auch ihre Selbstverwirklichung zu schützen. Das Erdbeben- und Tsunamirisiko wurden offensichtlich unterschätzt. Diese Tatsache ist – im Nachhinein – unbestritten und wird, zumindest was das Tsunamirisiko betrifft, sowohl von der IAEA (International Atomic Energy Agency) als auch von der japanischen Regierung bestätigt, s. Kap. 2, (The National Diet of Japan 2012). Die Risikoberechnungen basierten vielmehr auf historischen Daten (s. Abb. 3.6 in Kap. 3). Diese historischen Daten wurden paradoxerweise nur selektiv herangezogen. So gab es eine riesige Tsunamiwelle in Folge des Jogan-Erdbebens im Jahre 869, die die der Auslegung von Fukushima Daiichi überstieg, vgl. Kap. 1 (Mohrbach 2012). Die weiteren Entscheidungen während des Betriebs sind auf psychische Verdrängung und selektive Wahrnehmung zurückzuführen. Beigetragen hat auch die typisch japanische Entscheidungskultur, die dadurch geprägt ist, dass sie in der Anonymität bleibt und dort kollektiv erfolgt, also allein nie so von einer Person getroffen worden wäre.

Strategie und Praxis der Aufsicht in Japan können als ein nicht transparentes Konglomerat bezeichnet werden.

Die Frage nach der Regieführung und der Zuverlässigkeit kann auch hier bei den menschlichen Schwächen festgemacht werden.

4.6.3 Deepwater Horizon

Bei der Erschließung einer Öllagerstätte mit einem Lagerdruck von ca. 900 bar wurde mit unsachgemäßer Niederbringung des Bohrloches und mit Duldung durch die Aufsichtsbehörden die Ursache-Wirkungsstruktur gebildet.

Der raum-zeitliche Bezugsrahmen war auf die Bohrplattform beschränkt. Die Zündung der explosiven Gaswolke durch einen zufälligen Zündfunken hätte Bestandteil einer Sicherheitsanalyse sein müssen, die offensichtlich wegen des enormen Kosten- und Zeitdruckes unterlassen wurde.

Die intentionale Struktur war geprägt durch eine fahrlässige „Überlistung" von Sicherheitsauflagen, von der man sich versprach, durch die Abkürzung von

Tab. 4.1 Zusammenführung unserer Analysen der drei Einzelereignisse

	Ursache-Wirkungsstruktur	Raum-zeitliches Verhalten	Intentionale Struktur	Konsequentiale Handlungsgründe
RBMK-Reaktor Tschernobyl	Thermodynamisches und neutronenphysikalisches Verhalten des RBMK-Reaktors wurden ignoriert	Der geplante Versuch konnte nur im Rahmen eines geplanten Stillstandes durchgeführt werden. Eine Wiederholung wäre erst nach Jahren möglich gewesen	Versuch zum Nachweis, dass die Rotationsenergie des auslaufenden Turbosatzes ausreicht, im Falle eines unplanmäßigen Netzausfalls die Nachkühlung zu gewährleisten (Fünfjahresplan)	Steuerung des Versuchsablaufs durch die Weisungen des Verantwortlichen für die Verteilung der Last im elektrischen Versorgungsnetz (Load-Dispatcher)
Kernkraftwerks-Anlage Fukushima Daichii	Unzureichender Schutz der Notstromversorgungsanlage gegen Tsunamiwellen. Die Notstromanlage war zudem auch hinsichtlich ihrer Kapazität nicht ausreichend	Ein Erdbeben vor der Ostküste von Honshu mit der Stärke 9,0 verursachte eine Tsunamiwelle. Sie führte zur Überflutung, weil die Kraftwerksanlage in einem gefährdeten Gebiet errichtet wurde	Betrieb einer Kernkraftwerksanlage, die nicht dem international für notwendig gehaltenen Sicherheitsstandard entsprach	Die Erdbebengefahr war bekannt, es wurde versucht, sie durch eine Vielzahl von Gutachten „abzumildern". Durch die Zufriedenheit mit den bisherigen Betriebsergebnissen wurden keine sicherheitstechnischen Verbesserungen vorgenommen
Bohrplattform Deepwater Horizon	Erschließung einer Öllagerstätte mit einem Druck von ca. 900 bar mit unzureichender Bohrtechnologie	Offensichtlich hat ein Zündfunke eines zufällig vorbeifahrenden Schiffs zur Explosion der Gaswolke und der Zerstörung der Bohrplattform geführt	Der Terminverzug von 43 Tagen und die aufgelaufenen Kosten von ca. 30 Mio. US$ sollten aufgefangen werden	Einsatz eines nicht funktionsfähigen Blowout-Preventers und einige Fehlentscheidungen beim Austausch der über dem Zement liegenden Bohrflüssigkeit durch Meerwasser

Arbeitsprozeduren „Zeit zu kaufen", um die durch Terminverzug von 43 Tagen aufgelaufenen Kosten von ca. 30 Mio. US$ zu kompensieren.

Als konsequentiale Handlungsgründe können der Einsatz eines nicht funktionsfähigen Blowout-Preventers und eine Vielzahl von Fehlentscheidungen beim Austausch der über dem Zement im Bohrloch liegenden Bohrflüssigkeit durch Meerwasser, alles mit Zustimmung der Aussichtsbehörden, angesehen werden.

Die während des Ablaufs des Geschehens getroffenen Entscheidungen sind auf verschiedene schwere Versäumnisse zurückzuführen. So sieht es auch das US-Justizministerium und verhängte infolge der Ölpest eine Strafe von 4,5 Mrd. US$. Die höchste jemals verhängte Strafe für ein Umweltdelikt.

Die Entscheidungen der Mannschaft auf der Bohrplattform waren offenbar durch finanzielle Einsparungen motiviert.

Für die Rolle der Aufsichtsbehörde steht folgende Tatsache: Die Aufsichtsbehörde verzichtete auf die Ausarbeitung der vorgeschriebenen Notfallpläne für Unfälle mit der Begründung, dass sie unwahrscheinlich bis unmöglich sind.

In der Tab. 4.1 werden die Ergebnisse der Analyse der drei Unfallereignisse dargestellt.

Wir erkennen, dass bei Kausalkonstellationen das Entscheiden aufgrund von konsequentialen Handlungsgründen die dominierende Rolle spielt. Die durch konsequentiale Handlungsgründe getroffenen Entscheidungen lassen Kausalität wirksam werden. Wir finden den Ansatz von Nida-Rümelin über die Einwirkung von Handlungsgründen auf die Ursache-Wirkungsstruktur bestätigt. Ebenfalls bestätigt finden wir die in Kap. 2 aufgezeigte Koppelung von Kausalität und Zeit. Kausalität ist die Entscheidung, die einen Zusammenhang von Ursache und Wirkung herstellt, die also das Medium der Kausalität nutzt (Luhman 2006). Mit jeder Entscheidung wird Kausalität hergestellt, ohne die notwendigen Ursachen und die sich ergebenden Wirkungen selbst erzeugen zu können (Luhman 2006).

Die Freiheit und die Autonomie von Handlungen müssen eine entsprechende Dosierung bestehender Zwänge durch die Entscheidungen berücksichtigen. Werden diese Zwänge von den Entscheidungträgern beiseitegeschoben, aus welchem Grund auch immer, besteht die Gefahr, aus einem Zustand, in dem akzeptierte und beherrschte Sicherheitsauflagen wirksam sind, in einen nicht mehr kontrollierbaren und damit nicht beherrschbaren raum-zeitlichen Bezugsrahmen zu geraten, wie bei den drei Einzelereignissen geschehen, der zur Zerstörung des gesamten Systems führt.

Wir haben mit der Zusammenfassung unserer Analysen der drei Einzelereignisse die dominierende Rolle der Entscheidung herausgearbeitet und dabei auch die Steuerung von Entscheidungen durch Unternehmenskultur angesprochen. Nicht nur die Unternehmenskultur ist ein Korrektiv der Entscheidung, sondern weitere Aspekte, die wir im Abschn. 4.7 vorstellen werden.

Ehe wir uns auf die Entscheidungsaspekte konzentrieren, möchten wir auf den von Lesch (2016) im Kap. 2 vorgestellten Zusammenhang des Allerkleinsten im Allergrößten erinnern. Diesen Zusammenhang haben wir mit der Einsinnigkeit der drei Zeitpfeile erklärt. Wir subsumieren Entscheidungen und damit Entscheidungsaspekte unter dem Begriff der Zeitpfeile, weil sie die typische

Einsinnigkeit aufzeigen, wie sie die Entwicklung allen Lebens prägt. Diese Einsinnigkeit findet sich auch im normalen Alltagsbewusstsein, insbesondere beim Treffen von Entscheidungen wieder, weil Entscheidungen vorangegangene Ereignisse voraussetzen und der unbekannten Zukunft vorgreifen. Entscheidungsaspekte sind die Voraussetzung für Entscheiden und das Resultat aus dem Zusammenwirken von Selbstverwirklichung und Willensfreiheit, unsere alltägliche Herausforderung. Diese alltägliche Herausforderung, das bewusste Entscheiden für eine Handlungsalternative, gehört ebenso zum Allerkleinsten wie die genannten quantenmechanischen Prozesse.

Wir fassen Entscheidungsaspekte deshalb als ein für den Menschen verfügbares Instrument zur Gestaltung des Allerkleinsten auf.

4.7 Das Allerkleinste

Die Elemente des Allerkleinsten, die Entscheidungsaspekte, beruhen auf den Ergebnissen unserer Feldforschung, sie gehen auf unsere teilnehmende Beobachtung zurück. Sie sind daher nicht vollständig. Unter Feldforschung wird eine systematische Erforschung von Kulturen oder spezifischen Gruppen verstanden, indem man sich in deren Lebensraum begibt und das Alltagsleben dieses Personenkreises direkt miterlebt.

Wir stützen uns dabei auf die Überlegungen von Hoensch (2006), die er mit Ergebnissen aus seinen Beobachtungen von Kernkraftwerkspersonal unterlegt hat. Wir möchten mit der Erklärung des von uns bereits eingeführten Begriffs der Unternehmenskultur beginnen.

Grundsätzlich kann gesagt werden, dass die Entscheidungsmodelle drei Komponenten beinhalten, und zwar eine faktische, die auf Ergebnisse gerichtet ist, eine wertende, die zielgerichtet ist, und eine methodische. Unter Letzterer werden Algorithmen (Rechenmethoden), Methoden, die vollständig operational beschrieben sind, und Heuristiken, Methoden, die keine Algorithmen sind, verstanden.

Wir wollen diese Grundstrukturen hier nicht weiter verfolgen, sondern uns den Aspekten zuwenden, die wir bei den teilnehmenden Beobachtungen herausgefunden haben.

4.7.1 Unternehmenskultur

Das Wort Unternehmenskultur könnte man oberflächlich als Modethema ansehen. Heute scheint die Bedeutung dieses Wortes und speziell die Assoziation mit dem positiv konnotierten (mit einem Wort verbundene zusätzliche Vorstellung) Begriff der „Kultur" etwas zu verblassen. Mitte der 80er-Jahre hörte man bereits Stimmen, die diesen Begriff für beendet erklärten. Durch die Reaktorkatastrophe von Tschernobyl erhielt Unternehmenskultur ein „reframing". Diese Organisationsentwicklung geht auf (Luhman 2006) den Verlust von (oder Verzicht auf) zentralen

Kontrollmöglichkeiten, Bevorzugung informeller Kontakte, weiche Einteilungen und Kategorisierungen, lose Koppelungen, nicht transparente Netzwerkbildungen, stärkere Abhängigkeit von gegenseitigem Vertrauen, vermehrten Einsatz der Computertechnologie, größere Flexibilität bei organisatorischen Abläufen und letztlich auf Unsicherheiten mit Bezug auf Arbeitsplätze und Aufgaben einher. Wir fassen den Begriff „Unternehmenskultur" als einen schwer zu definierenden Begriff auf, der sich darauf konzentriert „das Wesen des Menschen" zu erfassen. Nur Unternehmenskultur wird dem Bild des „komplexen Menschen" in seiner Vielfalt und Verschiedenartigkeit menschlichen Verhaltes gerecht, die sich auch auf den Komplex der Entscheidungsprozesse bezieht. Entscheidend für die Qualität einer Entscheidung sind die Entscheidungsprämissen, die Bereitschaft der Entscheidungsempfänger zur Durchführung und die Entscheidungszeit. Damit wird verständlich, dass Unternehmenskultur dort entsteht, wo Probleme auftauchen, die nicht durch bestehende Anweisungen gelöst werden können, beispielsweise bei Meinungsverschiedenheiten. Unternehmenskultur wird nur im Singular gebraucht, d. h., dass jedes Unternehmen seine eigene, aber in sich konsistente Kultur hat. Unternehmenskultur bezieht sich auf im Unternehmen gemeinsam geteilte Werte, die nicht im Einklang mit den gesellschaftlichen Verhältnissen stehen müssen. Eine Unternehmenskultur entsteht aus sich selbst heraus durch die Art und Weise der internen Kommunikation im Unternehmen. Kommunikation wird als dreistufiger Prozess angesehen, der Information, Mitteilung und Verstehen umfasst. Im Bewusstsein wird etwas Bestimmtes (anderes nicht) bemerkt. Diese Information wird selektiert, in Sprache übersetzt und geäußert. Die Mitteilung wird von einem anderen Bewusstsein übersetzt, verarbeitet und durch eine nachfolgende Handlung angenommen oder abgelehnt. Wer sich von der Mitteilung angesprochen fühlt, dessen Bewusstsein wählt aus, was er wie versteht – und er motiviert sich dann, oder er unterlässt es. Damit geht einher, dass Verifikationen der Informationen angesichts dieser Kommunikationskanäle nicht möglich sind. Um Zweifel, Rückfragen oder Bitten um Begründung einbringen zu können, muss man selbst an diesem Kommunikationsprozess teilnehmen. Nur so kann beurteilt werden, welche Informationen tatsächlich zwischen Entscheidungsträgern und Entscheidungsempfängern geflossen sind und wie sie verarbeitet wurden. Die gemeinsamen Werte durchziehen auch den Kommunikationsprozess. Für die Zwecke interner Kommunikation bleibt die Unternehmenskultur unsichtbar (Luhman 2006). Die Unternehmenskultur kann nur im Vergleich mit anderen Unternehmen herausgestellt werden, indem die Spezifika des eigenen Unternehmens betont werden. Das ist auch eine Schwierigkeit, auf die Aufsichtsbehörden stoßen, wenn sie Verfahrensabläufe beurteilen sollen. Die Schwierigkeiten, Unternehmenskultur zu vermitteln, ohne direkte Einbettung von Personen, die das Geschehen beurteilen sollen/wollen, sind auch bei den drei spektakulären Einzelereignissen sichtbar geworden.

In Tschernobyl war keine gelebte Sicherheitskultur erkennbar. Die Aufsichtsbehörde war in den gesamten Versuchsablauf nicht eingebettet.

Den Begriff Unternehmenskultur könnte man in Fukushima Daiichi mit der typischen japanischen Führungskultur beschreiben. Sicherheitskultur im eigentlichen Sinn war nur rudimentär erkennbar. Sie war (und ist) geprägt durch bewusste Inkaufnahme eines bekannten und existierenden Risikos. Die Rolle der Aufsichtsbehörde ist nicht nachvollziehbar.

Beim Geschehen auf der Bohrplattform Deepwater Horizon ist eine Kultur nur im Hinblick auf wirtschaftliche Werte beschreibbar. Die Aufsichtsbehörde „duplizierte" den vorgesehenen Verfahrensablauf, anstatt ihn zu kontrollieren.

Alle drei Einzelereignisse zeigen, dass Unternehmenskultur – sprich Sicherheitskultur – nicht vorgegeben werden kann, weil die spezifischen Intentionen erst nach dem Geschehen sichtbar gemacht werden können. In allen drei Fällen wurde erst durch die Unfälle festgestellt, wie die jeweilige Sicherheitskultur ausgeformt war. Oder anders ausgedrückt: Der Bruch mit der Unternehmenskultur wird nur als Entscheidung sichtbar, die von einer dominierenden Persönlichkeit getroffen wurde.

In Tschernobyl war dies der Lastverteiler, die verantwortliche Person für das elektrische Versorgungsnetz der Ukraine.

Der beschriebene Sicherheitsstatus der Anlage Fukushima Daiichi kann nur auf Entscheidungen der Unternehmensleitung zurückgeführt werden.

Dies trifft auch für den Betreiber der Bohrplattform Deepwater Horizon, den US-Mischkonzern Halliburton, zu, dessen Inzentivsystem nicht die Prozesssicherheit im Fokus hatte (hat).

Selbstverständlich ist Unternehmenskultur kein Erfolgsrezept. Sie kann nur dann dazu führen, wenn man ausgeführte Entscheidungen insbesondere im Hinblick auf die Entscheidungsprämissen hinterfragt und deren Ergebnisse als „feedback" eingespeist werden, um die bestehenden Präferenzen zu ändern.

Wir möchten dazu Luhmann (2006) zitieren:

> In Organisationen, die mit hochriskanten Technologien arbeiten, ist das Hauptproblem die Vermeidung von Situationen mit unklaren, kognitiv nicht definierbaren und vor allem: nicht schnell genug definierbaren Problemen. Für solche Fälle und für Organisationen, in denen derartige Risiken das Hauptproblem bilden, ist die Verfügung über komplexe und selten (man hofft: nie) gebrauchte kognitive Routinen die kritische Variable. Man kann sich weder auf die Hierarchie verlassen in der Annahme, dass an der Spitze besseres Wissen und Verantwortung bereitgehalten werden; noch kann das System sich durch normative Programmierung schützen, denn es ist ohnehin klar, dass Katastrophen vermieden werden müssen. Das Problem ist vielmehr ein Problem der kognitiven Kapazität: Man muss sich an etwas erinnern können, was noch nie passiert ist.

Die eingangs dieses Kapitels erwähnte Beobachtung bei der Fertigung von Airbags bestätigt voll umfänglich das Zitat von Luhmann.

Das Zitat von Luhmann und die geschilderte Beobachtung zeigen auf, dass Organisationen Kompetenzen dort verankern müssen, wo sie im Entscheidungsprozess benötigt werden. Kommunikationswege, die mit der Unternehmenshierarchie festgeschrieben werden, haben nur den Sinn des Transports von Kompetenz. Die wichtigste Facette von Unternehmenskultur ist das Zusammenwirken von Kompetenz und Kommunikation.

Oder anders formuliert: Um kurzfristig intentionale Ziele zu erreichen, wurden in den Fällen der drei katastrophalen Einzelereignisse die die Arbeitsprozesse stabilisierenden Regelkreise aufgetrennt oder gar miteinander vernetzten Rückkoppelungskreise zerstört.

4.7.2 Entscheidungsprämissen

Entscheidungsprämissen bilden in der Ursache-Wirkungsstruktur die Vorlaufphase. In der intentionalen Struktur bilden sie den Handlungsgrund (motivierende Intention). Entscheidungsprämissen sind die Aufgaben einer Organisation, also der Betriebszweck. Dem Betriebszweck folgend müssen vorkommende Fehler weitestgehend versteckt werden. Deshalb müssen Eigenberichte, die Fehler des Unternehmens beschreiben, mit äußerster Vorsicht betrachtet werden. Der Polizist weiß, wie er seinen Bericht zu schreiben hat! Dabei ist es unverständlich, eine Unternehmenspolitik der absoluten Fehlersicherheit zu betreiben. Das Management möchte ein Unternehmen so robust einrichten, dass Fehler nicht nach außen dringen.

Dabei melden sich Fehler quasi von selbst. Man kann mit zielführenden Diagnosen und Wissen herausfinden, wie sie zu beseitigen sind. Damit werden Fehler zum Anstoß für den Lernprozess, der zu einer erweiterten Transparenz für den Arbeitsprozess führt. Es ist undenkbar, dass alle Entscheidungen eines Unternehmens sich an dem einzigen Gesamtbetriebszweck orientieren. Entscheidungsprämissen werden besonders im Zeitbezug auf das Risiko diskutiert. Dieser Begriff erfasst nur Folgen von Entscheidungen, die auf Entscheidungen zurückzuführen sind, also nicht eintreten würden, wenn sie nicht getroffen worden wären (Hoensch 2006). Diese risikogeneigten Entscheidungen, vor allem das Gedächtnis des Führungspersonals dafür, lassen sich schwer dokumentieren bzw. werden überhaupt nicht dokumentiert.

Mit diesen Ausformungen erreicht das Unternehmen die Abgeschlossenheit, die notwendig ist, um sich auf den Betriebszweck zu konzentrieren und damit unternehmerisch unabhängig sein zu können. Somit kann die Unternehmenskultur bestimmen, welche Faktoren von außen übernommen und als kausal eingegliedert werden. Kausalität erfasst jedes Unternehmen, schon deshalb, weil es Teil eines „Soziotechnischen Systems" (Hoensch 2006) ist, Stichwort: konsequentiale Handlungsgründe.

Betriebliche Organisationen sind keine Maschinen, obwohl beide von Menschen geschaffen wurden. Bei Maschinen können die Folgen von Eingriffen aufgrund von Entscheidungen abgeschätzt werden. Dies ist offensichtlich bei den drei Einzelereignissen nicht geschehen. Bei Eingriffen in Organisationen können die Entscheidungsprämissen durch Änderung der Zuständigkeiten, Verstärken oder Abschwächen von Kompetenzen in der Hoffnung beeinflusst werden, dass die Eingriffe zielführend sind.

Die an Mehrwert interessierten Unternehmen haben also keinen direkten Zugang zur Arbeitsleistung wie bei einer funktionalen Maschine, sondern sie müssen mit den im Persönlichkeitssystem verankerten Handlungen rechnen. Unternehmerische Organisationen sind keine produktive Kooperation, sondern ein Konstrukt, das auf die Kooperation der Beschäftigten angewiesen ist, auf die die Arbeitgeber keinen unmittelbaren Zugriff haben.

Die Unternehmensleitung versucht, die Eintrittswahrscheinlichkeit für von ihr gewünschte Handlungen zu erhöhen. Dafür fehlen ihr direkte Einflussmöglichkeiten, da die Mitarbeiter ein biologisch-personales System bilden, welches nur mittelbar zu beeinflussen ist.

4.7.3   Entscheidungsprozesse

Unternehmenskultur und Entscheidungsprozesse sind die zwei Seiten derselben Medaille „Betriebliche Organisation". Die Organisationsstruktur ist die Gesamtheit der relativ stabilen Verhaltensmuster, die die Komplexität eines Arbeitsprozesses soweit reduzieren, dass sie durch Entscheidungsprozesse bewältigt werden kann.

Bei Entscheidungsprozessen kommt auch ein Doppelcharakter zum Tragen, wie wir ihn von Handlungen bereits kennen, der einerseits durch das Zusammenwirken von Ursache-Wirkungsstruktur mit dem raum-zeitlichen Verhalten und andererseits durch den Konsequentialismus geprägt wird. Dieser Doppelcharakter von Handlungen ist auch dadurch geprägt, dass menschliches Handeln keine rein persönliche, sondern auch eine kollektive Angelegenheit ist, die auf das Unternehmensziel ausgerichtet ist. Entscheidungen haben ebenfalls einen Doppelcharakter, wie wir es am Beispiel „Airbag" sehen. Zum einem dient eine Entscheidung dem Unternehmensziel der wirtschaftlichen Produktion, sie hat also einen fördernden Charakter. Zum anderen hat eine Entscheidung auch ein negatives Momentum, wie es durch die Entscheidung bei der Fertigung der Airbags geschaffen wurde, in deren Folge der Benutzer eines Kraftfahrzeugs bei einem Crash nicht von einem vollfunktionsfähigen Airbag ausgehen kann. Jede Entscheidung hat somit einen begünstigenden und einen belastenden Charakter.

Wir wollen die Elemente der Entscheidungsprozesse in Anlehnung an Schuler (1998), S. 426, in der Abb. 4.2 tabellarisch darstellen.

Modell / Dimension	Rationale Entscheidungen	Betriebliche Organisation	Unternehmens/ Sicherheitskultur
Ziele, Zwecke, Prämissen	Eindeutige Prämissen, die von allen Beteiligten geteilt werden. Alternativen werden nach größten Nutzen ausgewählt.	Eindeutig, hierarchisch.	Mehrdeutig, präzisierbar und adaptives, modifizierbares Problemlösen.
Fakten, Zusammenhänge	Weitgehend mit den Unternehmenszielen bekannt.	Der Unternehmensleitung sind die Ziele weitgehend bekannt, erlauben aber ein Ermessen.	Organisationsstrukturen und Entscheidungsprozesse werden von den Mitarbeitern gelebt und in deren Bewusstsein vereinfacht abgebildet.

Abb. 4.2   Entscheidungsmodelle, basierend auf den Feldforschungen von Hoensch (2006)

Macht und Kontrolle	Unterschiedliche Prämissen lassen sich nicht einheitlich handhaben. Die Unternehmens-spitze führt mit Hilfe von Stäben und Linienvorgesetzten.	Macht-Konzentration durch autorisierte Anweisungen.	Organisations-hierarchie korrespondiert mit der Problemlösungs-hierarchie.
Entscheidungs-prozess	Doppelcharakter; begünstigt und belastet zugleich, aber weitestgehend geordnet.	Nicht geeignet für die Problem-bewältigung bzw.-lösung.	Verzerrung der menschlichen Informations-Verarbeitung zugunsten eigener Intentionen.
Werte, Normen	Optimierung, Effizienz, Wirtschaftlichkeit.	Erfahrung, Ordnung, Stabilität	Überwindung individueller Rationalitäts-beschränkungen.

Abb. 4.2 (Fortsetzung)

Bei dem Modell der Rationalität muss nicht angenommen werden, dass die Ziele von allen geteilt werden; sie werden vielmehr von der Spitze der Organisation aus nach unten mit Hilfe von Anweisungen und autorisierten Programmen (s. Tschernobyl und Fukushima Daiichi) durchgesetzt. Verstärkt wird diese formal rationalistische Form der Herrschaftsausübung durch die Betriebsorganisation. Dagegen verlangt Unternehmenskultur von der Unternehmensleitung ein ungewöhnliches Ausmaß an Informationsaufarbeitung für die Mitarbeiter. Das individuelle Entscheidungs- und Problemlösungsverhalten wird aufgrund der begrenzten Informationsverarbeitungskapazität des Menschen als „bounded rationality" bezeichnet. Dieser Begriff geht auf Herbert A. Simon, dem Vater der modernen Problemlösungspsychologie, zurück. Er hat für seine Konzeptionen 1978 den Nobelpreis für Ökonomie bekommen. Die „bounded rationality" äußert sich darin, dass Probleme zunächst nicht erkannt oder geleugnet werden, dass die Problemdefinition und Zielvorstellungen erst im Laufe der Problemlösungsbemühungen entwickelt werden, dass ihnen ein vereinfachtes Bild der Realität zugrunde liegt, dass nur wenige Alternativen gesucht werden, dass befriedigende anstelle von besten Lösungen angestrebt werden und dass notfalls das Anspruchsniveau gesenkt wird, um zu einer gangbaren Lösung zu kommen (Schuler 1998). Durch Unternehmenskultur werden die Schwierigkeiten, die Organisationsstrukturen im Entscheidungsprozess bei der Problembewältigung haben, durch adaptives Problemlösen überwunden. Andererseits können durch Unternehmenskultur autorisierte Werte offen oder verdeckt in Frage gestellt und verändert werden. Alles in allem überwindet Unternehmenskultur die Grenzen von rationalen Entscheidungen besonders, weil Sicherheitskultur/Unternehmenskultur dazu ermahnt, vorsichtig zu sein, etwas als Tatsache zu erklären. Sobald etwas zu einer Tatsache erklärt ist, wird dem Geschehen weniger Beachtung geschenkt, und die Aufmerksamkeit für eine risikobewusste Entscheidung lässt nach (Hoensch 2006).

Unsere Feldbeobachtung (Hoensch 2006) entkräftet die Argumentation, dass Entscheidungen als ein Mysterium angesehen werden können. Im Dunkeln verbleibt nur der Teil der konsequentialen Handlungsgründe, den wir als begleitende Intentionen identifiziert haben. Der aber entscheidend zu den drei katastrophalen Einzelereignisse beigetragen hat und nicht, wie im Gegensatz zur Ballade „Der Zauberlehrling", durch einen „Deus ex Machina", der unerwartete Helfer aus einer Notlage, kompensiert wurde. Wie Entscheidungen „wirklich" zustande kommen, kann man nicht feststellen (Luhman 2006). Wir haben bei den drei katastrophalen Einzelereignissen festgestellt, dass Entscheidungsprozesse dominieren. Schwierig ist es festzustellen, wie die Informationsaufnahme – überschaubar bei der Fertigung von Airbags – die Entscheidung beeinflusst hat. Wir können weiterhin festhalten, dass die Entscheidungen bei den drei Einzelereignissen von sozialen bzw. ökonomischen Prozessen beeinflusst wurden. Die einzelnen Individuen haben nicht unabhängig voneinander zu den drei Katastrophen beigetragen.

Wir müssen uns somit noch intensiver mit menschlichen Fehlern bei Entscheidungsprozessen, also beim Problemlösen, auseinandersetzen und gehen dabei auf die Feldbeobachtungen von Hoensch (2006) zurück. Fehler liegen nach unserem Verständnis dann vor, wenn die motivierende Intentionalität (Handlungsgrund) der Handlung nicht zum gewünschten Ergebnis führt, ohne dass hierfür ein äußeres Ereignis herangezogen werden kann.

Tschernobyl Die Versuchsdurchführung ignorierte das thermohydraulische und neutronenphysikalische Verhalten des RBMK-Reaktors. Das motivierende Handlungsziel, Nachweis, dass die Rotationsenergie des auslaufenden Turbosatzes für die Nachkühlung ausreicht, konnte nicht erreicht werden, weil die Feststellungen der begleitenden Intentionen (Verhaltenskontrolle), keine umfassende Auswertung der Versuchszwischenergebnisse, unbeachtet blieben.

Fukushima Daiichi Der Reaktor wurde ohne die nötige Vorsorge gegen prognostizierbare Umweltereignisse betrieben. Der wirtschaftliche Betrieb der Reaktoranlage, die motivierende Intentionalität, war nur bis zum Eintreffen der Tsunamiwelle am Reaktorstandort gegeben. Der begleitenden Intention, einer reflektierenden und systematischen Auswertung der Betriebsergebnisse, wurde nicht die dafür notwendige Aufmerksamkeit geschenkt.

Deepwater Horizon Zeit- und Termindruck führten zu einer nicht sicherheitsgerichteten Bohrtechnik. Die beabsichtigte Rohölförderung, der motivierende Handlungsgrund, wurde durch die Explosion der Gaswolke über der Bohrplattform zum Wunsch, weil offensichtlich für die begleitende Verhaltenskontrolle keine Zeit vorhanden war.

Die „Fehler" traten in den drei Einzelfällen als Abweichungen von einem willkürlich definierten Zielzustand (motivierende Intentionalität) auf. Sehr unterschiedliche Setzungen führten zur Definition der Zielzustände. Das Management und
das operative Personal haben bei den drei Einzelereignissen an vielen Stellen
in den komplexen und dynamischen Situationen eingegriffen, um den willkürlich definierten Zielzustand durch vorausgehende und begleitende Intentionen zu
„retten". Unsere Feldbeobachtungen bestätigen die Ergebnisse von Schaub; wir
zitieren:

> … dass rationale Planung und Entscheidung eine Illusion ist. Oft übersteigen die
> Informationsverarbeitungsanforderungen die Problemlösungskapazität der Entscheidungs-
> träger. Sie berücksichtigen nicht die Ungenauigkeit der Informationen, die vorhanden oder
> beschaffbar sind, sie berücksichtigen den Aufwand nicht, den Informationsbeschaffung
> und Analyse erfordern, sie berücksichtigen die Schwierigkeiten der Bewertung und
> Beurteilung nicht, sie berücksichtigen nicht, dass sich Ergebnisse und Werte verändern
> und gegenseitig beeinflussen können, sie berücksichtigen nicht, dass Menschen gar nicht
> alle Handlungsmöglichkeiten und Umweltfaktoren einbeziehen können, sie berück-
> sichtigen nicht, dass Menschen in der Praxis Anweisungen für schrittweises Vorgehen
> brauchen, sie berücksichtigen nicht, dass in der Realität ein dauernder Strom miteinander
> verknüpfter Probleme vorliegt.

Oder kurz: Die Entscheidungsträger passen ihr mentales Modell dem Geschehen
an, oder die Entscheidungsträger passen das Geschehen, d. h. ihre Wahrnehmung
davon, ihren mentalen Vorstellungen an.

Das äußerte sich in Tschernobyl durch die „Verbissenheit", mit der der Fünf-
jahresbeschluss erreicht werden sollte und der Nicht-Beachtung der im Versuchsablauf erreichten Zwischenergebnisse.

Bei der Reaktoranlage Fukushima Daichii hat die Unternehmensleitung dem
wirtschaftlichen Betrieb gegenüber der Kenntnis tektonischer Spannungsverhält-
nisse eindeutig den Vorzug gegeben. Hinzu kam, dass durch einen langjährigen
Betriebserfolg keine Selbstreflexion erfolgte und damit bestätigte: Erfolg macht
konservativ.

Auf der Bohrplattform waren es vielfältige Faktoren; Analysen wurden unterlassen,
es wurde versucht, nur die aktuellen Probleme zu lösen, durch den „Ad-hocismus"
wurde keine Maßnahme gründlich geplant.

Es gibt verschiedene psychologische Ansätze, die den Bereich Verursachung
von Fehlern bzw. Fehlerklassifikation versuchen einzugrenzen. Dabei gilt es,
zwischen dem Häufigkeitsansatz und dem Ursachenansatz zu unterscheiden. Bei
dem häufigkeitsorientierten Ansatz wird der Mensch als Teil des Gesamtsystems
Mensch-Maschine betrachtet. Bei dem ursachenorientierten Ansatz soll auf die
den Fehlern zugrundeliegenden psychologischen Gesetzmäßigkeiten geschlossen
werden.

Wir wollen uns auf das Generische Fehler-Modellierungssystem, „generic error –
modelling system" (GFMS), von Reason beschränken, das auf den Arbeiten von Rasmussen aufbaut. Die Arbeiten von Rasmussen haben wir bereits beschrieben und als
„Trittleitermodell" vorgestellt

Gerade die mit dem „Trittleitermodell" beschriebenen typischen und im Sinne einer Problemlösung funktionalen Ebenenwechsel werfen Probleme im Zusammenhang mit der Mensch-Maschine-Interaktion auf (Helfrich 1996). Mögliche Fehlerquellen liegen im begrenzten Wissen (Stichwort: Erkenntnislücken), in der Selektivität der Betrachtung, in der Gebundenheit des Denkens, in der Neigung, der eigenen Meinung widersprechende Informationen zu ignorieren oder wegzudiskutieren, und dem Verzicht auf kritische Prüfung (Helfrich 1996).

Die Fehlermechanismen im GFMS werden auf die drei bereits vorgestellten Ausführungsebenen nach Rasmussen (1986), s. Kap. 2, die fähigkeits-, regel- und wissensbasierten Ebene, bezogen. Die Funktionen der fähigkeitsbasierten Ebene gehen der Entdeckung eines Problems voraus, dem Problem folgen Handlungen auf der regel- und wissensbasierten Ebene.

Wir zitieren aus:

Das Problemlöseverhalten nach dem GFMS geht von der Vorstellung aus, dass Menschen eher versuchen, nach bekannten Mustern zu suchen, als anderweitig zu optimieren. Sie prüfen ihr Gedächtnis also auf Regeln, die in ähnlicher Situation erfolgreich waren und wenden diese an, bevor sie auf die aufwändigere wissensbasierte Ebene ausweichen. Solche Regeln haben die Form von WENN-DANN Aussagen. Erst wenn der regelbasierte Weg keine Lösung bringt, wird auf die wissensbasierte Ebene gewechselt. Auch auf dieser Ebene werden zunächst Lösungen auf der Basis von Gedächtnisinhalten und Hinweisreizen gesucht. Liegt bei einer bekannten Handlung während einer Aufmerksamkeitsprüfung allerdings eine Abweichung von Bedingungen vor, wird immer auf die regelbasierte Ebene gewechselt. Wenn eine passende Regel gefunden wurde, wird auf die fähigkeitsbasierte Ebene zurückgewechselt. Dieser Zyklus, kann sich bei schwierigen Problemen und/oder unangemessenen Regeln wiederholen. Der Problemlöser sollte von der regel- zur wissensbasierten Ebene wechseln, wenn er feststellt, dass ihm keine geeignete Lösung zur Verfügung steht. Ist auf wissensbasierter Ebene eine geeignete Lösung gefunden, so werden auf fähigkeitsbasierte Routinen und Handlungsweisen zurückgegriffen. Häufig ist ein schnelles Hin- und Herschalten zwischen wissens- und fähigkeitsbasierter Ebene nötig. Auf Grund der beobachtbaren Tendenz schnell ein Lösung finden zu wollen, wird der Problemlöser häufig mangelhafte oder unvollständige Lösungen akzeptieren.

Gerade diese für menschliche Handlungen typischen und im Sinne einer Problemlösung funktionalen Ebenenwechsel werfen Probleme im Zusammenhang mit der Mensch-Maschine-Interaktion auf (Helfrich 1996). Dieser Aspekt wird bei den häufigkeitsorientierten Berechnungsverfahren kaum berücksichtigt (Helfrich 1996), der bei wissensbasierten Handlungen von enormer Wichtigkeit und nicht vorhersehbar ist.

Dieses flexible Handeln erschwert auch die Analyse und Bewertung menschlichen Handelns in Risikostudien. Dort wird der Mensch als Bestandteil des Systems, als Systemkomponente betrachtet. Er hat eine bestimmte Aufgabenstellung innerhalb einer vorgegebenen Zeit zu erfüllen. Tut er dies nicht, so wird die Komponente „Mensch" als ausgefallen betrachtet (Hauptmanns und Herttrich 1987), vgl. Kap. 1. Die Zuverlässigkeitsberechnung erfolgt getrennt für den technischen und den menschlichen Teilbereich mit dem Ziel, beide Wahrscheinlichkeitswerte zu einem Gesamtwert für das Arbeitssystem zusammenzuführen und somit zu einer Risikoabschätzung zu gelangen (Helfrich 1996). Man versucht, menschliche Fehler durch Designverbesserungen und automatische Kontrollvorrichtungen „in den Griff" zu bekommen. Dadurch werden die Fehler auf der fähigkeitsbasierten Ebene zwar weniger, der Anteil der wissensbasierten Fehler nimmt aber zu. Wissensbasierte Handlungen zeichnen sich dadurch aus, dass die fehlerauslösenden Bedingungskonstellationen im Einzelnen nicht konkret im Raum-Zeit-Verhalten vorhersehbar sind, wie wir an den drei katastrophalen Einzelereignissen gesehen haben. Im Vergleich zu den technischen Komponenten zeichnet sich der Mensch durch die geschilderte größere Variabilität und Komplexität aus. Der Beschreibung seines Verhaltens durch Zuverlässigkeitskenngrößen sollte mit äußerster Skepsis begegnet werden. Keines der bekannten Fehlermodelle berücksichtigt, dass die Bewältigung von Arbeitsaufgaben und das Meistern von Krisensituationen stets von sozialen Auseinandersetzungen begleitet werden.

Oder anders formuliert: Die einzelnen Individuen tragen nicht unabhängig voneinander zum Gesamtergebnis bei, sondern unterliegen Wechselwirkungen, die im sozialen Bereich liegen. Dies führt zu einer Diffusion von Verantwortung über mehrere Personen hinweg, die mit der Diffusion der Information einhergeht.

Aufgrund dieser Problematik besteht gegenwärtig weitgehende Übereinstimmung unter den Experten, dass nur Handlungen oder Handlungselemente durch Zuverlässigkeitskenngrößen hinreichend beschrieben werden können, die den Ebenen des fähigkeits- und regelbasierten Verhaltens zugeordnet werden können (Hauptmanns und Herttrich 1987), vgl. Kap. 1.

Wir wollen im anschließenden Abschn. 4.7.4 das Handeln des Menschen in einem eigendynamischen, unabschließbaren System, das sich von selbst ohne Eingriffe von Entscheidungsträgern verändert, analysieren. Dies bedarf einer Erklärung. Als ein eigendynamisches, unabschließbares System kann der Kosmos angesehen werden, d. h., das System ist eigendynamisch, weil es sich nur nach den Gesetzen der Kosmologie entwickelt, und unabschließbar, weil es trotz seiner „Offenheit" nicht durch menschliche Eingriffe „aufgeschlossen (beeinflusst)" werden kann. Auf die Gesetze des Kosmos, die die Lebenszone Erde bestimmen, wird im Abschn. 4.8 eingegangen. Aus der Eigendynamik der unabschließbaren Systeme entsteht Zeitdruck, der durch die Notwendigkeit willkürlich gesetzte Ziele zu realisieren, verstärkt wird. Zeitdruck verstehen wir hier nicht im umgangssprachlichen Sinn, sondern als Dynamik. Für uns entsteht Zeitdruck durch die beiden Zeitpfeile im naturwissenschaftlichen Bereich, dem thermodynamischen und dem kosmologischen. Im sozialwissenschaftlichen Bereich durch willkürlich gesetzte Ziele, die wir mit dem psychologischen Zeitpfeil erreichen wollen.

4.7.4 Dynamik des Entscheidens

Wie Zeitdruck beim raum-zeitlichen Verhalten entsteht und damit die Dynamik des Entscheidens beeinflusst, kann durch die physikalischen Größen Impuls p und Energie E und erläuternde Beispiele veranschaulicht werden, die in dem Begriff der Wirkung verschmelzen. Oder anders dargestellt: Energie und Impuls eines Körpers weisen darauf hin, welchen entropischen Prozessen er ausgesetzt war.

Wir wollen die Dynamik des Entscheidens mit entropischen Vorgängen erklären. Entropische Vorgänge werden auch als thermodynamischer Zeitpfeil und als kosmologischer Zeitpfeil, der als bestimmend für den Ablauf der kosmischen Ausdehnung angesehen wird, verstanden.

Um das Konzept der Entropie auf soziale Systeme übertragen zu können, müssen wir entscheidende Voraussetzungen beachten.

Wir möchten mit dem definitorischen Verständnis beginnen.

Um 1880 konnte Ludwig Boltzmann mit der von ihm und James Maxwell begründeten statistischen Physik auf mikroskopischer Ebene die Entropie erklären. In der statistischen Mechanik wird das Verhalten makroskopischer thermodynamischer Systeme durch das mikroskopische Verhalten seiner Komponenten, also Elementarteilchen und daraus zusammengesetzter Systeme wie Atome und Moleküle, erklärt. Kurz: Je größer die Entropie ist, desto unbestimmter ist der mikroskopische Zustand, desto weniger Informationen liegen über das System vor.

In der naturwissenschaftlichen Perspektive sind der Erste Hauptsatz der Wärmelehre (Energieerhaltungssatz) und das Boltz'mannsche Gesetz zunehmender Entropie (Zweiter Hauptsatz) Rahmenbedingungen mit Gültigkeit bis hin zu kosmischen Dimensionen, das Allergrößte für die Existenz von Lebewesen und damit sozialer Systeme.

In einem abgeschlossenen System, bei dem es keinen Wärme- oder Materieaustausch mit der Umgebung gibt, kann die Entropie nach dem Zweiten Hauptsatz nicht abnehmen. Die Unterscheidung von „offenen" und „geschlossenen" Systemen ist für die Übertragung des Entropiekonzeptes auf soziale Systeme wichtig. Clausius (1870) sagte, dass die Entropie des Universums ständig zunimmt und zu einem Maximum führt, obwohl es in dem geschlossenen System viele Teilsysteme gibt, die durch Energiezufuhr aus anderen (offenen) Systemen ihre eigene Entropiezunahme reduzieren.

Wie wir ausgeführt haben, fand Entropie Eingang in den sozialwissenschaftlichen Bereich über die Informationstheorie, wonach Information als Negentropie oder Entropiezunahme als Informationsverlust und damit Verantwortungsdiffusion verstanden werden kann. Aus sozialwissenschaftlicher Perspektive ist Entropie ein „Maß für Unordnung". Allerdings ist Unordnung kein physikalischer Begriff und hat daher, im Gegensatz zur physikalischen Entropie (Joule pro Kelvin) auch kein physikalisches Maß. Die Sozialwissenschaften verwenden für den metaphorischen Begriff „Unordnung" meist abgeleitete Indikatoren wie Nachhaltigkeit.

Soziale Systeme, zu denen auch wirtschaftliche Unternehmungen gehören, sind, wie wir von der Systemtheorie her wissen (Hoensch 2006), grundsätzlich offene Systeme. Entropieverringerung in einem Unternehmen setzt einen Export von Entropie, also Leistungen im weitesten Sinn, in die Umwelt bzw. Import von Entropie in Form von Information und Wissen aus der Umwelt, voraus. Offene Systeme werden durch Entscheidungen gestaltet. Offene Systeme können demnach „Mikrozustände" von zu- und abnehmender Entropie entsprechend den getroffenen Entscheidungen aufweisen. Machtdifferenzen sind für diesen

Austauschprozess unter den Mikrozuständen maßgeblich. Trotz dieses Austausches von Entropie bewirken Wirtschaftsprozesse, Unternehmenstätigkeiten, Produktion von Gütern und Dienstleistungen eine irreversible, d. h. ohne äußeres Zutun unumkehrbare, Zunahme der Entropie des Gesamtsystems, des gesamten Universums. Auf dieser Grundlage heißt Nachhaltigkeit daher, den Entropiezuwachs im Gesamtsystem so gering wie möglich zu halten (Hochgerner 2012). Entscheidungsträger müssen deshalb die „Makrozustände" des Gesamtsystems, des Universums, ebenso wie die Dynamik des Entscheidens, ausgehend von den „Mikrozuständen" ihres eigenen Teilsystems (Unternehmen) beachten. Sie müssen klar den Einfluss ihrer Entscheidungen auf die Entwicklung entropischer Prozesse in ihrem Teilsystem von den Auswirkungen der Gesamtzunahme der Entropie unterscheiden. Eine Vermischung der sozial- und naturwissenschaftlichen Bereiche müssen die Entscheidungsträger vermeiden, ebenso wie wir strikt zwischen Ursachen und Gründen unterschieden haben.

Oder anders gesagt: Physikalisch ist Entropie eine thermodynamische Zustandsgröße der materiellen Umwelt von Wirtschaft und Gesellschaft. Aus sozialwissenschaftlicher Perspektive ist Entropie vor allem unter dem Gesichtspunkt von Zu- und Abnahme der Entropie in grundsätzlich offenen Systemen von Interesse (Hochgerner 2012). Wir werden die sozialwissenschaftliche Perspektive der Entropie nochmals in der Zusammenfassung, Abschn. 4.10, behandeln.

Unsere Wirtschaft ist pure Energie, materielle und soziale Energie. Die Energie steckt nicht nur in den Roh- oder Wertstoffen, sondern auch in den Köpfen der Mitarbeiter, den Unternehmenszielen, den Wünschen innerhalb der Gesellschaft. Alle energetischen Umwandlungsprozesse erzeugen Zeitdruck zum Handeln und führen zu der Frage, wie können entropische Prozesse gesteuert und damit dem Zeitdruck entgegengewirkt werden?

Für die Antwort müssen wir auf die angesprochenen spezifischen Differenzen von sozial- und naturwissenschaftlichen Disziplinen zurückkommen.

Der sozialwissenschaftlichen Perspektive folgend, können entropisch relevante Prozesse durch Wissen, Bewusstsein und konsequentiale Handlungsgründe, aber auch durch unternehmerische Entscheidungen beeinflusst werden. Die sozialwissenschaftliche Perspektive erlaubt also die willkürliche Setzung von Zielen. Sie ist vor allem unter dem Gesichtspunkt von Zu- und Abnahme der Entropie in offenen Systemen von Interesse. Ein System kann in dem auf ihn eingeschränkten Bereich den Entropiezuwachs im Innern steuern und gleichzeitig Entropie „exportieren". Der Export von Entropie führt zu neuen Systemeigenschaften. Solche Systemveränderungen haben sicher dazu beigetragen, dass der Welt trotz steigendem Energiehunger und Ausbeutung natürlicher Ressourcen immer (noch) genug Energie verfügbar gemacht werden konnte (Hochgerner 2012).

Export von Entropie aus sozialen Unternehmen kann erreicht werden durch den Aufbau von neuen Systemstrukturen.

Kurz: Zeitdruck entsteht durch die Bestrebungen sozialer Systeme, die Entropiezunahme zu verringern. Die Entropie des Gesamtsystems nimmt aber weiterhin zu. Die Entropiezunahme wird durch Machtbestrebungen verstärkt, die darauf ausgerichtet sind, bestehende Systemgrenzen aufrechtzuerhalten.

Wir möchten unser Verständnis von dem angesprochenen eigendynamischen, unabschließbaren System anhand der drei katastrophalen Einzelereignisse erläutern.

Tschernobyl Im Mittelpunkt der Betrachtungen des Betriebs eines Kernkraftwerkes steht normalerweise die stationäre, d. h. zeitlich unveränderliche Energieerzeugung. Bei dem Versuch in Tschernobyl handelte es sich aber um einen Reaktor in einem zeitlich veränderlichen, also dynamischen, Betriebszustand (Transienten, „transients", d. h. Übergangszustände). Die Behandlung der Reaktordynamik erfolgt aus der Zusammenfassung der Reaktorkinetik mit den Temperaturkoeffizienten und den das Temperaturfeld im Reaktorkern bestimmenden Gleichungen für Wärmeleitung und Wärmeübertragung. Die Gleichung, die allgemein die Bewegung der Teilchen beschreibt, die mit anderen in verschiedenartiger Wechselwirkung stehen, bezeichnet man als Boltzmanngleichung oder Transportgleichung. Sie wurde von uns im Rahmen der Erläuterung von Entropie durch die kinetische Gastheorie vorgestellt. Den Reaktorkern sehen wir deshalb als eigendynamisches System an; als unabschließbar; weil mit der Abschaltung des letzten verbleibenden Sicherheitssystem der Point of no Return überschritten und mit der Fortsetzung des Versuchs am 26. April 1986 um 23:10.00 Uhr das auslösende Ereignis geschaffen wurde.

Fukushima Daiichi Wir greifen dem Abschn. 4.8 etwas vor. Wir wissen heute, dass die dünne Erdkruste keine geschlossene Schale ist. Weit mehr als erdteilgroße Platten driften auf dem darunterliegenden heißen Mantel. Die Erde kühlt im Innern kaum aus, dadurch bleibt der Antrieb der Plattentektonik erhalten. Für den Wärmehaushalt der Erde ist die Energie im Erdinnern im Vergleich zur Sonnenstrahlung kaum von Bedeutung; sie schützt das Leben aber auf eine andere, doppelte Weise: Erstens sorgt das Einschmelzen von Gestein im Erdinneren wieder dafür, dass das im Gestein gebundene Wasser und das Kohlendioxid freigesetzt werden, ohne dieses Recycling gäbe es vermutlich längst kein Wasser und kein Kohlendioxid mehr in der Atmosphäre und auch kein Leben auf der Erde. Und zweitens sind Konvektionsbewegungen im flüssigen äußeren Teil des Erdkerns wahrscheinlich die Ursache für die Erzeugung des Erdmagnetfeldes, dieses Erdmagnetfeld schützt die Erde vor Sonnenwinden (Im Norden kann man diese Sonnenwinde, Polarlicht, manchmal sehen).

Der Antrieb der Plattentektonik ist der eigendynamische Teil des Systems. Er sorgt dafür, dass durch plötzliches Heben und Senken von Teilen des Meeresbodens ein unterseeisches Erdbeben (Seebeben) entsteht, welches sich jedem Zugriff des Menschen entzieht und damit unabschließbar (unbeeinflussbar) ist. Unabschließbar, auch deshalb, weil keine Vorsorgemaßnahmen gegen Tsunamiwellen getroffen wurden, der Point of no Return war bereits mit der Inbetriebnahme der Anlage gesetzt. Das auslösende Ereignis war das Seebeben am 11. März 2011 um 14:46 Uhr Ortszeit vor der Küste von Honshu.

Wir möchten darauf hinweisen, dass ein Erdbeben nur dann einen Tsunami verursachen kann, wenn alle drei folgenden Bedingungen gegeben sind:

1. Das Beben erreicht eine Magnitude von 7 und mehr.
2. Sein Hypozentrum liegt nahe an der Erdoberfläche am Meeresgrund.
3. Es verursacht eine vertikale Verschiebung des Meeresbodens, welche die darüberliegende Wassersäule in Bewegung setzt.

Die probabilistischen Einflussfaktoren können auch quantifiziert werden; nur 1 % der Erdbeben zwischen 1860 und 1948 verursachten messbare Tsunamis.

Deepwater Horizon Das meiste heute geförderte Erdöl ist aus abgestorbenen Meereskleinstlebewesen entstanden, wobei Algen den mit Abstand größten Teil der Biomasse gestellt haben. Die Biomasse wird unter Mithilfe von Bakterien chemisch umgebildet, es entsteht Faulschlamm. Aus diesem vorwiegend tonigen Erdölmuttergestein lässt sich Erdöl nicht gewinnen; es weicht durch Wanderung (Migration) in poröse und klüftige Speichergesteine aus, wo es sich unter undurchlässigen Deckschichten in Erdölfallen zu Lagerstätten anreichert. Ein eigendynamischer Prozess, der für den Menschen unabschließbar (unbeeinflussbar) bleibt. Erst durch Tiefbohrungen, auch durch Unterwasserbohrungen, können die Erdöllagerstätten erschlossen werden. In größeren Tiefen steht das Erdöl unter dem Druck der auflastenden Erdschichten und gegebenenfalls des assoziierten Erdgases und wird nach Anbohren aus dem Bohrloch gepresst, da es leichter als Wasser und das umgebende Gestein ist. Beim ersten Anbohren der Lagerstätte muss deshalb das Austreten des unter Druck (ca. 900 bar betrug der Lagerstättendruck) stehenden Öls mit Hilfe eines Blowout-Preventers verhindert werden, der bekanntlich nicht funktionsfähig war. Der Point auf no Return war durch die falsche Bohrtechnik gesetzt. Durch den Austausch der über dem Zement liegenden Bohrflüssigkeit führte die Bohrmannschaft das auslösende Ereignis herbei.

Wir möchten zum Inhalt unseres Vorgriffs zurückkehren, der ebenfalls zu Systemveränderungen führt, das Allergrößte.

4.8   Das Allergrößte

Zu Beginn von Kap. 2 haben wir die Frage von Dschung Dsi zitiert. Wir haben die Frage auf die Regieführung und die Zuverlässigkeit bezogen und die Einflussmöglichkeiten auf diese beiden Aspekte durch menschliche Entscheidungen, als das Allerkleinste, untersucht. In diesem Abschnitt möchten wir die Frage nach der Regieführung und der Zuverlässigkeit unter dem Aspekt, das Allergrößte, behandeln.

Wir haben uns von dem für uns lebenswichtigen „Ariadnefaden" leiten lassen und diesen Faden nie abreisen lassen. Würde dieser Faden abreisen, bedeutete dies das Risiko einzugehen, das durch Generationen von Menschengeschlechtern aufgebaute Netzwerk der Erkenntnis aufzulösen. Wir müssen Masche für Masche

auflösen um das Netzwerk zu verstehen, in das uns der Pfeil der Zeit hinein-
gezwungen hat.

Dazu beginnen wir damit, dass unsere Welt einen Anfang, eine Geschichte hat.
Und die beginnt vor 13,7 Mrd. Jahren mit dem Urknall (s. Abb. 3.2, Kap. 3). Für
die meisten Wissenschaftler der prinzipiell nicht erforschbare Nullpunkt. An dem
sowohl Raum als auch die Zeit entstanden sind. Diese unerforschbare Zeitspanne
wird als Planck-Ära bezeichnet. Eine einzige Macht bestimmte das Geschehen im
gerade geborenen Kosmos: die Urkraft. Sie dirigierte das Geschehen, dass durch
Zufall, so die Spekulationen der Kosmologen, eine spontane Schwankung der
Energie und damit die dramatische Explosion auslöste. Die Ausdehnung – und
damit die Abkühlung des Kosmos bewirkte, dass sich von der Urkraft zunächst
die Schwerkraft abspaltete: jene Kraft, die anziehend zwischen zwei masse-
reichen Körpern wirkt und heute Planeten um Sterne kreisen lässt. Die Gravitation
stemmt sich dem Druck des Alls entgegen. Doch sie ist nicht mächtig genug um
die Expansion aufzuhalten. Dann tritt das Universum in die nächste Entwicklungs-
phase ein. Wieder geschieht etwas Zufälliges. Der Rest, der von der Urkraft übrig
geblieben ist, zerfällt in zwei weitere Kräfte: die Starke Kernkraft oder kurz Kernkraft, die Atomkerne trotz der positiven Ladung der Kernteilchen zusammenhält
und die Elektroschwache Kraft (einen Vorgänger jener Kräfte, deren Wirkung
nach heutiger Erkenntnis für Lichtstrahlung, elektrischen Strom oder Radioaktivität verantwortlich ist). Nun setzt etwas ein, das die Kosmologen mit Inflationen
bezeichnen, d. h., die Gravitation bremst den Raum nicht mehr in seiner Ausdehnung. Im Gegenteil: Sie beschleunigt sogar dessen Expansion. Die Elektroschwache Kraft teilte sich weiter: in die Schwache Kernkraft, die Neutronen
zerfallen lässt und Radioaktivität hervorruft (ohne die Schwache Kernkraft würden sich nach den physikalischen Gesetzen Materie und Antimaterie zerstrahlen),
und die Elektromagnetische Kraft, die unterschiedlich geladene Teilchen anzieht
und dafür sorgt, dass negativ geladene Elektronen um positiv geladene Atomkerne
schwirren. Gemäß der elektroschwachen Theorie wirken zwei Grundkräfte – der
Elektromagnetismus und die für den radioaktiven Kernzerfall verantwortliche
schwache Kraft – heutzutage unterschiedlich, obwohl sie einst eine einzige, ver-
einheitlichende Kraft bildeten. Die Schwache und die Elektromagnetische Kraft
begannen sich unterschiedlich zu verhalten: Die Symmetrie, die sie zuvor vereint
hatte, wurde gebrochen.

Aus der ursprünglichen Urkraft sind jene vier Kräfte entstanden, Gravitation,
Elektromagnetische Kraft, Schwache und Starke Kernkraft, die bis heute alle Prozesse im Kosmos steuern. Alle vier Kräfte sind genau so „ausbalanciert", dass
unsere materielle Existenz möglich ist. Kleinste Variationen würden die physikalische Welt zerstören.

Warum konnte sich gerade auf der Erde höheres Leben entwickeln?

Wie „ausbalanciert" unser Leben auf der Erde ist, soll am Beispiel des
„Fusionsreaktors" Sonne beschrieben werden.

Die thermonuklear gespeiste Strahlung an der Oberfläche 6000 °C heißen
Plasmakugel ist die Grundvoraussetzung für die Entstehung und Entwicklung

des Lebens auf der Erde. Zum Ausgleich der entropischen Prozesse auf der Erde verliert die Sonne selbst pro Sekunde 4 Mio. t Masse in Form von Strahlungs-energie. Trotzdem kann sie voraussichtlich 10 Mrd. Jahre lang Energie abstrahlen und hat am Ende nur etwa doch nur 1 % ihrer ursprünglichen Masse verloren. Die Umwandlung von drei Sonnenmassen in weniger als einer Sekunde liefert also eine unfassbar große Energiemenge. Trotz des gewaltigen Energieumsatzes konnte vermutlich weder im Bereich des sichtbaren Lichts noch in irgendeinem anderen Teil des elektromagnetischen Spektrums ein Signal beobachtet werden. Die unvorstellbaren Energiemengen wurden allein durch Gravitationswellen abgestrahlt. Das Sonnensystem entstand vor 4,6 Mrd. Jahren durch den gravi-tativen Kollaps einer interstellaren Gaswolke (Sternentstehung). Die anschlie-ßende Entwicklungsgeschichte der Sonne führt über den jetzigen Zustand (Gelber Zwerg). Ein Gelber Zwerg verweilt während seiner Existenz ca. 10 Mrd. Jahre in der Hauptreihe. Im Laufe seiner Existenz entwickelt sich der Gelbe Zwerg zu einem Roten Riesen und schließlich über eine instabile Endphase im Alter von 12,5 Mrd. Jahren zu einem Weißen Zwerg, der von einem planetarischen Nebel umgeben ist (Spanner 2016).

Wer hat bei diesem Prozess Regie geführt?

Für die vollständige Antwort seien weitere Parameter für die Voraussetzungen von Leben auf der Erde beispielhaft genannt:

Die richtige Position in der Milchstraße. Die richtige Position im Sonnen-system. Die Rolle der Atmosphäre. Die Erde als System. Die Hilfe von Jupiter und Mond. Gibt es außerirdisches Leben im Universum?

Für die Frage der Regieführung wollen wir auf den Parameter, die Erde als Sys-tem, eingehen.

Wie könnte das „Thermostat", das wir bereits mit der Einstellung eines Soll-wertes angesprochen haben, der früheren Erde ausgesehen haben? (Thermostat in Anführungszeichen, da es keinen Sollwert gibt, den jemand eingestellt hat, wohl aber Regelkreise, die die Erdtemperatur in einem lebensfreundlichen Bereich halten.) Dazu braucht es Regelkreise, die die Temperatur bei einem Anstieg sen-ken, und andere, die sie bei Abkühlung erhöhen. Solche „systemstabilisierenden" Regelkreise bezeichnet man auch mit negativer Rückkoppelung (negativ bedeutet hier, dass sie Änderungen entgegenwirken). Daneben gibt es auch positive Rück-koppelungen, die die Auswirkungen von Änderungen verstärken, und die daher die innere und äußere Grenze der Lebenszone bestimmen.

Der Regelkreis, der die innere Grenze der Lebenszone bestimmt ist der Wasser-dampf-Regelkreis: Steigende Temperaturen (durch Annäherung des Planeten an die Sonne oder durch eine heißer werdende Sonne) führen zu einer stärkeren Ver-dunstung, und diese zu einer höheren Wasserdampfkonzentration in der Atmo-sphäre. Da Wasserdampf ein Treibhausgas ist, steigt hierdurch die Temperatur weiter, was wiederum die Wasserdampfkonzentration steigen lässt. Hier liegt eine positive Rückkoppelung vor. Diese wird aber durch einen Effekt gebremst, auf dem das Funktionsprinzip von Dampfkochtöpfen beruht – bei steigender Wasser-dampfkonzentration wird die zusätzliche Verdunstung erschwert. Der Bereich, in dem die Temperatur hierfür noch nicht hoch genug ist, ist die innere Grenze der Lebenszone.

Die äußere Grenze der Lebenszone wird vom Eis-Albedo-Regelkreis (Albedo, von lat. albus = weiß) bestimmt. Wenn der Planet sich weiter von der Sonne entfernt und sich abkühlt, bilden sich an den Polen Eiskappen, die sich mit weiterer Abkühlung ausdehnen. Auch dieses ist eine positive Rückkoppelung und jenseits der äußeren Grenze der Lebenszone führt dieser Regekreis dazu, dass alles Wasser auf dem Planeten gefriert und kein flüssiges Wasser mehr vorkommt.

Negative Regelkreise stabilisieren die Lebenszone, indem sie die den Planeten weniger anfällig für Veränderungen etwa der Sonnenstrahlung machen.

Ergebnis: Diese Regelkreise sorgen dafür, dass die innere und äußere Grenze der Lebenszone nicht so leicht erreicht werden kann, stabilisieren also den Planeten in der Lebenszone.

Allgemeiner: Regelkreise beruhen auf Rückkoppelungsprozessen, somit sind Regelkreise ordnungserhaltend und stabilitätsfördernd. Nicht nur in den „Regelkreisen Lebenszone Erde" sondern in allen Regelkreisen findet ständig ein Istwert-Sollwertabgleich statt, bei dem sich die Inputs von den Outputs und somit Ursachen von den Wirkungen nicht mehr klar trennen lassen. Das gilt auch für das Gehirn. Durch thermodynamische Zwänge wird unser Gehirn veranlasst, das durch Störgrößen verursachte „Chaos" auf stabile, also geordnete Zustände einzuregeln. Das geschieht über die Synapsengewichtung (Synapse: Kontakt-, Umschaltstelle zwischen Nervenfortsätzen, an der nervöse Reize von einem Neuron auf ein anderes weitergeleitet werden; an die schätzungsweise 200 bis 300 Bio. Synapsen im Gehirn lösen sogenannte Aktionspotenziale, dann Signalketten aus.) und die Stärke der Verbindung durch ein fein abgestimmtes Zusammenspiel von aktivierenden und hemmenden Schaltkreisen. Die Evolution hat dafür gesorgt, dass sich nur solche Schaltkreise durchsetzen, die ein Bild von der Wirklichkeit liefern, in der sich der Mensch zurechtfinden kann.

Auf der Erde sollte es aber bei den unbelebten Regelkreisen nicht bleiben, mit denen eigentlich die Frage von Dschung Dsi beantwortet wäre. Diese Regelkreise haben die Erde zu einem System gemacht – bei einem System interagieren die Elemente so miteinander, dass sie als Einheit angesehen werden können. Auf der Erde hat sich das Leben früh entwickelt. Das Alter unseres Sonnensystems wird mit etwa 4,6 Mrd. Jahren angegeben. Die ältesten Lebensspuren, die bisher bekannt sind, haben ein Alter von 3,85 Mrd. Jahren. Das bedeutet, dass unsere Erde vielleicht knapp 800 Mio. Jahre unbewohnt geblieben ist, Kap. 2 Penzlin (2014), (Franken 2007).

Aber der Mensch begann mit diesen unbelebten Regelkreisen der Erde zu interagieren: Aus dem System wurde das Ökosystem Erde.

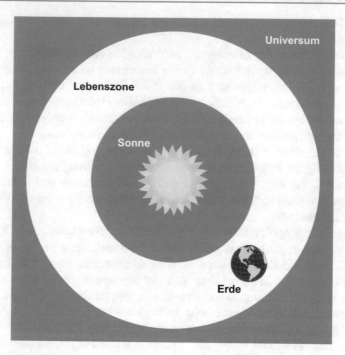

Abb. 4.3 Eine Voraussetzung für Leben auf der Erde: Unsere Erde liegt in der Lebenszone unserer Sonne – in einem Bereich, in dem die Sonnenstrahlung nicht zu stark und auch nicht zu schwach für die Entfaltung des Lebens ist

Beispiel

Ende des 19. Jahrhunderts erkannte der schwedische Chemiker Svante Arrhenius, dass der Kohlendioxidgehalt der Luft die Temperatur beeinflusst – je mehr Kohlendioxid in der Luft, desto wärmer wird die Erde. Die Sonne ist etwa zeitgleich mit der Erde entstanden und hat zu Beginn nur etwa 70 % ihrer heutigen Strahlung abgegeben. Die Lebenszone lag also – s. Abb. 4.3 – in der Frühzeit des Sonnensystems viel näher an der Sonne. Und dennoch zeigen geologische Untersuchungen und auch die Geschichte des Lebens, dass seit über 4 Mrd. Jahren die Temperatur der Erde nur um wenige Grad Celsius geschwankt hat. Der Mensch hat die unbelebten Regelkreise durch seine Aktivitäten aufgebrochen. Dieses Beispiel zeigt, dass menschliche Aktivitäten, die unter dem Begriff des Klimawandels zusammengefasst werden, in die Verantwortlichkeit und damit in die Regieführung durch den Menschen fallen.

Nach dem Kausalitätsprinzip der Physik hat aber jede Wirkung eine Ursache. Deshalb werden ständig neue Anläufe unternommen, den tiefer liegenden Grund für die beschleunigte Expansion (vgl. Abb. 3.2, Kap. 3) des Kosmos zu finden. Alle Ansätze, die Gravitation mit der starken und elektroschwachen Wechselwirkung zu kombinieren, führten zu grundlegenden Schwierigkeiten

(Spanner 2016). Wir zitieren Spanner: „Bis heute ist es den Physikern nicht gelungen, eine weithin anerkannte, konsistente Theorie zu formulieren, die die Allgemeine Relativitätstheorie und die Quantenmechanik kombiniert. Die Unvereinbarkeit der beiden Theorien bleibt daher ein grundlegendes Problem auf dem Gebiet der theoretischen Physik" (Spanner 2016). Falls es gelänge, eine Spur der kosmischen Inflation nachzuweisen, könnte unser empirisches Wissen über den Kosmos in unvorstellbarer Weise wachsen. Wir könnten dann Gesetze für die Zeitentwicklung der Elementarteilchen und die Weise aufstellen, wie man aus diesen Gesetzen Wahrscheinlichkeitsaussagen über experimentelle Ergebnisse ableitet (Spanner 2016).

„Wir könnten daran denken ein universelles Naturgesetz zu entwickeln, das auch eine Antwort auf folgende Frage zulässt: ‚Welche Zeitentwicklung eines uns zugänglichen Systems können wir typischerweise erwarten unter Unkenntnis der exakten Anfangsbedingungen'" (Spanner 2016).

Eine allumfassende Theorie ist bis heute das ehrgeizige Ziel der modernen Physik, die die Quantenmechanik und die Relativitätstheorie als Grenzfälle beinhaltet. Dies wäre auch im Sinne von Einstein (Spanner 2016). Eine besondere Herausforderung für ein umfassendes physikalisches Modell bleibt aber die Kosmologie und die Erklärung ihrer bislang unerforschten Phänomene (Erkenntnislücken).

Ebenso wie wir auf der Basis der Chaostheorie festgestellt haben, dass ein Flügelschlag eines Schmetterlings Taifune verursachen kann, weil eine extreme Empfindlichkeit gegenüber geringfügigen Änderungen der Randbedingungen gegeben ist, verhält es sich bei der kosmischen Inflation (s. Abb. 3.2 unterer Teil, Kap. 3). Bis dahin verbleibt für die Frage der Regieführung nur der Hinweis auf Lesch (2016), Kap. 2, wonach die vier Elementarkräfte dafür in Betracht gezogen werden können. Und für die Wahrscheinlichkeitsaussagen der von Lesch eingeführte „Tunneleffekt". Oder das Zitat in (Spanner 2016) von Danzmann: „… man muss einfach mit dem Kopf gegen die Wand rennen – solange, bis sie einstürzt."

Diese beiden Denkansätze sind zwar empirisch ohne Stütze, stellen aber gegenwärtig die einzige naturalistische Erklärung für das Auftreten extrem unwahrscheinlicher kosmischer Anfangs- und Randbedingungen bereit. Vorbild ist die Erklärung der Eignung der physikalischen Randbedingungen auf der Erde für die Entstehung von Leben. Die gemäßigten Temperaturen, die Stabilisierung der Erdachse durch den Mond, die Entstehung flüssigen Wassers, das Erdmagnetfeld und die Ozonschicht mit ihrer Abschirmung der Erdoberfläche vor der tödlichen Strahlung des Weltraumes bieten ausgezeichnete Rahmenbedingungen für die Entstehung von Leben. Diese Feinabstimmung wird dadurch verständlich, dass es eine Unzahl anderer Planeten gibt, bei denen diese fehlen.

Daraus folgt, dass wir auf der Grundlage unseres heutigen Wissens selbst für die Gestaltung des menschlichen Lebens und des sozialen Zusammenlebens Sorge tragen, also unsere Willensfreiheit und Selbstverwirklichung verantwortlich einsetzen müssen. Diesen Gedanken hat Napoleon Bonaparte wie folgt formuliert: „In dieser besten Welt sein Möglichstes zu tun, und im eigenen Bewusstsein seine Belohnung finden, das ist das große Geheimnis, niemals ein Betrüger oder ein Schmeichler, niemals bitter, lästig oder ein Verbrecher zu werden."

Zur Frage der Regieführung: Wir schufen uns eine Bühne, in der wir uns selbst erleben können. Grundlagen dieser Bühne sind Zeit und Raum. Die Regieführung liegt bei den vier Elementarkräften und das Drehbuch schreiben die Naturgesetze.

Wir zitieren Bräuer (2005), s. Kap. 3, und gehen damit zurück zu seinen Überlegungen wie das Böse in die Welt kam, die wir in Kap. 3 angesprochen haben:

> „Die Menschen schufen in Raum und Zeit ein Bild ihrer Selbst, und dieses Bild schuf weiter und so entwickelte sich eine Welt voller fraktaler (vielfältig gegliederter) Strukturen.
>
> Es gab wohl irgendwann ein Problem. In Raum und Zeit kann nichts vollkommen sein, Raum und Zeit sind erfüllt mit Exzerpten (Auszügen, Anmerkung vom Verfasser), die miteinander nicht vollständig verträglich sein können. Das Bild, das die Menschen in der so geschaffenen Welt von sich entwickelt hatten, konnte nicht zu dem inneren Bild passen, das sie von sich selbst hatten. Es entstand die Notwendigkeit zur Projektion. Die Menschen identifizierten sich mit den akzeptablen Aspekten dieser raum-zeitlichen Entwicklung, und sie projizierten Widerwilliges von sich weg, hinein in die Natur, die zu beherrschen bis heute nicht vollständig gelungen ist, und in die Mitmenschen. Und so kam wohl das Böse in die Welt, als Projektion des eigenen, archetypischen (der Urform entsprechend, Anmerkung vom Verfasser) Schattens.
>
> Mehr und mehr wurde die Welt getrennt erlebt als etwas Inneres und Äußeres. Und dieser Prozess der Trennung dauerte über Jahrtausende an und fand erst im Mittelalter seinen Abschluss im sogenannten Cartesischen Schnitt, in einer absoluten Trennung des inneren Seelenlebens und der äußeren, materiellen Welt. In der Außenwelt manifestierten sich immer mehr Gesetze der Physik".

Zum Begriff „Cartesischen Schnitt": Er geht auf René Descartes (1596–1650) zurück. Er war metaphysischer (jede mögliche Erfahrung überschreitend) Dualist und trennte die Welt nicht mehr, wie vor ihm üblich, in eine nicht organische und organische, sondern in die Welt der ausgedehnten Körper und die des Geistes und Denkens. Die Wissenschaft nahm sich fortan der objektiven Welt der Körper, die Philosophie der subjektiven Welt des „Denkens" an. Durch diesen „Cartesischen Schnitt" wurde der Wissenschaft der Weg geebnet, ihre empirische Forschung zielstrebig zu verfolgen, ohne gleichzeitig über Gott und uns selbst reflektieren zu müssen (Penzlin 2014), vgl. Kap. 2.

Wir möchten den Cartesischen Schnitt mit unseren Überlegungen zur Kausalität und den konsequentialen Handlungsgründen, die mittels willkürlich gesetzter Ziele auf die Kausalität einwirken, sowie mit den Gedanken von Kurt Bräuer zu Raum und Zeit in Verbindung setzen. Das Bild, das die Menschen von sich selbst schufen/schaffen, kann nicht nur mittels Raum- und Zeitvorstellungen allein entstehen. Wir erleben nach dem Cartesischen Schnitt unsere Welt getrennt als raum- und zeitlich ausgedehnte körperliche Welt sowie als die Welt unserer Sinneseindrücke. Die Welt wird getrennt erlebt, als eine subjektive Innenwelt und eine objektive Außenwelt, das Äußere. Unsere Sinneseindrücke müssen eine Ursache haben, die nicht in uns selbst liegt. Wir stellen die Bilder der Vergangenheit, Gegenwart und Zukunft nebeneinander und erleben so Zeit eigentlich in einer räumlichen Ordnungsstruktur. Die Zeit ist nichts Objektives. Die Zeit wird objektiviert durch die Zeitmessung. Mit Koordinatensystemen machen wir uns Bilder zeitlicher Bezüge. Diese Zeit ist eine kulturelle Errungenschaft der Menschheit. Unsere Existenz beruht dagegen auf einer immerwährenden, sich laufenden Gegenwart (Penzlin 2014), s. Kap. 2.

Wir führen unsere Sinneseindrücke auf Wahrnehmungen zurück. Die Rückführung auf eine Ursache bezeichnen wir als Kausalität.

Diese Überlegungen wollen wir in der Abb. 4.4 wie folgt darstellen:

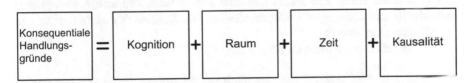

Übertragen auf die drei katastrophalen Einzelereignisse lautet die Addition, wobei wir auf die bisherigen Erläuterungen zurückgreifen und nur mit kurzgefassten Begriffen arbeiten.

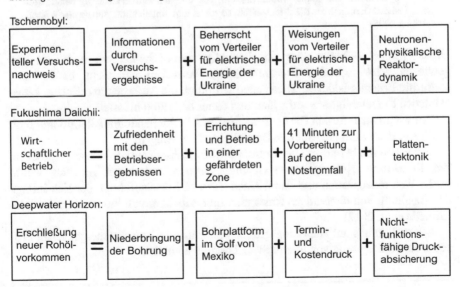

Abb. 4.4 Graphische Zusammenfassung für die drei Einzelereignisse

Nach der Übertragung auf die drei katastrophalen Einzelereignisse hierzu nochmals unsere Grundüberlegung: Wenn wir Informationen empfangen, so interpretieren wir dies unverzüglich unbewusst räumlich, zeitlich und kausal in einem kognitiven Prozess. Dieser Interpretation folgend bilden wir konsequentiale Handlungsgründe für die Setzung willkürlicher Ziele.

Oder anders ausgedrückt: Wir ordnen den Informationen eine bestimmte Ursache zu. Erst wenn wir die Informationen zeitlich, räumlich und kausal identifiziert haben, beginnen wir mit der Ausformung von konsequentialen Handlungsgründen.

Wie wir ausführlich dargelegt haben, sind Raum, Zeit und Kausalität physikalische Abstraktionen. Raum, Zeit und Kausalität sind darüber hinaus die drei „Vektoren", die unsere Wirklichkeit aufspannen. Und diese Wirklichkeit, die Passung des Allerkleinsten im Allergrößten, ist groß und unerschöpflich, an deren Fundamente der Mensch nicht rütteln sollte.

Der Mensch erlebt eine innere und eine äußere Welt. Die innere Welt prägen individuelle und soziologische Gegebenheiten. Die Außenwelt manifestiert sich in den Gesetzen der Physik.

Wir schließen uns Bräuer im Kap. 3 an:

> Wir leben in einer Welt, die ganz wesentlich von der Art unseres Denkens bestimmt wird. Bei der Entwicklung unserer Gedanken- und Vorstellungssysteme hat die Physik eine ganz wesentliche Rolle gespielt. Mathematik und Physik haben den Weg gewiesen zu einer Denkart, die immer mehr Einzelheiten erkennt und erklärt. In den letzten paar tausend Jahren kam die Menschheit so zu einem ungeheuren Schatz an Wissen. (Bräuer 2005)

Unser Wissen verbleibt aber unvollständig, darauf haben wir mehrfach hingewiesen. Viele wichtige Zusammenhänge verstehen wir nicht, es bestehen weiterhin Erkenntnislücken. Dies haben wir durch die Aufarbeitung der drei katastrophalen Einzelereignisse aufzeigen und daher begreifen müssen.

Ein wichtiger Baustein für die Passung des Allerkleinsten im Allergrößten fehlt uns noch. Er bezieht sich auf den Begriff „kausaler Eingriff".

Wir haben ihn bereits mit der Einführung des Konsequentialismus angesprochen. Zur Erinnerung: Konsequentiale Handlungsgründe sind darauf gerichtet, kausal in die Welt einzugreifen und damit einen Zustand herbeizuführen, der sich infolge der Handlung von alternativen Zuständen unterscheidet, vgl. hierzu Kap. 2 (Nida-Rümelin et al. 2012).

Wir wollen uns auf Handlungsgründe konzentrieren, die die energetischen Prozesse zur Realisierung von alternativen Zuständen nutzen.

4.9   Energetische Entwicklung der Gesellschaft

Wir haben festgestellt, dass unsere Wirtschaft pure Energie ist, und zwar materielle und soziale Energie. Das gilt auch für das Phänomen „Leben". Permanent wird Energie allein schon aus dem Grund benötigt, den eigenen Zerfall zu

kompensieren, den lebendigen Zustand gegen die zerstörerischen Kräfte aufrechtzuerhalten, die das Leben ins thermodynamische Gleichgewicht (Endlichkeit) führen würden. Organismen benötigen auch dann Energie, wenn sie keinerlei äußere
Arbeit leisten (Penzlin 2014), Kap. 2.

Bei jeder Transformation der Energie aus einer in eine andere Form geht
weder Energie verloren noch entsteht neue Energie. Das Gesetz von der Erhaltung
der Energie gilt immer, diesem Ansatz kann sich auch nicht die Soziologie
entziehen.

Das Verständnis von Energie in den Sozialwissenschaften und Naturwissenschaften unterscheidet sich ebenso wie das Verständnis von physikalischer und
sozialer Entropie, wie wir aufgezeigt haben.

Im sozialen Bereich bedeutet Energie eine moralische Eigenschaft, mit der
der Mensch eine ihm gestellte Aufgabe mit Kraft und Ausdauer, trotz eventueller
Widerstände, versucht zu erfüllen.

Für die Naturwissenschaft ist Energie, die in einem physikalischen System
gespeicherte Arbeit, das Arbeitsvermögen.

Zwei Bilder von Energie, die sprachlich nicht weit entfernt scheinen.

Das physikalische Gesetz von der Erhaltung der Energie erlaubt eine Bilan-
zierung, die es uns ermöglicht, von jedem natürlichen Prozess eine Aussage
zu treffen und ihn zu verstehen, vielleicht auch zu beherrschen. Dagegen ist die
Anwendung des Gesetzes zur Erhaltung der Energie im sozialen Bereich weitestgehend unbekannt, obwohl es bestimmt nicht nur nützlich, sondern notwendig
wäre, bestimmte Aussagen aus diesem Gesetz auch für den sozialen Bereich zu
treffen. Denken wir nur an die Einführung des Schießpulvers, chemische Energie,
dadurch verloren Burgen und Mauern zum Schutz der sozialen Gemeinschaften
ihre Bedeutung, und die Bildung stehender Heere wurde eine Notwendigkeit (Ostwald 1909). Das Schießpulver war eine neue Energiequelle, die viel größer und
intensiver war als die bis dahin für den Krieg verfügbaren Energien der menschlichen und tierischen Muskeln. Allgemeiner gesagt: Der Mensch hat die Kausalkette Muskelkraft zur Unterdrückung des Feindes durch eine neue Energieform
ersetzt. Dies führte zu einer neuen gesellschaftlichen Ordnung. Alles Geschehen
entwickelt sich aus der Energieumwandlung. Ohne Energieumwandlung würde
nie etwas geschehen. Unser Streben richtet sich darauf, die Menge der Rohenergie zu vermehren (Deepwater Horizon) und die Umwandlung in Nutzenergie
zu verbessern (Tschernobyl und Fukushima Daichii). Wir haben die Verbesserung
der Nutzenergie beim Bogenschützen durch den geplanten Einsatz von Drohnen
kurz angesprochen. Bei der Energieumwandlung ist zu unterscheiden zwischen
dem irreversiblen oder ruhenden Anteil, der nicht in energetische Umwandlung
versetzt werden kann, sondern stets zunimmt, und dem reversiblen oder beweg-
lichen Teil, der für die Geschehnisse in der Welt verantwortlich zeichnet. Der
Zweite Hauptsatz der Wärmelehre besagt, dass der Anteil an freier Energie nur
abnehmen, verbraucht werden, aber niemals zunehmen kann. Dadurch, und aufgrund unserer Endlichkeit, tritt die Zeit selbst in unsere Erlebniswelt ein. Wir ver-
brauchen freie Energie, um Zeit zu gewinnen (s. Abb. 3.5). Wir haben hier ein
Beispiel für Erwägungen, welche konsequentialen Handlungsgründen zugrunde

liegen, die dazu führen, das ökonomisch beste Resultat zu erzielen. Mathematisch stellt sich die Suche nach dem ökonomischen Erfolg als die Lösung einer Maximalaufgabe dar. Im gesellschaftlichen Bereich wird diese Aufgabe durch Entscheidungen gelöst. Zielführende Entscheidungen werden weiterentwickelt, negative Entscheidungen werden analysiert. So wird der Zweite Hauptsatz der Thermodynamik zum Leitfaden für die Entwicklung der Menschheit. Der Abkühlungsvorgang der Erde war beim Auftreten der ersten menschlichen Wesen bereits so weit fortgeschritten, dass die Erde praktisch nicht mehr für den Energiebedarf seiner Bewohner beiträgt. Einzig die Sonne sendet uns beständig Energie, und zwar freie Energie, und auf Kosten dieser freien Energie geschieht praktisch alles auf dieser Erde. Einzig Ebbe und Flut und die davon abhängigen Erscheinungen rühren nicht von der strahlenden Energie der Sonne. Eine dauerhafte Wirtschaft muss ausschließlich auf die regelmäßige Ausnutzung der Sonnenenergie ausgerichtet sein (Ostwald 1909). Die von der Sonne durch Kernfusion freigesetzte und von ihr abgestrahlte Energie führt durch Entropiezunahme zu Strahlungsenergie, zu einem Zustand freier Energie. Mit Ausnahme der Kernenergie und der durch die Planetenbewegung (Gravitationskraft zwischen Erde und Mond) verursachten Gezeitenenergien beruhen fast alle der Nutzungen durch den Menschen zur Verfügung stehenden Energieformen auf der Sonnenenergie. Dies gilt in erster Linie für die solare Einstrahlung, aber auch für die Wasserkraft (die Sonnenenergie wirkt über die Verdunstungsprozesse als Motor für den irdischen Wasserkreislauf), die Nutzungsmöglichkeiten von biogenen Energieträgern (Sonnenenergie ist die Antriebsquelle für den Wachstumsprozess von Pflanzen), die Windenergie (die unterschiedliche Erwärmung von Luftschichten führt zu Druckunterschieden und damit letztlich zur Entstehung von Winden) sowie die hieraus resultierende Wellenbewegung und Meeresströmung. Nicht zuletzt ist sie auch der Ursprung für die der Menschheit zur Verfügung stehenden fossilen Energieträgern, d. h. Kohle, Öl und Erdgas, die sich im Laufe von vielen Millionen Jahren aus abgestorbener Biomasse gebildet haben und heute mit einem Anteil von rund 80 % die Hauptsäule der Energieversorgung darstellen, s. dazu Kap. 3. Dies sind Beispiele für die indirekte Nutzung der Sonnenenergie. Für die direkte Nutzung stehen die Solarzellen und die solarthermische Wärmeerzeugung, wenn auch sie nur zu einem sehr kleinen Anteil gelingt.

Diesen Wettbewerb um freie Energie finden wir auch in der Biologie. Ein Blick in den Wald zeigt uns, wie sich die Assimilationsorgane, die grünen Blätter jedes einzelnen Gewächs, so anordnen, dass es die größtmögliche Menge Sonnenenergie erhält. Jede Pflanze bemüht sich, ihren Anteil an der Sonnenstrahlung zu erhalten. Es tritt somit ein Wettbewerb um die begrenzten Energiemengen ein. Dieser Wettbewerb erstreckt sich auf Fauna und Flora, bedeutet aber nichts anderes als eine bessere Ausnutzung der freien Energie durch Anpassung. Der Mensch dagegen regelt sein Verhältnis zu seiner Umwelt nicht durch Anpassung, sondern er schützt sich dadurch, dass er seine direkte Umgebung so gestaltet, dass sie seiner gewünschten Beschaffenheit entspricht (Stichwort: Hausbau). Er hätte die Anlage Fukushima Daichii so errichten können, dass sie einem Seebeben (Tsunami) widerstehen hätte können. Ein Tier kann eine solche Vorsorge nicht treffen.

Der Mensch trat auch mit sich selbst in den Wettbewerb. Er ersetzte den Wurfspieß durch Pfeil und Bogen. Er nutzte die Elastizität oder die Formenergie des Bogens. Die Formenergie konnte mit der Starrheit des Wurfspießes nicht genutzt werden. Jetzt wurde die Muskelarbeit zuerst in Formenergie übertragen und dann im nächsten Schritt in die Bewegungsenergie des Pfeils. Es erfolgte also eine zeitliche Trennung von dem Arbeitsaufwand der Muskeln für die Bogenspannung und der gezielten Entlastung für den Abschuss des Pfeils. Damit wurde das Zielen genauer als beim Wurfspieß. Durch den Gewinn der Genauigkeit des Zielens wurde auch die Nutzung der Energie verbessert, s. auch unseren Hinweis auf den Einsatz von Drohnen zur Verbesserung der Zielgenauigkeit. Der Einsatz von Pfeil und Bogen bedeutet letztlich eine Veredelung oder Wertsteigerung der eingesetzten Energie. Wenn der Wurfspieß nicht trifft, so war der gesamte Energieaufwand vergeblich, durch Pfeil und Bogen wurde das Verhältnis von Gesamtenergie und Nutzenergie verbessert. Dieses Verhältnis wurde noch durch den Einsatz von chemischer Energie (Gift in der Pfeilspitze) optimiert. Hiermit haben wir einen ersten Überblick über die energetischen Anfänge der Kultur gewonnen. Dadurch entstand eine unvergleichlich viel größere Freiheit für den Menschen und eine wesentliche Verbesserung seiner Nahrungsaufnahme. Bemerkenswert daran ist, dass sich gleiche oder ähnliche Vorgänge unabhängig voneinander an verschiedenen Orten der Erde vollzogen haben.

Eine andere, noch viel weiterführende Überlegenheit liegt darin, dass der Mensch versteht, seine Zwecke auch mittels solcher Energien zu erfüllen, die nicht aus seinem Körper herrühren, sondern der Außenwelt entnommen sind. Dies war der entscheidende Schritt zu der von ihm angestrebten Herrschaft über die (Ostwald 1909). Der erste Schritt bestand darin, Tiere, neben der Nahrungsaufnahme aus Pflanzen, als Energiequellen zu betrachten, zunächst zu Nahrungszwecken, aber auch als Schutz gegen die Unbill des Wetters (Nutzung des Fells), dann zur Verrichtung von mechanischer Arbeit. Dann folgte die Sklaverei in der Nutzung fremder menschlicher Energie.

Für die Pflanzen sind ganz ähnliche Betrachtungen möglich. Beginnend mit der jahreszeitlich bedingten Nutzung als Nahrungsmittel und weitergeführt durch deren Kultivierung sowie deren energetische Nutzung beispielsweise als Biomasse.

Der soziale Faktor bei der energetischen Verwendung von Tieren und Pflanzen kommt dadurch ins Spiel, dass das Wissen um den Einsatz beider nicht die Leistung eines Einzelnen sein kann, sondern das gemeinsame Werk zahlreicher Individuen über mehrere Generationen bedingt. Allgemeiner gesagt: Der Mensch konnte durch diese Entwicklung seine eigene Energiebilanz verbessern, indem er sich von außen Energie beschaffte. Sie ist bei den Tieren dagegen unverändert geblieben. Man denke beispielsweise an die ungeheureren Anstrengungen und Gefahren, die Zugvögel auf sich nehmen, um dem Winter und der Nahrungsknappheit zu entfliehen, weil sie ihre Energiebilanz nicht verbessern können. Bei den Tieren gleicht die Natur die vorhandenen Gegensätze aus. Der Mensch hat nicht nur den Ausgleich der Möglichkeiten für seine Lebensexistenz gegen die Natur geschaffen, sondern darüber hinaus seine Lebensbedingungen verbessert, in denen er eine Bestätigung seiner angestrebten Herrschaft über die Erde glaubte gefunden zu haben.

Der Mensch hat sich durch diese Entwicklung auch dem angesprochenen Zeitdruck ausgesetzt, der durch seine Bestrebungen zur Verlangsamung der Zunahme der Entropie in einem spezifischen System geschaffen wird. Das ist auch seine Ausformung für das Allerkleinste. Es gelang ihm, die Lebenszonen auf der Erde zu vergrößern. Aber nur im Rahmen der Lebenszonen, die ihm das Allergrößte (s. Abb. 4.3) im Kosmos „zugewiesen" hat.

Die geschichtliche Entwicklung in der Interpretation des Zweiten Hauptsatzes der Thermodynamik bedeutet, dass mit jeder geschichtlichen Entwicklungsstufe der Vorrat an verfügbarer Energie abnimmt, während die Unordnung innerhalb der sozialen und wirtschaftlichen sowie der ökologischen Strukturen zunimmt (Suppes 1984).

Oder anders dargelegt: Wirtschaftsprinzip und Entropieprinzip sind zwei Seiten der gleichen Medaille.

Der Mensch nimmt bei seinen Aktivitäten keine Rücksicht auf die astrophysische Beschaffenheit der Erde, die die thermodynamische Periodizität des Tages und des Jahres bezüglich Licht und Wärme festlegt. Der Mensch macht sich frei von den Behinderungen, die ihm durch den Wechsel der Tages- und Jahreszeiten auferlegt werden. Wir zitieren Ostwald (1909):

> Gerade dieses Freiwerden von der „natürlichen" Ordnung der Dinge hat in der Prometheus Sage als revolutionäre Stimmung gegen die „Götter", d. h. die Repräsentanten der noch nicht durch den Menschen beeinflussten Natur, ihren leidenschaftlichen Ausdruck gefunden.

Diese Beweglichkeit des Menschen hat natürlich auch Rückwirkungen auf die Transportmöglichkeiten der Energieformen. Die elektrische Energie hat sich durchgesetzt, weil sie nahezu verzögerungsfrei, leitungsgebunden eingesetzt werden kann. Trotz dieser Beweglichkeit bleibt der Mensch, wie jedes andere Lebewesen auch, als Materie an Raum und Zeit gebunden. Diese Bindung kann nur durch gleichwertige Energie aufgelöst werden, die der Mensch sich mit dem Stoffwechsel zuführt. Freie Energie nimmt von selbst mit der Zeit ab. Daher rühren unsere Probleme beim Umgang mit Zeit und Raum, weil das Leben eine räumliche und eine zeitliche Zugänglichkeit zu den benötigten Energien erfordert. Am effizientesten wird diese Zugänglichkeit durch gemeinschaftliches zielgerichtetes Handeln der Menschen erreicht, das der Koordination der energetischen Umwandlung und der beteiligten Personen bedarf, die ihrerseits durch die Macht der Entscheidungsträger gesteuert wird. Damit führen unsere Überlegungen zu den Steuerungsprinzipien.

Von den Stoffen die zur freien, im Sinne von Gemeinschaftsgut aller Menschen, Nutzung zur Verfügung stehen, gehört in erster Linie der Sauerstoff der Luft. Ohne ihn könnte sich die Nutzung der chemischen Energie, der Nahrung und des Brennmaterials nicht realisieren lassen. Der Sauerstoff der Luft ist also eine nicht dem Privateigentum unterliegende Form der Energie ebenso wie die Sonnenenergie.

Wir müssen unterscheiden zwischen Sonnenwärme, die frei nutzbar ist, und Sonnenstrahlung. Sonnenstrahlung wird zum Privatbesitz, Stichwort Photovoltaik, aber auch in Form von landwirtschaftlich genutzten Flächen. Das Gleiche gilt für die Wasserkraft und Bodenschätze aller Art. Die Sonnenwärme kann unmittelbar genutzt werden. Die Sonnenstrahlung nur mittelbar, sie wird im Sinne der Wirtschaftslehren zum Produktionsmittel mit einem „bescheidenen" Wirkungsgrad. „Alle Transformation der Rohenergie in Nutzenergie, durch welche sich die menschliche Kultur vom unmittelbaren Leben der Tiere und Pflanzen unterscheidet, setzt menschliche Betätigung oder menschliche Arbeit voraus." (Bräuer 2009), sagt Bräuer.

Anders formuliert: Jedes Fertigprodukt enthält einen Anteil Energie als Material und einen Anteil Energie, der zu seiner Herstellung aufgewendet werden musste und als freie Energie nicht mehr besteht. Die Summe beider kann als Herstellungswert des Produktes angesehen werden. Der Herstellungswert kann durch die Vorratsbildung des Produktbesitzers gesteigert werden. Der Besitzer kann den Wert durch die Ausnutzung von Raum und Zeit steigern, indem er das Produkt dem potentiellen Nutzer direkt (Raum) und bedarfsgerecht (Zeit) anbietet. So kommt unter energetischen Gesichtspunkten das „Böse" in die Welt, das dadurch verstärkt wird, dass sich die verschiedenen Interessenvertreter zu sozialen Gemeinschaften (Verbände) zusammenschließen, um mit mehr oder weniger großer Wahrscheinlichkeit zukünftige Ereignisse beeinflussen zu können.

Und weshalb wollen wir die Zukunft beeinflussen (voraussehen)? Weil wir unsere Handlungen so steuern wollen, dass wir den gewünschten alternativen Zustand mit dem geringsten Energieaufwand erreichen wollen.

Um die Steuerung von Handlungszielen zu erreichen, bedarf es der Kenntnis der Naturgesetze, einer Wissenschaft, die für die Passung des Allerkleinsten im Allergrößten steht und die auch der Leitrahmen für unsere soziale Entwicklung ist.

Die Verknüpfung von sozialen Einflüssen mit den Gesetzen der Thermodynamik ist für uns das zentrale Element, weil wir die sozialen Einflüsse als das entscheidende Momentum für den Entscheidungsprozess ansehen und die Thermodynamik hierfür die „Leitplanken" setzt. Wir greifen hierzu auf einen Vortrag zurück, den Boltzmann 1866 vor der Wiener Akademie der Wissenschaften gehalten hat. Er stellt darin die statistische Betrachtungsweise, die er in die Naturwissenschaften eingeführt hat, in einen Zusammenhang mit den demographischen und sozialstatistischen Erhebungen. „Bei annähernd stabilen äußeren Bedingungen bleibe die Zahl der freiwilligen und zufällig eintretenden sozialen Ereignisse … auf die Bevölkerung gerechnet konstant.", vgl. (Müller 1996) im Kap. 2. Er fährt fort: „Nicht anders geht es bei den Molekülen." (Müller 1996) im Kap. 2. Bereits damals expandierten die an den Entropiebegriff geknüpften Assoziationen, also in weitere Bereiche wie beispielsweise die Kosmologie, die für das Allergrößte steht, und das Zusammenleben der Menschen, das für das Allerkleinste steht.

Der allgemeine Daseinskampf der Lebewesen ist daher nicht ein Kampf um die Grundstoffe – die Grundstoffe aller Organismen sind in Luft, Wasser und Erdboden im Überfluss vorhanden –, auch nicht nur Energie, welche in Form von Wärme leider unverwandelbar in jedem Körper reichlich enthalten ist, sondern ein Kampf um die Entropie, welche durch den Übergang der Energie von der heißen Sonne zur kalten Erde disponible wird. (Müller 1996), Kap. 2.

Es erscheint daher nicht abwegig, Analogien zwischen den Gesetzen der Thermodynamik und den Gesetzen der Sozialwissenschaften zu suchen. Wie dies beispielsweise Hochgerner (2012) und Brunner (Brunner 1997) getan haben. Während bei Hochgerner ein Bedauern durchschimmert, dass dies bis heute nicht umfassend gelungen ist, äußert Brunner dazu, dass Entropie zur „Weltformel" wird.

Für uns entspricht gesellschaftliche Ordnung hoher sozialer Kontrolle und festen Normbindungen.

Oder anders dargestellt: Je geringer der soziale Zusammenhalt, desto größer ist die soziale Entropie.

Eine Wissenschaft in dem von uns verstandenen Sinn macht natürlich auch auf die angesprochenen Erkenntnislücken aufmerksam. Diese Erkenntnislücken werden zum Gegenstand weiterer Forschungsarbeiten und führen zu einer Organisation, die nicht nur zum Schließen der Lücken, sondern auch zur damit verbundenen Energieersparnis führt. Es entsteht ein wissenschaftliches Netzwerk, wie es uns beispielsweise heute durch das Internet zur Verfügung steht. Dieses Netzwerk erreicht auch, dass verschiedene wissenschaftliche Bilder aufgezeigt werden, die aufgelöst werden müssen, um die Menschheit vorwärts zu bringen und die unvermeidlichen Diffusionsvorgänge von Verantwortung einzugrenzen. Wissenschaft als Allergrößtes führt zur Entwicklung sozialer Eigenschaften oder anders ausgedrückt zur Bildung des Charakters.

Kurz: Wissen muss sich um die Erkenntnislücken, die wir von der Natur haben, bemühen und die Charakterentwicklung durch Selbstverwirklichung und Willensfreiheit formen.

Wir haben die entropischen und die durch konsequentiale Handlungsgründe eingeleiteten Prozesse behandelt. Beide Prozesse unterscheiden sich dadurch, dass entropische Prozesse ohne menschliche Aktivitäten ablaufen. Konsequentiale Handlungsgründe dagegen sind von Informationsverarbeitung und den Entscheidungsprozessen affiziert. Sie konzentrieren sich insbesondere auf soziale Einflüsse in der Vorlaufphase der Ursache-Wirkungsstruktur.

Wir erweitern konsequenterweise unser Weltbild.

4.10   Unser erweitertes Weltbild

Bevor wir unser erweitertes Weltbild beschreiben, möchten wir unsere grundsätzlichen Überlegungen dazu vorstellen. Wir orientieren uns dabei an Kurt Bräuer: „Das Weltbild der modernen Physik" (Bräuer 2009).

Als Metapher verwenden wir, ebenso wie Bräuer, den Regenbogen. Ein Regenbogen erscheint, wenn Sonnenlicht eine Regenwand bescheint. Die Position des Regenbogens hängt von der Position des Beobachters ab. Der Regenbogen selbst ist ein Phänomen, kein Objekt. Ohne Beobachtung gibt es keinen Regenbogen. In diesem Bild gründet sich die menschliche Existenz auf einen Urknall, eine kosmologische Entwicklung und auf die biologische Evolution. Aus der soll am Ende der Mensch hervorgegangen sein. Eine Relativierung dieses klassischen Weltbildes ist sicher von Bedeutung. Der Regenbogen kann uns helfen, die wichtigsten Aspekte der modernen Physik zu verstehen (Bräuer 2009). Raum und Zeit sind relativ in dem Sinn, in dem auch der Regenbogen relativ ist. Wir erleben Raum, Zeit und Materie als äußere Welt und als Grundlage unserer Existenz. Ebenso wie der Regenbogen existieren Atome nur im Zusammenhang mit der konkreten Beobachtung. Zu begreifen ist das nicht. Begreifen können wir nur dingliche Weltinhalte. Den Regenbogen können wir auch nicht (be-)greifen. Wenn wir uns ihm nähern, weicht er zurück und verschwindet am Ende (Bräuer 2009). Wir können nur die logischen Zusammenhänge verstehen. Und wir können sie so verstehen, dass unser Weltbild eben ein Bild der Welt ist und nicht die Welt selber. Zwischen Ursache und Beobachtung entwickelt sich die Wirkung als Überlagerung von Möglichkeiten. Erst in der Beobachtung manifestiert sich die reale, eindeutige Welt, die uns bewusst wird. Ohne bewusstseinsfähige Beobachtung ist diese Wirklichkeit nicht denkbar (Bräuer 2009).

Überträgt man diese Überlegungen zu den angeführten verschiedenen Aspekten der Ursache-Wirkungsstruktur, insbesondere der Kausalität, des raum-zeitlichen Verhaltens, der konsequentialen Handlungsgründe, der Zeitwahrnehmung bis hin zu der Problematik des Bewusstseins, so lässt sich vieles dadurch erklären, dass unser Organismus sich so entwickelt hat, dass wir in der durch die bekannten physikalischen Gesetze beschriebenen Umwelt zurechtkommen. Das Ziel ist also nicht, eine objektive (was auch immer das ist) Erkenntnis der „wahren" Welt zu bekommen, sondern eine Interpretation, die uns ein einigermaßen sicheres Leben ermöglicht, wobei mögliche Gefahren und Risiken keineswegs ausgeschlossen werden können.

Die Einsicht lautet: Der Natur geht es im Wesentlichen nur um die Erhaltung der Art oder noch allgemeiner gesagt, um die Bereitstellung von Mechanismen, die die beschleunigte Entropiezunahme gewährleisten. Auf das Wohlergehen des Individuums nimmt die Natur keine Rücksicht. In der heutigen Fixierung auf das Individuum vermag man durchaus etwas „Böses" zu erkennen. Ein Blick in die Geschichte bestätigt unsere Feststellung. Wir können mit Schrecken erkennen, dass es Machtstrukturen gegeben hat und heute gibt, denen das Wohl des Individuums – insbesondere des anonymen Individuums – keineswegs am Herzen lag/liegt.

Wir haben insbesondere an den Ereignissen von Tschernobyl und Fukushima Daichii erkennen müssen, dass, wenn man die Individualität des Menschen unterdrückt, dieser sich als eine Reaktion darauf den Vorgaben unterwirft und sich aus der bewusst mitgestaltenden Teilhabe zurückzieht. Etwas anders verhält es bei der Bohrplattform Deepwater Horizon. Hier hat der Termin- und Kostendruck zu einem Gruppendruck geführt, der zu den nicht sicherheitsgerichteten Handlungen der Mitarbeiter geführt hat. Verstärkt wurde dieses Verhalten durch die passive Rolle der Aufsichtsbehörde. Wir können in den drei Einzelereignissen von einer resignierenden Ergebung an die gegebenen Umstände, in denen das

Individuum untergeht, sprechen. Das Individuum wird als „Kapital" gehandelt, das im Sinne des Systems einzusetzen ist. Die Teile der Gesellschaft existieren nun getrennt voneinander, und ein Weltbild der Gegensätze existiert (Individuum/ soziale Gemeinschaft, Selbstverwirklichung/Willensfreiheit, innere Welt/äußere Welt, Macht/Ausführung, Besitz/Bedarf, Entropie/Leben usw.). Diese Grundlagen bestimmen die rationale Bewusstseinsstruktur und führen, wenn ihnen blindlings gefolgt wird oder sie als einzig richtige Weltanschauung (Tschernobyl: Fünfjahresplan) „vergöttert" werden, zu einer einseitigen und nicht sachgemäßen Wahrnehmung der Welt.

Im Zusammenhang mit unserem erweiterten Weltbild müssen wir natürlich auch das „Newton'sche Weltbild", mit dem das Wirklichkeitsmodell, indem Wechselwirkungen zwischen den Teilen nach dem Ursache-Wirkungsprinzip in einer zeitlich linearen Abfolge stattfinden, beiträgt, angesprochen werden. Ins allgemeine Bewusstsein eingewandert, zeichnet sich dieses Weltbild für gesellschaftliche Zerfallsprozesse verantwortlich. Eine analytisch vereinseitigte Wissenschaft zerlegt die physikalische Welt in Massenpunkte, Organismen in Zellen, Handlungen in Reaktionen auf Reize, Wahrnehmungen in Sinnesdaten, evolutionäre Prozesse in die Zufallsmechanismen der natürlichen Selektion. Genau dies sei der katastrophale Horizont des physikalischen Weltbildes, sagt Müller, Kap. 2 (Müller 1996).

Wir möchten aber auch darauf hinweisen, dass wir festgestellt haben, dass Kausalität nur näherungsweise verifizierbar ist und sich auf die Grenzen der naturwissenschaftlichen Erkenntnisse beschränkt. Bei deren Überschreiten durch konsequentiale Handlungsgründe tritt die Unzulänglichkeit des Menschen offen zutage, und die Voraussagbarkeit des Geschehens ist nicht mehr gegeben.

Unser gegenwärtiges Weltbild ist materialistisch und deterministisch. Wenn wir einen Sinneseindruck empfangen, so interpretieren wir ihn unverzüglich und unbewusst räumlich, zeitlich und kausal – wir ordnen ihm eine räumliche und zeitlich bestimmte Ursache zu. Wir erleben Raum, Zeit und Materie als absolute Zwänge, denen unser Leben ebenso wie den soziologischen Zwängen unterliegt. Es zählt in unserer Welt, was quantifizierbar sein muss.

Raum, Zeit und Kausalität sind keine Dinge oder Gegenstände. Dinge und Gegenstände aller Art sind begrenzt, endlich und bedingt. Für Raum, Zeit und Kausalität gilt dies nicht. Raum, Zeit und Kausalität sind vielmehr die drei „Vektoren", die unsere Wirklichkeit aufspannen, die Grundlage aller unserer Erkenntnis, die Voraussetzung aller Gegenständlichkeit. Und weil diese Wirklichkeit so groß und unerschöpflich ist, kann sie sich nur auf einem unendlichen Fundament gründen.

Kausalität findet, wie wir gesehen haben, ihre Grenzen in der Relativitätstheorie, in der Quantenmechanik und bei chaotischen (determiniertes Zufallsverhalten) Systemen. Raum und Zeit sind nicht der absolute weltliche Rahmen, in dem alles berechenbar ist. Das Beobachtete hängt wesentlich von der Beobachtung ab und etwas komplexere System sind in der Regel unberechenbar, vgl. dazu Kap. 3 (Bräuer 2005).

Die Quelle der Physik ist unser alltägliches Welterleben, und daraus ergeben sich alle physikalischen Details auf logische Weise einfach und unmysteriös. Die

Eigenschaften der physikalischen Kräfte und die Feinabstimmung der Natur-
konstanten ergeben sich aus der Art unserer Welterfahrung, s. Kap. 3 (Bräuer 2005).

Die Fragestellung nach der Regieführung bei unserem Handeln beantwortet
sich sozusagen von selbst: Regie führt der Mensch mit den von ihm entwickelten
konsequentialen Handlungsgründen, die aus Kognition, Raum und Zeit sowie
Kausalität gebildet werden.

Der Mensch folgt dem Drehbuch der Naturgesetze nur dann zuverlässig, wenn
sein deterministisches Weltbild mit den Zwecken und Zielen seiner Handlung
im Einklang steht und die Probabilistik ihm wohlgesonnen ist. Entscheidungen
legen fest, wer wann und wo auf der Bühne des Geschehens (Raum und Zeit) zu
erscheinen hat.

4.11 Sicherheitsforschung

Die Sicherheitsforschung hat bisher nicht zu befriedigenden Ergebnissen geführt,
im Gegenteil, s. Charles Perrow, „Normale Katastrophen: Die unvermeidlichen
Risiken der Großtechnik" (Perrow 1987). Der englische Titel hieß noch weniger
provokativ: Normal Accidents (Luhman 2006).

Dadurch wird ein sehr tief sitzendes Problem, die irreversible Abhängigkeit
der Gesellschaft von Technik, insbesondere von der Energieerzeugung, zur Kompensation der entropischen Vorgänge, überdeckt. Technik ist eine feste Kopplung
von kausalen Elementen. Diese Kopplung schließt menschliches Verhalten auf
der fähigkeitsbasierten Ebene, also unbewusstes Verhalten ein. Diese Kopplung
kann durch Entscheidungen auf der regel- und wissensbasierten Ebene getrennt
werden. Die Technisierung bezieht menschliche Wahrnehmung (Bewusstsein)
und Motorik ein. Die Entscheidung besteht darin, Alternativen unter den zur
Verfügung stehenden technischen Prozessen zu finden. Die Wahl zwischen verschiedenen Handlungsalternativen ist nicht als Zufallsprozess anzusehen, sondern ist durch Faktoren der Situation determiniert, die nach sozialen Normen
vom Entscheidungsträger selektiert werden (Hoensch 2006). Handlungsgründe
sind allein aus der Perspektive der Akteure verständlich. Handlungen werden
von den Akteuren aus vier Elementen gebildet: der subjektiven Beurteilung
der vorgefundenen Situation, den zur Verfügung stehenden Mitteln, den Handlungsgründen und den sozialen Normen. Jeder Entscheidungsträger steht vor
einem zweifachen Problem, seine eigenen Intentionen zu erfüllen und dabei die
Reaktionen der beteiligten Personen einzubeziehen sowie die Kausalität seines Handlungsprozesses zu beachten. Das Problem dabei ist, dass keine soziologischen Erklärungsgrößen zur Verfügung stehen, da alle organisatorischen
Mechanismen auf die Psychologie von Individuen zugeschnitten sind, die, wie
es besonders im Falle von Deepwater Horizon deutlich wird, auf Gratifikationen
für persönliche Sicherheit und nicht auf Sanktionen bei Verstößen gegen die
Systemsicherheit beruhen.

   Die moderne Gesellschaft ist wie keine Gesellschaft von der Bereitstellung von
Energieressourcen abhängig. Wie wir an den drei Einzelereignisse gesehen haben,
können Entscheidungen zu katastrophalen Folgen führen, die nicht nur auf die
Menschheit, sondern auch auf die Umwelt durchschlagen.

   Dieses Ausmaß der Abhängigkeit der Versorgung mit Energie, das niemand
gewollt hat und das evolutionär entstanden ist, macht deutlich, welche Verantwortung auf den Entscheidungsträgern lastet. Die grundlegende Frage ist daher,
wie kann die Gesellschaft auf Organisationen Einfluss nehmen auf deren Funktionieren sie angewiesen ist, aber sie nicht direkt umfassend genug kontrollieren
kann. Technik und Mensch sind voneinander abhängig. Die fortschreitende Technik erzeugt ein Energiezufuhrproblem, das nur durch den Menschen technisch
gelöst werden kann. Der Mensch schafft Organisationen, die nur mit seinen Entscheidungen gesteuert werden können. Dadurch entsteht ein Gemisch aus technischer Ordnung und menschlicher Entscheidung, das nur durch Einwirken der
Gesellschaft kontrolliert werden kann (Luhman 2006).

   Das Problem bezieht sich nicht nur auf das Zusammenwirken von Organisationen und Gesellschaft, sondern auch auf Organisationen und Umwelt. Wir
sprechen daher von der sozialen Umwelt, die nicht nur von unvorhersagbaren
Turbulenzen und nichtdurchschaubaren Zufällen geprägt ist, sondern das Gesell-
schaftssystem als Ordnungsfunktion ansieht. Die Ordnungsfunktion beruht auf
Werten, die Festpunkte in der Handlungsorientierung sind, die nur von den Entscheidungsträgern identifiziert und eingefordert werden müssen/können. Die
Entscheidungsträger müssen dabei die fluktuierenden wirtschaftlichen Parameter besonders im Auge haben und sich auf die im Alltag reproduzierten
Ungewissheiten einstellen. Das Problem ist, die sich im Arbeitstempo ständig
reproduzierende Unbestimmtheiten der Zukunft – s. Herstellung der Airbags –
und darauf müssen die Entscheidungsträger bei den Entscheidungsprozessen, in
die sie eingebettet sind, zeitnah reagieren.

   Kurz: Der Mensch führt Regie, weil er glaubt, dass er seine sich selbst
gestellten Aufgaben meistern kann und in diesem Glauben die Herrschaft der
Natur verdrängt.

   Dafür sprechen auch die Untersuchungen von 100 Schiffsunfällen, die Helfrich (1996) zitiert. Danach kommen nur 4 % der Unfälle ohne menschliche Einwirkung zustande, sind also auf technisches Versagen zurückzuführen. 96 % der
Unfälle dagegen sind auf menschliche Handlungen oder Unterlassungen zurückzuführen (Helfrich 1996). Helfrich untersucht weiter in (Helfrich 1996) den sozialen Einfluss in Gefahrensituationen näher. Aus ihren Überlegungen kann abgeleitet
werden, dass der soziale Einfluss dann besonders stark ist, wenn es sich um zwei
Personen handelt, zwischen denen ein Macht- und Statusgefälle besteht. Als weiterer Einfluss wird der soziale Einfluss auf die Risikoakzeptanz herausgestellt
(Helfrich 1996). Danach beinhalten sozial geteilte Normen oft gerade die Tendenz,
Sicherheitsvorschriften zu umgehen bzw. nicht gar ernst zu nehmen. Der soziale
Einfluss begünstigt also Unachtsamkeit, weil das Nichteinhalten von Vorschriften
implizit schon als ein Kennzeichen von „Erfahrung" angesehen wird. Noch häufi-
ger als die Fehler der Unachtsamkeit, die auf der Ebene regelbasierten Verhaltens

anzusiedeln wären, sind die Fehler auf wissensbasierter Ebene (51 %, Helfrich 1996), weil zwar unerwartete Ereignisse wahrgenommen, aber nicht als bedrohlich erkannt wurden. Zu dieser Einschätzung führen auch die Feldbeobachtungen von Hoensch (2006). Es bedarf beim Statusniedrigen eines hohen Maßes an fachlicher und sozialer Kompetenz, um gegenüber dem Entscheidungsträger dessen Entscheidung zumindest anzuzweifeln. Dieser Konflikt behindert die Aufmerksamkeit für die tatsächliche Konfliktsituation und führt letztlich dazu, dass die Überschreitung des Points of no Return nicht erkannt wird.

Als Konsequenz zur Verbesserung der Regieführung durch den Menschen verbleibt die vorgeschlagene organisatorische Maßnahme für eine gelebte Sicherheitskultur, die insbesondere zu einer Änderung des Entscheidungsverhaltens in risikobehafteten Situationen zwischen Entscheidungsträgern und Statusniedrigeren führt.

Dieser Vorschlag bedarf im Hinblick auf die durch den Tsunami ausgelöste Katastrophe von Fukushima Daiichi einer Ergänzung. Die Kausalität bestand in der tektonischen Bewegung der Erdkruste, die auch die zeitlichen Zusammenhänge etabliert hat. Und dieser Zeitfaktor ist nicht immer klar. So kann beispielsweise nicht gesagt werden, wann das Fallen des Barometers zu einem aufziehenden Sturm führt. Es kann lediglich die Aussage getroffen werden: Es ist notwendig, Vorsorge zu treffen. Keine Vorsorge zu treffen, ist sträflich.

4.12 Zusammenfassung

Der Mensch ist in allen Dimensionen seiner Existenz Teil der Natur. Als Person gehört er zur Natur wie alle materiellen Dinge und Tiere dieser Welt. Seine schöpferische Kraft ist allein das Ergebnis einer über Jahrtausende fortschreitenden Evolution, beginnend mit der vormals menschenleeren Erde.

Das Handeln des Menschen kann mit der Ursache-Wirkungsstruktur und der intentionalen Struktur im raum-zeitlichen Beziehungsrahmen unter Einbeziehung kommunikativer Einflüsse beschrieben und erklärt werden.

Das Gewahrwerden prinzipiell nichtvorhersehbarer Ereignisse, wie die drei vorgestellten Einzelereignisse, die Einflussnahme durch Entscheidungsträger und die zeitliche Dimension irreversibler Prozesse fordern gleichsam eine dialogische Einstellung zur Natur, oder wie es Ilya Prigogine (1977 Nobelpreis für Chemie) formuliert: „respect, not control".

Der Mensch kann sich mit der Natur und seinen Intentionen im Sinne einer gedeihlichen Entwicklung für beide, unter den Einschränkungen, die die drei Einzelereignissen aufgezeigt haben, weiterentwickeln.

Die zukünftige Sicherheitsforschung soll Anstöße dafür geben, wie eine Einheit ihrer Arbeiten zukünftig hergestellt werden kann.

Die ungebrochene Spezialisierung innerhalb bestehender und die kaum noch überschaubare Entstehung neuer Fachrichtungen werden als irreduzible (nicht ableitbar) Divergenz zwischen empirischer und theoretischer Wissenschaft und zwischen den Disziplinen gedeutet, die alle interdisziplinären Gegenbewegungen zum Scheitern verurteilt (Suppes1984).

Was bedeutet dies konkret für das hier vertretene Entropiekonzept?

Wir müssen uns um ein einheitliches Verständnis für Thermodynamik als Teilgebiet der Physik bemühen, das, ausgehend von der Untersuchung der Wärmeerscheinungen, alle mit Energieumsetzungen unterschiedlichster Art verbundenen Vorgänge und deren Anwendungen, analysiert. Bei dieser Betrachtungsweise wird, abhängig vom Systemcharakter und der methodischen Vorgehensweise, zwischen der klassischen (phänomenologischen) Thermodynamik, der statistischen Thermodynamik und der Thermodynamik irreversibler Prozesse unterschieden.

Die drei Hauptsätze der Thermodynamik werden der klassischen Thermodynamik zugeordnet. Die Hauptsätze der Thermodynamik sind als Postulate formuliert, die jedoch von allen Experimenten gestützt werden:

Der Erste Hauptsatz der Thermodynamik (Energieerhaltungssatz) bezieht in das Prinzip von der Erhaltung der Energie auch die Wärme als besondere Form der Energie ein, da mechanische Arbeit in Wärme und Wärme in Arbeit umgewandelt werden kann und die umgewandelten Arbeits- und Wärmebeträge einander äquivalent sind.

Der Zweite Hauptsatz der Thermodynamik (Entropiesatz) gibt die Richtung der thermodynamischen Zustandsänderungen an. Nach diesem Hauptsatz können in der Natur nur die (irreversiblen oder natürlichen) Prozesse von selbst ablaufen, bei denen vom System Entropie mit der Umgebung ausgetauscht oder im System produziert wird. Dieses Prinzip legt die Richtung des Prozessablaufs fest, und die Entropiezunahme ist ein Maß für die Nichtumkehrbarkeit eines Prozesses.

Der Dritte Hauptsatz der Thermodynamik wird auch als die grundlegendste Aussage bezeichnet, dass zwei Systeme, die im thermischen Gleichgewicht mit einem dritten System stehen, sich auch untereinander im thermischen Gleichgewicht befinden. Daraus folgt die Existenz der Temperatur als neben den mechanischen Größen (Druck, Volumen) neue, intensive Zustandsgröße, die in Gleichgewichtssystemen überall gleich ist im Kap. 3.

Wenn Georgescu-Roegen einen Vierten Hauptsatz der Thermodynamik postuliert, kann dem nur mit größter Skepsis begegnet werden. Wir müssen aber einschränken, dass seine Interpretation des Energiegesetzes auch in den Sozialwissenschaften hoch umstritten ist, „weshalb sich viele AutorInnen mit einem intuitiven Entropiebegriff zufrieden geben, was mehr oder weniger große Unklarheiten zur Folge haben kann" (Brunner 1997).

Zusammenfassung

Die Sicherheitsforschung sollte die Übertragung des Entropiekonzepts auf die sozialen Zusammenhänge von Entscheidungen in den Fokus ihrer Arbeiten stellen. Dadurch könnte es gelingen aufzuzeigen, dass durch menschliches Fehlverhalten die natürliche Grundlage der Menschen nicht gefährdet wird.

Durch die bestehende strikte Trennung von Naturwissenschaft und Sozialwissenschaft verliert die Wissenschaft ihre orientierende Kraft für eine gedeihliche Gestaltung der gesellschaftlichen Naturzusammenhänge und der Gesellschaft selbst.

Literatur

Benett MR, Hacker P-MS (2006) Philosophie und Neurowissenschaft. In: Struma D (Hrsg) Philosophie und Neurowissenschaften. Suhrkamp, Frankfurt

Bräuer K (2005) Gewahrsein, Bewusstsein und Physik: Eine populärwissenschaftliche Darstellung fachübergreifender Zusammenhänge. Logos, Berlin

Bräuer K (2009) Das Weltbild der modernen Physik. www.kbraeuer.de. Zugegriffen: 15. Dez. 2018

Brunner K-W (1997) Gesellschaftliche Integration der Umweltthematik: Zur Neustrukturierung einer Differenz. In: Rehberg K-S (Hrsg) Differenz und Integration. Westdeutscher Verlag, Opladen

Clausius R (1870) Ueber die Zurückführung des 2. Hauptsatzes der mechanischen Wärmetheorie auf allgemeine mechanische Prinzipien, zitiert aus Serge' E (1984) von fallenden Körpern zu den elektomagnetischen Wellen, Piper, München

Dahms K (1963) Über die Führung. Ernst Reinhardt, München

Falkenburg B (2012) Mythos Determinismus Wieviel erklärt uns die Hirnforschung? Springer, Heidelberg

Franken S (2007) Verhaltensorientierte Führung. Gabler, Wiesbaden

Goff P (2017) Consciousness and fundamental Reality. Oxford University Press, Oxford

Hauptmanns U, Herttrich M, Werner W (1987) Technische Risiken. Springer, Berlin (Geleitwort von Prof. Dr. Klaus Töpfer)

Helfrich H (1996) Menschliche Zuverlässigkeit aus sozialpsychologischer Sicht. Z Psychol 204:75–96

Hochgerner J (2012) Publiziert in Thomas J und Sietz M. Nachhaltigkeit fassbar machen. Entropiezunahme als Maß für Nachhaltigkeit. Favorita Papers, Diplomatische Akademie Wien

Hoensch V (2006) Sicherheitsgerichtetes Leistungsverhalten in Kernkraftwerken. Utz, München

Janich P (2006) Der Streit der Welt- und Menschenbilder in der Hirnforschung. In: Struma D (Hrsg) Philosophie und Neurowissenschaften. Suhrkamp, Frankfurt

Lesch H (2016) Die Elemente, Naturphilosophie Relativitätstheorie & Quantenmechanik. uni auditorium. Komplett-Media, Grünwald

Luhmann N (2006) Organisation und Entscheidung. VS Verlag, Wiesbaden

Mohrbach L (2012) Seebeben und Tsunami in Japan am 11. März 2011. VGB PowerTech, Essen

Müller K (1996) Allgemeine Systemtheorie. Springer, Wiesbaden

Nida-Rümelin J, Rath B, Schulenburg J (2012) Risikoethik. De Gruyter, Berlin

Ostwald W (1909) Energetische Grundlagen der Kulturwissenschaft. Philosophisch-soziologisce Bücherei, Verlag von Dr. Werner Klinkhardt, Leipzig

Penzlin H (2014) Das Phänomen Leben Grundfragen der Theoretischen Biologie. Springer, Heidelberg

Perrow C (1987) Normale Katastrophen: Die unvermeidlichen Risiken der Großtechnik. Campus, Frankfurt

Prigogine I, Stengers I (1993) Das Paradoxon der Zeit, Zeit, Chaos und Quanten. Piper, München

Rasmussen J (1986) Information Processing and Human Machine Interaction. North Holland, New York

Schuler H (1998) Organisationspsychologie. Huber, Bern

Schaub H, Störungen (2018) Fehler beim Denken und Problemlösen. https://www.psychologie. uni-heidelberg.de/ae/allg/enzykl_denken/Enz_09_Schaub.pdf. Zugegriffen: 14. Dez. 2018

Searle JR (2006) Geist. Suhrkamp, Frankfurt

Sheldracke R (2015) Der Wissenschaftswahn Warum der Materialismus ausgedient hat. Droemer, München

Spanner G (2016) Das Geheimnis der Gravitationswellen. Kosmos, Stuttgart

Struma D (2006) Ausdruck von Freiheit. Über Neurowissenschaften und die menschliche Lebensform. In Struma D (Hrsg) Philosophie und Neurowissenschaften. Suhrkamp, Frankfurt, S. 187–214

Suppes P (1984) Probabilistic metaphysics. Blackwell, Oxford

The National Diet of Japan (2012) The official report of the Fukushima Nuclear Accident Independent Investigation Commission. Executive summary. https://en.wikipedia.org/wiki/National_Diet_of_Japan_Fukushima_Nuclear_Accident_Independent_Investigation_Commission. Zugegriffen: 5. Dez. 2018

Tuss S, Bern AL (2013) Observer – induced quantum mechanical state collapse in the Libet experiment. J Exact Results Philos 1:1

https://de.wikipedia.org/wiki/Tsunami. Zugegriffen: 14. Dez. 2018

https://laemmchen.blog/2016/01/17/die-zeit-auf-dem-zauberberg/. Zugegriffen: 6. März 2019

Zitate von Albert Einstein: gutezitate.com/zitat/102158. Zugegriffen: 14. Dez. 2018

Springer

Willkommen zu den Springer Alerts

- Unser Neuerscheinungs-Service für Sie:
  aktuell *** kostenlos *** passgenau *** flexibel

Springer veröffentlicht mehr als 5.500 wissenschaftliche Bücher jährlich in gedruckter Form. Mehr als 2.200 englischsprachige Zeitschriften und mehr als 120.000 eBooks und Referenzwerke sind auf unserer Online Plattform SpringerLink verfügbar. Seit seiner Gründung 1842 arbeitet Springer weltweit mit den hervorragendsten und anerkanntesten Wissenschaftlern zusammen, eine Partnerschaft, die auf Offenheit und gegenseitigem Vertrauen beruht.

Die SpringerAlerts sind der beste Weg, um über Neuentwicklungen im eigenen Fachgebiet auf dem Laufenden zu sein. Sie sind der/die Erste, der/die über neu erschienene Bücher informiert ist oder das Inhaltsverzeichnis des neuesten Zeitschriftenheftes erhält. Unser Service ist kostenlos, schnell und vor allem flexibel. Passen Sie die SpringerAlerts genau an Ihre Interessen und Ihren Bedarf an, um nur diejenigen Information zu erhalten, die Sie wirklich benötigen.

Mehr Infos unter: springer.com/alert

Stichwortverzeichnis

© Springer-Verlag GmbH Deutschland, ein Teil von Springer Nature 2019
V. Hoensch, *Die Katastrophen von Tschernobyl, Fukushima Daiichi und der Deepwater Horizon aus natur- und geisteswissenschaftlicher Sicht*,
https://doi.org/10.1007/978-3-662-59448-3

Printed in the United States
By Bookmasters